应用型本科系列规划教材

信号与系统

主　编　毕　杨

副主编　王　丽

西北工业大学出版社

西　安

【内容简介】 本书共 8 章,主要包括信号与系统的基本概念、连续时间系统的时域分析、连续时间系统的频域分析、连续信号与系统的 s 域分析、离散时间信号与系统的时域分析、离散时间信号与系统的 z 域分析、傅里叶分析在通信和滤波中的应用和信号与系统实验等内容。

本书可作为应用型本科学校电子信息类、电气及自动化类及其他相关专业"信号与系统"课程的教材,也可供从事信号与系统分析、信号处理的科研与工程技术人员参阅。

图书在版编目(CIP)数据

信号与系统 / 毕杨主编. —西安 : 西北工业大学出版社,2020.9
ISBN 978 - 7 - 5612 - 7311 - 1

Ⅰ.①信⋯ Ⅱ.①毕⋯ Ⅲ.①信号系统-高等学校-教材 Ⅳ.①TN911.6

中国版本图书馆 CIP 数据核字(2020)第 191005 号

XINHAO YU XITONG

信 号 与 系 统

责任编辑:孙 倩   策划编辑:蒋民昌
责任校对:王 尧   装帧设计:董晓伟
出版发行:西北工业大学出版社
通信地址:西安市友谊西路 127 号   邮编:710072
电   话:(029)88491757,88493844
网   址:www.nwpup.com
印 刷 者:兴平市博闻印务有限公司
开   本:787 mm×1 092 mm   1/16
印   张:18.5
字   数:485 千字
版   次:2020 年 9 月第 1 版   2020 年 9 月第 1 次印刷
定   价:60.00 元

前　言

为进一步提高应用型本科高等教育的教学水平,促进应用型人才的培养工作,提升学生的实践能力和创新能力,提高应用型本科教材的建设和管理水平,西安航空学院与国内其他高校、科研院所、企业进行深入探讨和研究,编写了"应用型本科系列规划教材",包括《信号与系统》共计 30 种。本系列教材的出版,将对基于生产实际,符合市场人才的培养工作具有积极的促进作用。

信息科学和技术的发展对人类进步与社会发展产生了重大的影响,信息技术和产业迅速发展,成为世界各国经济增长和社会发展的关键要素。"信号与系统"课程是培养信息产业领域人才的一门重要的专业基础课。该课程理论性、逻辑性强,较抽象,需要较好的高等数学、电路分析知识和一定的复变函数知识为基础,因此施教与学习都有一定的难度。为深化教育教学改革,提高人才培养质量,满足创新型、应用型人才培养目标的需要,笔者与企业合作编写了本书。

本书着重介绍信号与系统课程的主要概念和原理,弱化信号与系统相关理论的数学分析和推导,结合 MATLAB 软件和"信号与系统"实验平台,培养学生对"信号与系统"课程内容的实际应用和动手能力,以适应应用型人才的培养,具体体现在以下四方面:

(1)内容简练易懂,强调概念,以信号与系统的基本概念、基本理论和分析方法为主,注重层次设置,由浅入深、循序渐进。

(2)将 MATLAB 与内容讲解有机结合起来,通过简单实例介绍 MATLAB 基本语句与函数,让学生掌握利用 MATLAB 软件进行信号与系统的通用分析方法。

(3)将信号与系统实验平台与内容讲解有机结合起来,运用实验平台分析和描述系统,通过简单的示例让学生掌握实验平台的操作方法。

(4)将信号与系统课程的内容分为理论分析、MATLAB 分析和实验平台分析,能够满足应用型学生的需求。

本书由西安航空学院毕杨任主编并统稿,高平、王丽、张杨梅、范鹃、朱哲勇和范文娜参与编写。各章编写分工:第 1 章由高平编写;第 2,4,6,8 章由毕杨编写;第 3 章由张杨梅编写;第 5 章由王丽编写;第 7 章由范鹃编写。第 8 章的实验由上海皮赛电子有限公司的朱哲勇完成,范文娜参加了讨论与部分内容的编写工作。

　　在本书编写的过程中,上海皮赛电子有限公司给予了极大支持,为本书涉及的硬件实验提供了技术支持。

　　由于水平有限,书中不足之处在所难免,敬请读者批评指正。

编　者

2020 年 5 月

目　　录

第1章　信号与系统的基本概念

1.1　信号与系统

　　信号与系统的概念已经深入人们生活的各方面，其理论和分析方法也几乎渗透到各个科学领域中。例如，在通信、图像处理、雷达、自动控制、集成电路、生物医学、遥测遥感及声学、地震学等领域和学科中，它都有广泛的应用。

　　信号有多种表现形式。上课的铃声、火车的汽笛声等是声信号；古代传送的烽火、十字路口的交通灯等是光信号；无线广播和电视发射的信号属于电磁波信号。此外，交警指挥的手势、军舰使用的旗语、计算机屏幕上的图形文字等也是信号。

　　系统就是由若干个相互联系、相互作用的事物按照一定的规律组合而成的具有某种特定功能的整体。在日常生活中，人们常用的手机、计算机、电视、自动取款机、公交车的刷卡机等工具和设备都可以看成是一个系统，它们传送的语音、数字、文字和图像等都可以看成是信号。

　　信号与系统有着十分密切的联系。在系统中，信号按照一定的规律变化，系统在输入信号的驱动下对它进行处理并产生输出信号。输入信号称为激励，输出信号称为响应，如图1-1所示。例如，在电路系统中，随时间变化的电流或电压是信号，电路对输入信号的响应是输出信号；超市收银员使用的扫描仪也是一个系统，该系统通过红外光扫描商品的条形码得到商品的价格；一台照相机也是一个系统，该系统接收来自不同光源和物体反射回来的光信号而产生一张照片。

　　本书主要讨论信号与系统的基本理论和基本分析方法，研究信号经过系统传输或处理的一般规律，为进一步研究通信理论、控制理论、信号处理和信号检测等学科奠定必要的基础。

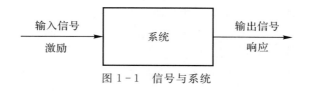

图1-1　信号与系统

1.2　信　　号

　　广义地说，信号就是随时间和空间变化的某种物理量。在通信工程中，一般将语言、文字、图像和数据等统称为消息。消息中包含着一定的信息，但是信息不能直接传送，必须借助于一定形式的信号(声、光、电等)才能进行传送和处理。因此,信号是消息的载体,消息是信号的内容。

在数学上,信号可以表示为一个或多个变量的函数。例如,一个语音信号可以表示为声压 x 随时间 t 变化的函数,记为 $x(t)$;静止的黑白图像信号可以表示为亮度(也称为灰度)f 随二维空间坐标 x,y 变化的函数,记为 $f(x,y)$;活动的图像信号可表示为亮度 f 随二维空间坐标 x,y 和时间 t 变化的函数,记为 $f(x,y,t)$ 等。本书主要讨论目前广泛应用的电信号,讨论的范围也仅限于一个变量。为了方便,后面以时间表示自变量。

信号常可以表示为时间的函数,称该函数的图像为信号的波形。后面再讨论信号的有关问题时,"信号"和"函数"两个词相互通用,不予区分。

信号的特性可以从时间特性和频率特性两方面来描述。信号的时间特性是指从时间域对信号进行的分析,如信号的波形、出现时间的先后、持续时间的长短、随时间变化的快慢和大小、重复周期的大小等。信号的频率特性是指从频率域对信号进行的分析,如任意一信号都可以分解为许多不同频率的余弦分量,而每一余弦分量则可用它的振幅和相位来表征。时域和频域是两种不同的观察和表示信号的方法。信号的时间特性和频率特性有着密切的联系,不同的时间特性将造成不同的频率特性。

1.2.1 信号的分类

信号的种类很多,从不同的角度可以有不同的分类方法。

1. 确定信号与随机信号

若信号可以由一个确定的数学表达式表示,或者信号的波形是唯一确定的,则这种信号就是确定信号,如正弦信号。反之,如果信号不能用确定的图形、曲线或函数式来准确描述,其具有不可预知的不确定性,则称为随机信号或不确定信号,如图 1-2 所示。

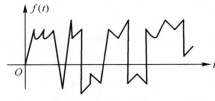

图 1-2　随机信号

当任意给定一时刻值时,对确定信号可以唯一确定其信号的取值;而对于随机信号而言,其取值是不确定的。严格来说,在自然界中确定信号是不存在的,因为在信号传输过程中,不可避免地要受到各种干扰和噪声的影响,这些干扰和噪声都具有随机性。对于随机信号,不能将其表示为确切的时间函数,要用概率、统计的观点和方法来研究。尽管如此,研究确定信号仍然十分重要,因为它是一种理想化的模型,不仅适用于工程应用,也是研究随机信号的重要基础。本书只研究确定信号。

2. 连续时间信号与离散时间信号

根据信号定义域取值是否连续,可将信号分为连续时间信号和离散时间信号。

连续时间信号(简称连续信号)是指在某一时间间隔内,对于任意一时刻都可以给出确定的函数值的信号,如图 1-3 所示。在本书中,连续时间信号一般用 $f(t)$ 表示,t 为自变量。连续时间信号的幅值可以是连续的,也可以是离散的。对于时间和幅值都连续的信号,又称为模拟信号。

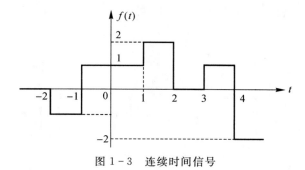

图 1-3　连续时间信号

离散时间信号(简称离散信号)是指仅在某些不连续的瞬间有定义,在其他时间没有定义的信号,如图 1-4 所示。在本书中,离散时间信号一般用 $f(n)$ 表示,n 为自变量。离散时间间隔一般都是均匀的,但也可以是不均匀的。离散时间间隔均匀且离散时刻为整数的信号也叫作序列。离散时间信号可以通过对连续时间信号抽样得到。

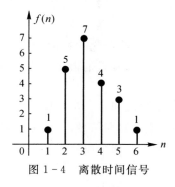

图 1-4　离散时间信号

序列 $f(n)$ 的表达式可以写成闭合形式,也可以逐个列出 $f(n)$ 的值。通常把对应某序号 n 的序列值叫作第 n 个样点的"样值"。图 1-4 的信号可以表示为

$$f(n) = \begin{cases} 0, & n \leqslant 0 \\ 1, & n = 1 \\ 5, & n = 2 \\ 7, & n = 3 \\ 4, & n = 4 \\ 3, & n = 5 \\ 1, & n = 6 \\ 0, & n \geqslant 7 \end{cases}$$

为简便起见,信号 $f(n)$ 也可表示为

$$f(n) = \{0,1,5,7,4,3,1,0\}$$
$$\uparrow$$
$$n = 0$$

3.周期信号与非周期信号

在确定信号中根据信号是否具有周期性可以将信号分为周期信号和非周期信号。

所谓周期信号就是指在$(-\infty<t<+\infty)$区间,每隔一定时间,按相同规律重复变化的信号,如图1-5所示。

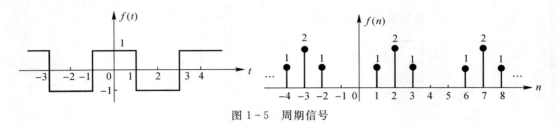

图1-5 周期信号

连续周期信号可以表示为

$$f(t) = f(t+mT), \quad m = 0, \pm 1, \pm 2, \cdots \tag{1-1}$$

离散周期信号可以表示为

$$f(n) = f(n+mN), \quad m = 0, \pm 1, \pm 2, \cdots \tag{1-2}$$

满足式(1-1)和式(1-2)的最小T(或N)值叫作信号的周期。只要给出周期信号在任意周期内的函数式或者波形,便可确定它在任意时刻的值。

非周期信号在时间上不具有周而复始变化的特性,并且不具有周期T。真正的周期信号实际上是不存在的,实际中所谓的周期信号只是指在相当长的时间内按照某一规律重复变化的信号。

这里注意:①两个连续的周期信号之和不一定是周期信号,只有当这两个连续信号的周期T_1和T_2之比为有理数时,其和信号才是周期信号,周期为两者的最小公倍数;②两个离散的周期序列之和一定是周期序列,其周期等于两个序列周期的最小公倍数。

4.实信号与复信号

实信号是指物理上可以实现的,取值是实数的信号。它常常为时间t的实函数,或n的实序列。

复信号指取值为复数的信号。虽然实际上不会产生复信号,但为了理论分析的需要,常常引用数值为复数的复信号,最常用的是复指数信号。

连续信号的复指数信号可表示为

$$f(t) = e^{st}, \quad -\infty < t < \infty \tag{1-3}$$

式中,$s=\sigma+j\omega$,其中σ是s的实部,记作$\mathrm{Re}[s]$;ω是s的虚部,记作$\mathrm{Im}[s]$。

根据欧拉公式,式(1-3)可以展开为

$$f(t) = e^{st} = e^{(\sigma+j\omega)t} = e^{\sigma t}\cos(\omega t) + je^{\sigma t}\sin(\omega t) \tag{1-4}$$

式(1-4)表明一个复指数信号可以分解为实部与虚部两部分。其中,实部为余弦信号,虚部为正弦信号。指数因子的实部σ表征了正弦和余弦的振幅随时间变化的情况。若$\sigma>0$,则正、余弦信号为增幅振荡;若$\sigma<0$,则为衰减振荡。指数因子的虚部ω则表示正、余弦信号的角频率。利用复指数信号可以描述许多基本的信号,如直流信号($\sigma=0$,$\omega=0$)和指数信号($\sigma\neq0$,$\omega=0$)等。

5. 能量信号与功率信号

按照信号的能量特点,可以将信号分为能量信号和功率信号。

如果在无限大的时间间隔内,信号的能量为有限值而平均功率为零,则称此信号为能量有限信号,简称能量信号。

如果在无限大的时间间隔内,信号的平均功率为有限值而总能量为无限大,则称此信号为功率有限信号,简称功率信号。

信号 $f(t)$ 的能量定义为

$$E = \lim_{a \to \infty} \int_{-a}^{a} |f(t)|^2 \, dt \tag{1-5}$$

信号 $f(t)$ 的功率指的是其平均功率,定义为

$$P = \lim_{a \to \infty} \frac{1}{2a} \int_{-a}^{a} |f(t)|^2 \, dt \tag{1-6}$$

持续时间有限的非周期信号都是能量信号,而直流信号、周期信号和阶跃信号等都是功率信号,因为它们的能量为无限大。一个信号不可能既是能量信号又是功率信号,但有少数信号既不是能量信号也不是功率信号,如 e^{-t}。

序列 $f(n)$ 的能量定义为

$$E = \lim_{N \to \infty} \sum_{n=-N}^{N} |f(n)|^2 \tag{1-7}$$

序列 $f(n)$ 的功率定义为

$$P = \lim_{N \to \infty} \frac{1}{2N+1} \sum_{n=-N}^{N} |f(n)|^2 \tag{1-8}$$

1.2.2　典型信号

以连续时间信号为例,介绍几种常用的典型信号。

1. 指数信号

在信号与系统分析中,指数信号是很重要的基本信号之一,它的表达式为

$$f(t) = Ae^{at} \tag{1-9}$$

式中,a 是实数。若 $a > 0$,则信号将随时间增大而增大,且 a 越大,增大速度越快。若 $a < 0$,则信号随时间增大而衰减,且 $|a|$ 越大,衰减速度越快。当 $a = 0$ 时,信号不随时间而变化,称为直流信号。指数信号的波形如图 1-6 所示。

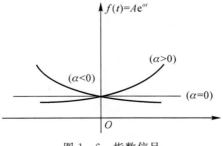

图 1-6　指数信号

常见的指数信号是单边指数衰减信号,其表达式为

$$f(t) = \begin{cases} A\mathrm{e}^{-\alpha t}, & t > 0 \\ 0, & t < 0 \end{cases} \qquad (1-10)$$

式中,$\alpha > 0$。α 的倒数称为指数信号的时间常数,记为 τ,其波形如图 1-7 所示。

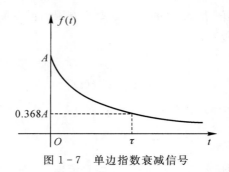

图 1-7 单边指数衰减信号

2. 正弦信号

正弦信号与余弦信号,两者只是在相位上相差 $\pi/2$,可以统称为正弦信号。其一般形式为

$$f(t) = A\sin(\Omega t + \theta) \qquad (1-11)$$

式中,A 为振幅;Ω 为角频率;θ 为初相位。这三个量是正弦信号的三要素,波形如图 1-8 所示。

正弦信号是周期信号,其周期 T 与频率 f 及角频率 Ω 之间的关系为 $T = 1/f = 2\pi/\Omega$。

在信号与系统分析中,经常要遇到单边指数衰减的正弦信号,其波形如图 1-9 所示,其表达式为

$$f(t) = \begin{cases} A\mathrm{e}^{-\alpha t}\sin\omega t, & t \geqslant 0 \\ 0, & t < 0 \end{cases} \qquad (1-12)$$

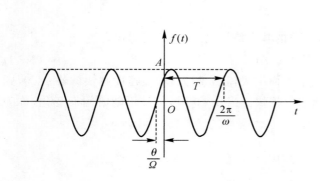

图 1-8 正弦信号

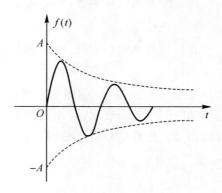

图 1-9 指数衰减的正弦信号

3. 抽样信号

抽样信号的表达式为

$$\mathrm{Sa}(t) = \frac{\sin t}{t} \qquad (1-13)$$

抽样信号的波形如图 1－10 所示。由图可知，$\mathrm{Sa}(t)$ 是偶函数，在 t 正、负两方向振幅都逐渐衰减，且当 $t=\pm\pi,\pm2\pi,\pm3\pi,\cdots$ 时，信号值为零。

$\mathrm{Sa}(t)$ 信号具有如下性质：

$$\int_{-\infty}^{\infty}\mathrm{Sa}(t)\mathrm{d}t=\pi \tag{1-14}$$

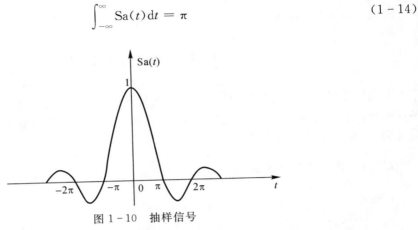

图 1－10　抽样信号

4. 复指数信号

将指数信号的指数因子换成复数，则称为复指数信号，其表达式为

$$f(t)=Ae^{st} \tag{1-15}$$

式中，s 称为复频率，它可以表示成 $s=\sigma+\mathrm{j}\omega$。将其展开，可得以下表达式：

$$f(t)=Ae^{st}=Ae^{(\sigma+\mathrm{j}\omega)t}=Ae^{\sigma t}\cos\omega t+\mathrm{j}Ae^{\sigma t}\sin\omega t \tag{1-16}$$

式(1－16)表明，一个复指数信号可分解为实部与虚部两部分。其中，实部为余弦信号，虚部为正弦信号。指数因子的实部 σ 表征了正弦与余弦的振幅随时间变化的情况。若 $\sigma>0$，则正弦、余弦信号是增幅振荡；若 $\sigma<0$，则为衰减振荡。指数因子的虚部 ω 则表示正弦和余弦信号的角频率。

1.2.3　仿真示例

从严格意义上讲，MATLAB 处理连续信号是采用信号在等间隔点的采样值来近似表示的，当采样间隔足够小时，可以看成是连续信号的近似。

例 1.1　绘制指数信号 $Ae^{\alpha t}(A=1,\alpha=-0.4)$、正弦信号 $A\sin(\omega t+\theta)(A=5,\omega=0.5\pi,\theta=0)$ 和抽样信号 $\mathrm{Sa}(t)$ 在 $t>0$ 时的时域波形。

解： 程序清单如下：

```
%绘制指数信号
t=0:0.01:10;A=1;a=-0.4;y1=A*exp(a*t);
subplot(1,3,1);plot(t,y1);axis([0,10,-0.5,1.5]);
xlabel('t');ylabel('exp(-0.4t)');title('指数信号');
%绘制正弦信号
A=5;w=0.5*pi;t=0:0.01:16;y2=A*sin(w*t);
subplot(1,3,2);plot(t,y2);axis([0,16,-5,5]);
xlabel('t');ylabel('5sin(Omegat)');title('正弦信号');
line([1,16],[0,0]);                    %画横坐标
```

```
%绘制抽样信号
t=-15:0.01:15;t1=t/pi;y3=xinc(t1);
subplot(1,3,3);plot(t,y3);axis([-15,15,-0.3, 1.1]);
xlabel('t');ylabel('sinc(t))');title('抽样信号');
line([-15,15],[0,0]);
```

1.3　信号的运算

和数学中的函数运算一样,信号也可以进行各种运算,在信号处理中,会涉及因自变量变换而造成的信号变换。信号经过任何一种运算和变换后都将产生新的信号。下面以连续时间信号为例,介绍几种常用的运算。

1.3.1　信号的算术运算

1.信号的加减

两个信号的和(或者差)在任意时刻的值等于两个信号在该时刻的值之和(或者差),即

$$f(t) = f_1(t) + f_2(t) \tag{1-17}$$
$$f(t) = f_1(t) - f_2(t) \tag{1-18}$$

2.信号的乘法与数乘

两个信号的积在任意一时刻的值等于两个信号在该时刻的值之积,即

$$f(t) = f_1(t)f_2(t) \tag{1-19}$$

收音机的调幅信号就是信号相乘的一个实例,它是将音频信号 $f_1(t)$ 加载到被称为载波的正弦信号 $f_2(t)$ 上形成的。

信号的数乘运算是指某信号乘以一实常数 K,它是将原信号每一时刻的值都乘以 K,即

$$f(t) = Kf_1(t) \tag{1-20}$$

若 K 为正,将原信号在幅度上放大($K>1$)或者缩小($1>K>0$)K 倍;若 K 为负,不仅幅度会放大或者缩小,极性也会发生变化。

1.3.2　信号的时间变换

1.信号的反褶、时移与尺度变换

信号 $f(t)$ 的反褶就是用 $-t$ 替换 $f(t)$ 表达式中的所有变量 t,成为 $f(-t)$;反映在波形上就是将原信号 $f(t)$ 的波形以纵轴为轴反转 $180°$。

例 1.2　三角脉冲信号的波形如图 1-11 所示,试求关于纵轴的反褶。

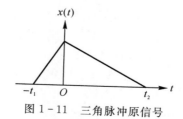

图 1-11　三角脉冲原信号

解: 将原信号的时间变量 t 直接用 $-t$ 置换,即可得到关于纵轴的反褶信号,波形如图 1-12 所示。

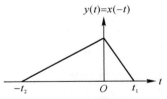

图 1-12　关于纵轴的反褶信号

信号 $f(t)$ 时移 t_0 个单位,就是用 $t-t_0$ 替换 $f(t)$ 表达式中所有的变量 t。一个信号和它时移后的新信号在波形上完全相同,只是出现的时刻不同而已。

当 $t_0>0$ 时,将原信号 $f(t)$ 向右平移 t_0 的单位即得到 $f(t-t_0)$。信号右移意味着时间上的滞后,也叫延迟。

当 $t_0<0$ 时,将原信号 $f(t)$ 向左平移 $|t_0|$ 的单位即得到 $f(t-t_0)$。信号左移意味着时间上的超前。

信号 $f(t)$ 的尺度变换指的是将 $f(t)$ 的时间变量 t 以正常数 a 展缩,也就是在 $f(t)$ 的表达式中,以 at 代替变量 t。当 $a>1$ 时,$f(at)$ 表示将原信号 $f(t)$ 在时间轴上压缩;当 $a<1$ 时,$f(at)$ 则表示将原信号 $f(t)$ 在时间轴上扩展。

图 1-13 给出了尺度变换在 $a>1$ 和 $a<1$ 两种情况时的波形。

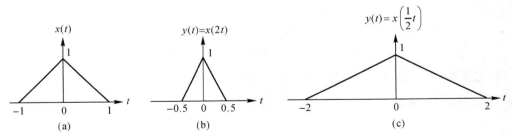

图 1-13　尺度变换在两种情况下的波形

(a)原信号;(b)压缩 1/2;(c)扩展 2 倍

例 1.3　信号 $f(t)$ 波形如图 1-14 所示,试画出 $f(-2t-3)$ 的波形图。

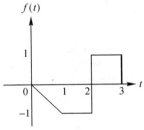

图 1-14　例题信号波形图

解: $f(-2t-3)$ 的波形需要进行时移、反褶和尺度变换运算来获得,根据不同组合,共有 6 种顺序。下面给出其中的 3 种组合顺序。

（1）先右移，再压缩，然后反褶，如图 1-15 所示。

$$f(t) \xrightarrow{\text{右移 3 单位}} f(t-3) \xrightarrow{\text{压缩 1/2}} f(2t-3) \xrightarrow{\text{反褶}} f(-2t-3)$$

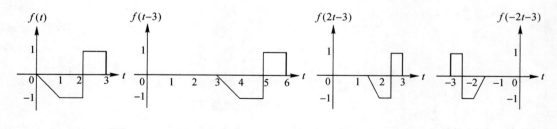

图 1-15　经右移→压缩→反褶运算后的波形

（2）先反褶，再左移，然后压缩，如图 1-16 所示。

$$f(t) \xrightarrow{\text{反褶}} f(-t) \xrightarrow{\text{左移 3 单位}} f[-(t+3)] = f(-t-3) \xrightarrow{\text{压缩 1/2}} f(-2t-3)$$

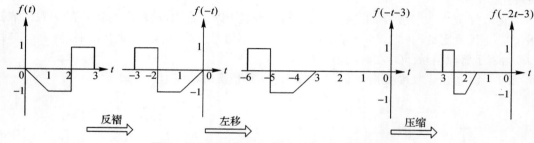

图 1-16　经反褶→左移→压缩运算后的波形

（3）先压缩，再右移，然后反褶，如图 1-17 所示。

$$f(t) \xrightarrow{\text{压缩 1/2}} f(2t) \xrightarrow{\text{右移 3/2 单位}} f\left[2\left(t-\frac{3}{2}\right)\right] = f(2t-3) \xrightarrow{\text{反褶}} f(-2t-3)$$

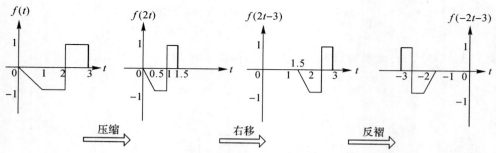

图 1-17　经压缩→右移→反褶运算后的波形

例 1.4　已知信号

$$f(t) = \begin{cases} 0, & t < 0 \\ t, & 0 < t < 1 \\ 1, & 1 < t < 2 \\ 0, & t > 2 \end{cases}$$

试求 $f(2t),f\left(\dfrac{1}{2}t\right),f(-2t),f(-2t+2)$。

解：
$$f(2t)=\begin{cases}0, & 2t<0 \\ 2t, & 0<2t<1 \\ 1, & 1<2t<2 \\ 0, & 2t>2\end{cases}=\begin{cases}0, & t<0 \\ 2t, & 0<t<0.5 \\ 1, & 0.5<t<1 \\ 0, & t>1\end{cases}$$

$f(t)$ 和 $f(2t)$ 的波形如图 1-18 和图 1-19 所示。

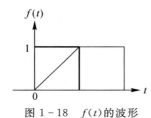

图 1-18　$f(t)$ 的波形　　　　图 1-19　$f(2t)$ 的波形

$$f\left(\dfrac{1}{2}t\right)=\begin{cases}0, & \dfrac{1}{2}t<0 \\[2mm] \dfrac{1}{2}t, & 0<\dfrac{1}{2}t<1 \\[2mm] 1, & 1<\dfrac{1}{2}t<2 \\[2mm] 0, & \dfrac{1}{2}t>2\end{cases}=\begin{cases}1, & t<0 \\[2mm] \dfrac{1}{2}t, & 0<t<2 \\[2mm] 1, & 2<t<4 \\[2mm] 0, & t>4\end{cases}$$

$f\left(\dfrac{1}{2}t\right)$ 的波形如图 1-20 所示。

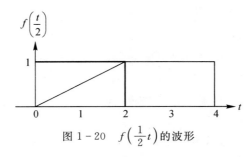

图 1-20　$f\left(\dfrac{1}{2}t\right)$ 的波形

$$f(-2t)=\begin{cases}0, & -2t<0 \\ -2t, & 0<-2t<1 \\ 1, & 1<-2t<2 \\ 0, & -2t>2\end{cases}=\begin{cases}0, & t>0 \\ -2t, & -0.5<t<0 \\ 1, & -1<t<-0.5 \\ 0, & t<-1\end{cases}$$

$f(-2t)$ 的波形如图 1-21 所示。

$$f(-2t+2) = \begin{cases} 0, & -2t+2 < 0 \\ -2t+2, & 0 < -2t+2 < 1 \\ 1, & 1 < -2t+2 < 2 \\ 0, & -2t+2 > 2 \end{cases} = \begin{cases} 0, & t > 1 \\ -2t+2, & 0.5 < t < 1 \\ 1, & 0 < t < 0.5 \\ 0, & t < 0 \end{cases}$$

$f(-2t+2)$ 的波形如图 1-22 所示。

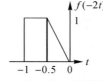

图 1-21 $f(-2t)$ 的波形

图 1-22 $f(-2t+2)$ 的波形

2. 微分

信号 $f(t)$ 的微分 $\dfrac{\mathrm{d}f(t)}{\mathrm{d}t}$［也可写为 $f'(t)$］表示信号随时间变化的速率。

不仅连续信号可以微分，而且具有跳变点的信号也存在微分，它们在跳变点处的导数是一个冲激信号，其冲击强度为原函数在该处的跳变量，而它们在连续区间的导数即为常规意义上的导数。

3. 积分

信号 $f(t)$ 的积分运算 $\displaystyle\int_{-\infty}^{t} f(\tau)\mathrm{d}\tau$［也可以写为 $f^{(-1)}(t)$］在 t 时刻的值等于从 $-\infty$ 到 t 区间内 $f(t)$ 与时间轴所包围的面积。

4. 卷积积分

两个具有相同变量 t 的信号 $f_1(t)$ 与 $f_2(t)$，经过以下积分可以得到第三个相同变量的信号 $g(t)$，即

$$g(t) = \int_{-\infty}^{\infty} f_1(\tau) f_2(t-\tau)\mathrm{d}\tau \qquad (1-21)$$

式(1-21)就叫作卷积积分。常用符号" * "表示两个信号的卷积运算，即

$$g(t) = f_1(t) * f_2(t) \qquad (1-22)$$

一般情况下，卷积积分的上、下限并不都从 $-\infty$ 取到 ∞，而是要根据被积信号的具体波形，采用图解法来确定，具体方法如下：

给定 $f_1(t)$ 和 $f_2(t)$，首先要改变自变量，将 $f_1(t)$ 和 $f_2(t)$ 变为 $f_1(\tau)$ 和 $f_2(\tau)$，这时信号图形与原来一样，只是将横坐标 t 变为 τ，然后再经过如下四个步骤：

(1)反褶，即将 $f_2(\tau)$ 进行反褶，变为 $f_2(-\tau)$。

(2)时移，即将 $f_2(-\tau)$ 时移 t，变为 $f_2(t-\tau) = f_2[-(\tau-t)]$，当 $t>0$ 时，将 $f_2(-\tau)$ 右移 t，而当 $t<0$ 时，将 $f_2(-\tau)$ 左移 $|t|$。

(3)相乘，即将 $f_1(\tau)$ 与 $f_2(t-\tau)$ 相乘得到 $f_1(\tau)f_2(t-\tau)$。

(4)积分，即将乘积 $f_1(\tau)f_2(t-\tau)$ 进行积分，重要的是确定积分限。一般是将 $f_1(\tau)f_2(t-\tau)$ 不等于零的区间作为积分的上、下限，当 t 取不同值时，不为零的区间有所变化，因此要将 t 分成不同的区间来求卷积积分。

卷积积分是一种数学运算法，它具有以下一些有用的基本性质。

(1)交换律：

$$f_1(t) * f_2(t) = f_2(t) * f_1(t) \qquad (1-23)$$

证明：卷积定义为

$$f_1(t) * f_2(t) = \int_{-\infty}^{\infty} f_1(\tau) f_2(t-\tau) \mathrm{d}\tau$$

令 $\tau = t - \lambda$，则有

$$f_1(t) * f_2(t) = \int_{-\infty}^{\infty} f_1(t-\lambda) f_2(\lambda) \mathrm{d}\lambda = f_2(t) * f_1(t)$$

(2)分配率：

$$f_1(t) * [f_2(t) + f_3(t)] = f_1(t) * f_2(t) + f_1(t) * f_3(t) \qquad (1-24)$$

证明：

$$
\begin{aligned}
f_1(t) * [f_2(t) + f_3(t)] &= \int_{-\infty}^{\infty} f_1(\tau) [f_2(t-\tau) + f_3(t-\tau)] \mathrm{d}\tau \\
&= \int_{-\infty}^{\infty} f_1(\tau) f_2(t-\tau) \mathrm{d}\tau + \int_{-\infty}^{\infty} f_1(\tau) f_3(t-\tau) \mathrm{d}\tau \\
&= f_1(t) * f_2(t) + f_1(t) * f_3(t)
\end{aligned}
$$

(3)结合律：

$$[f_1(t) * f_2(t)] * f_3(t) = f_1(t) * [f_2(t) * f_3(t)] \qquad (1-25)$$

证明：

$$
\begin{aligned}
[f_1(t) * f_2(t)] * f_3(t) &= \int_{-\infty}^{\infty} \left[\int_{-\infty}^{\infty} f_1(\lambda) f(\tau-\lambda) \mathrm{d}\lambda \right] f_3(t-\tau) \mathrm{d}\tau \\
&= \int_{-\infty}^{\infty} f_1(\lambda) \left[\int_{-\infty}^{\infty} f_2(\tau-\lambda) f_3(t-\tau) \mathrm{d}\tau \right] \mathrm{d}\lambda \\
&= \int_{-\infty}^{\infty} f_1(\lambda) \left[\int_{-\infty}^{\infty} f_2(\tau) f_3(t-\lambda-\tau) \mathrm{d}\tau \right] \mathrm{d}\lambda \\
&= f_1(t) * [f_2(t) * f_3(t)]
\end{aligned}
$$

(4)卷积的微分：

$$\frac{\mathrm{d}}{\mathrm{d}t}[f_1(t) * f_2(t)] = \frac{\mathrm{d}f_1(t)}{\mathrm{d}t} * f_2(t) = f_1(t) * \frac{\mathrm{d}f_2(t)}{\mathrm{d}t} \qquad (1-26)$$

证明：

$$
\begin{aligned}
\frac{\mathrm{d}}{\mathrm{d}t}[f_1(t) * f_2(t)] &= \frac{\mathrm{d}}{\mathrm{d}t} \int_{-\infty}^{\infty} f_1(\tau) f_2(t-\tau) \mathrm{d}\tau = \int_{-\infty}^{\infty} f_1(\tau) \frac{\mathrm{d}f_2(t-\tau)}{\mathrm{d}t} \mathrm{d}\tau \\
&= f_1(t) * \frac{\mathrm{d}f_2(t)}{\mathrm{d}t}
\end{aligned}
$$

同理可证：

$$\frac{\mathrm{d}}{\mathrm{d}t}[f_1(t) * f_2(t)] = \frac{\mathrm{d}f_1(t)}{\mathrm{d}t} * f_2(t)$$

(5)卷积的积分：

$$\int_{-\infty}^{t} [f_1(\tau) * f_2(\tau)] \mathrm{d}\tau = f_1(t) * \int_{-\infty}^{t} [f_2(\tau)] \mathrm{d}\tau = \left[\int_{-\infty}^{t} f_1(\tau) \mathrm{d}\tau \right] * f_2(t)$$

$$(1-27)$$

证明：

$$\int_{-\infty}^{t}\big[f_1(\tau)*f_2(\tau)\big]\mathrm{d}\tau = \int_{-\infty}^{t}\big[\int_{-\infty}^{\infty}f_1(\tau)f_2(\lambda-\tau)\mathrm{d}\tau\big]\mathrm{d}\lambda$$

$$= \int_{-\infty}^{\infty}f_1(\tau)\big[\int_{-\infty}^{t}f_2(\lambda-\tau)\mathrm{d}\lambda\big]\mathrm{d}\tau = f_1(t)*\int_{-\infty}^{t}f_2(\lambda)\mathrm{d}\lambda$$

同理可证明后半等式。

（6）时移特性：

若 $g(t)=f_1(t)*f_2(t)$，则

$$f_1(t-t_1)*f_2(t-t_2) = f_1(t-t_2)*f_2(t-t_1) = g(t-t_1-t_2) \tag{1-28}$$

同时有

$$g^{(i)}(t) = f_1^{(j)}(t)*f_2^{(i-j)}(t) \tag{1-29}$$

（7）与冲激信号的卷积：

$$f(t)*\delta(t) = f(t) \tag{1-30}$$

$$f(t)*\delta(t-t_0) = f(t-t_0) \tag{1-31}$$

（8）与阶跃信号的卷积：

$$f(t)*u(t) = \int_{-\infty}^{t}f(\tau)\mathrm{d}\tau \tag{1-32}$$

（9）与冲激偶的卷积：

$$f(t)*\delta'(t) = f'(t) \tag{1-33}$$

$$f(t)*\delta'(t-t_0) = f'(t-t_0) \tag{1-34}$$

$$f(t)*\delta^{(k)}(t) = f^{(k)}(t) \tag{1-35}$$

$$f(t)*\delta^{(k)}(t-t_0) = f^{(k)}(t-t_0) \tag{1-36}$$

1.4　奇异信号

在信号与系统分析中，除了上述几种常用基本信号之外，还经常遇到信号本身具有不连续点或其导数与积分具有不连续点的情况，这类信号统称为奇异信号。

1.4.1　阶跃信号

阶跃信号也叫单位阶跃信号，它描述了某些实际对象从一个状态瞬时变成另一个状态的过程。例如，电路中用开关接通电源时，电压瞬间变化的情况就可以用单位阶跃信号来描述。它用符号 $u(t)$ 表示，其数学表达式为

$$u(t) = \begin{cases} 1, & t > 0 \\ 0, & t < 0 \end{cases} \tag{1-37}$$

其波形如图 1-23 所示。

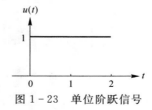

图 1-23　单位阶跃信号

在跳变点 $t=0$ 处，单位阶跃信号没有定义，可根据实际的物理意义，规定 $t=0$ 处的值为 0/1 或者 0.5。

如果跳变点移至 t_0，则表示为

$$u(t-t_0) = \begin{cases} 1, & t > t_0 \\ 0, & t < t_0 \end{cases} \tag{1-38}$$

其波形如图 1-24 所示。

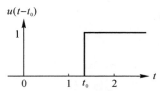

图 1-24　单位阶跃信号的移位

如果跳变值不是 1，而是 E，则可以写成 $Eu(t)$ 或者 $Eu(t-t_0)$。

单位阶跃信号具有单边特性。当任意一信号 $f(t)$ 与 $u(t)$ 相乘时，将使 $f(t)$ 在跳变点之前的幅度变为零，因此也称单边特性为切除特性。例如，将余弦信号 $\cos(t)$ 与 $u(t)$ 相乘，使其 $t<0$ 的部分变为零。

利用单位阶跃信号的切除特性，可以方便地表示分段函数。例如矩形脉冲 $G(t)$ 可表示为

$$G(t) = u(t) - u(t-t_0) \tag{1-39}$$

其波形如图 1-25 所示。

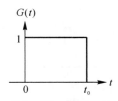

图 1-25　矩形脉冲

利用单位阶跃信号还可以表示符号信号。符号信号定义为

$$\text{sgn}(t) = \begin{cases} 1, & t > 0 \\ -1, & t < 0 \end{cases} \tag{1-40}$$

其波形如图 1-26 所示，显然有

$$\text{sgn}(t) = 2u(t) - 1 \tag{1-41}$$

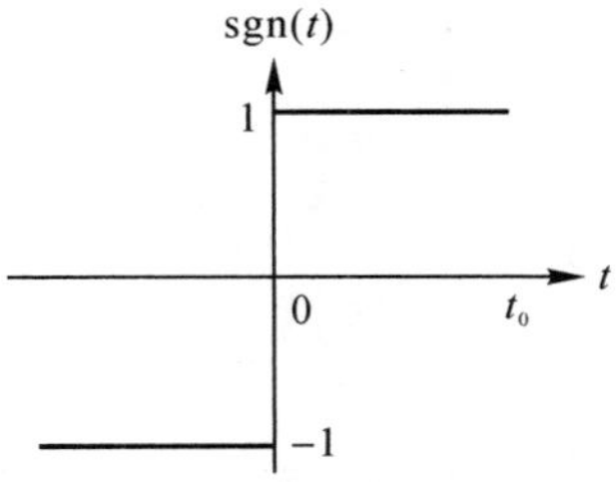

图 1-26　符号信号

反之，也可用 $\text{sgn}(t)$ 来表示 $u(t)$，即

$$u(t) = \frac{1}{2}[1 + \text{sgn}(t)] \tag{1-42}$$

1.4.2 冲激信号

某些物理现象需要用一个时间极短,但取值极大的函数模型来描述,例如,力学中瞬间作用的冲击力,电学中电容器的瞬间充电电流,还有自然界中的电闪雷鸣等。单位冲激信号就是以这类实际问题为背景而引出的。

单位冲激函数通常用符号 $\delta(t)$ 表示,它是一个具有有限面积的窄而高的尖峰信号。

狄拉克给出了冲激信号的定义形式:

$$\left.\begin{array}{l} \delta(t) = 0, \quad t \neq 0 \\ \int_{-\infty}^{\infty} \delta(t)\mathrm{d}t = 1 \end{array}\right\} \tag{1-43}$$

在定义中,$\int_{-\infty}^{\infty} \delta(t)\mathrm{d}t = 1$ 的含义是该信号波形下的面积等于 1。该定义表明,虽然 $\delta(t)$ 的持续时间为 0,但却有有限的面积,即 $\delta(t)$ 在 $t=0$ 时是无界的。波形的面积称为冲激强度。冲激强度为 E 的冲激信号,应写为 $E\delta(t)$。

单位冲激信号又称为狄拉克信号,也称为 δ 信号。冲激信号用一条带箭头的竖线表示,它出现的时间表示冲激发生的时刻,箭头旁边括号内的数字表示冲激强度,其波形如图 1-27 所示。

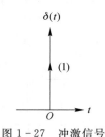

图 1-27 冲激信号

如果"冲激"点不在 $t=0$ 处,而在 $t=t_0$ 处,则定义可写为

$$\left.\begin{array}{l} \delta(t - t_0) = 0, t \neq t_0 \\ \int_{-\infty}^{\infty} \delta(t - t_0)\mathrm{d}t = 1 \end{array}\right\} \tag{1-44}$$

其波形如图 1-28 所示。

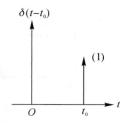

图 1-28 冲激信号的移位

冲激信号具有如下重要性质:

(1)抽样特性:

$$f(t)\delta(t) = f(0)\delta(t) \tag{1-45}$$

$$\int_{-\infty}^{\infty} f(t)\delta(t)\mathrm{d}t = \int_{-\infty}^{\infty} f(0)\delta(t)\mathrm{d}t = f(0) \tag{1-46}$$

式(1-45)和式(1-46)要求 $f(t)$ 在 $t=0$ 处连续且处处有界。

$$f(t)\delta(t-t_0) = f(t_0)\delta(t-t_0) \tag{1-47}$$

$$\int_{-\infty}^{\infty} f(t)\delta(t-t_0)\mathrm{d}t = f(t_0) \tag{1-48}$$

同样,式(1-47)和式(1-48)要求 $f(t)$ 在 $t_0=0$ 处连续且处处有界。

(2)冲激信号是偶函数,即

$$\delta(t) = \delta(-t) \tag{1-49}$$

(3)冲激信号的积分等于阶跃信号,阶跃信号的导数等于冲激函数。即

$$\int_{-\infty}^{t} \delta(\tau)\mathrm{d}\tau = u(t) \tag{1-50}$$

$$\frac{\mathrm{d}u(t)}{\mathrm{d}t} = \delta(t) \tag{1-51}$$

1.4.3　仿真示例

在 MATLAB 中,为了编程方便,在工作目录下,定义函数 Heaviside 表示单位阶跃信号,其函数程序如下:

```
function f=Heaviside(t)
f=(t>0);          %t>0 时 f 为 1,否则为 0
```

例 1.5　用 MATLAB 绘制单位阶跃信号 $u(t)$ 的波形。两个信号分别为 $f_1(t)=0.5t[u(t)-u(t-4)]$,$f_2(t)=\sin(4\pi t)$,绘制这两个信号,同时绘制两信号的和与积的波形。

解: 程序如下:

```
%向量表示法编写程序
%绘制单位阶跃信号
t=-5:0.01:5;
y=Heaviside(t);figure(1);
plot(t,y);axis([-5,5,-0.5,1.5]);
xlabel('t');ylabel('u(t)');title('单位阶跃信号');
%符号运算法编写程序
syms t;                  &定义符号变量
f1=0.5*t*sym('Heaviside(t)-Heaviside(t-4)');      %信号 f1(t)的符号表达式
f2=sym('sin(4*pi*t)');                            %信号 f2(t)的符号表达式
f3=f1+f2;f4=f1*f2;                                %两信号相加、相乘
figure(2);
subplot(2,2,1);ezplot(f1,-1,6);                   %符号函数二维作图
title('f1(t)=0.5t[u(t)-u(t-4)]');axis([-1,6,-0.2,2.2]);
subplot(2,2,2);ezplot(f2);title('f2(t)=sin(4*pi*t)');
subplot(2,2,3);ezplot(f3);title('f1(t)+f2(t)');
subplot(2,2,4);ezplot(f4);title('f1(t)*f2(t)');
axis([-6,6,-2,2]);
```

例 1.6　已知连续信号 $f(t)$ 的时域波形如图 1-29 所示,用 MATLAB 绘制以下时域变

换信号的时域波形：$2f(0.5t)$，$f(-2t+3)$，$\dfrac{\mathrm{d}f(t)}{\mathrm{d}t}$，$\displaystyle\int_{-\infty}^{t} f(\tau)\mathrm{d}\tau$。

解：由于$f(t)$求导后会出现无法直接绘图的冲激信号，只能先计算其导数，再绘图。其他三种信号可以用符号运算方法绘制其时域波形，程序如下：

```
syms t;
f=sym('Heaviside(t+1)-t*Heaviside(t)+(t-1)*Heaviside(t-1)');
f1=2*subs(f,t,0.5*t);                      %符号函数变量替换
subplot(2,2,1);ezplot(f1,[-3,3]);title('f1(t)=2f(0.5t)');
f2=subs(f,t,-2*t+3);
subplot(2,2,2);ezplot(f2,[0,3]);title('f2(t)=f(-2t+3)');
f3=sym('-Heaviside(t)+Heaviside(t-1)');subplot(2,2,3);ezplot(f3,[-2,2]);
line([-1,-1],[0,1]);axis([-2,2,-1.5,1.5]);title('f3(t)=df(t)/dt');
f4=int(f);                                 %积分信号
subplot(2,2,4);ezplot(f4,[-2,3]);title('f4(t)=∫f(τ)dτ');
```

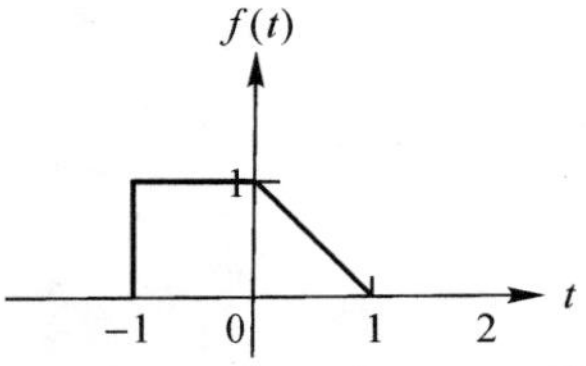

图 1-29　连续信号的波形

1.5　系　　统

广义地说，系统就是由一些相互作用和相互依赖的事物组成的具有特定功能的整体，如通信系统、自动控制系统和机械系统等。

几乎在科学技术的每一个领域，为了简化信号的提取，都必须进行信号处理，即对信号进行某种加工或者变换，其目的是削弱信号中的多余内容，滤除噪声和干扰，或者将信号变换成容易分析和识别的形式，便于估计和选择其特征参量。系统可以看成是产生信号变换的任何过程。

在无线电子学中，信号与系统之间有着十分密切的联系。离开了信号，系统将失去存在的意义。信号是消息的表现形式，并可看作运载消息的工具，而系统则是完成对信号传输、加工处理的设备。系统的核心是输入、输出之间的关系（或者叫作运算功能）。

1.5.1　系统的分类

系统的分类错综复杂，通常有以下几种分类方式。

1. 连续时间系统与离散时间系统

若系统的输入和输出信号均为连续时间信号，则称此信号为连续时间系统，简称连续系统。一般由电阻、电感和电容组成的电路都是连续时间系统。

若系统的输入和输出信号均为离散时间信号，则称此系统为离散时间系统，简称离散系

统。数字计算机就是典型的离散时间系统。

实际上,离散时间系统和连续时间系统常会组合运用,此时称为混合系统。

2.线性系统与非线性系统

凡能够满足齐次性和可加性的系统就叫作线性系统。

齐次性是指当输入信号乘以某常数时,响应也会倍乘相应的常数。

可加性是指当几个激励信号同时作用于系统时,总的输出等于每个激励单独作用所产生的响应之和。

不满足可加性或齐次性的系统是非线性系统。

若电路中的无源元件全部是线性元件(如 R,L,C),则这样的电路系统一定是线性系统,但是不能说由非线性元件组成的电路系统就一定是非线性系统。

3.时变系统与时不变系统

如果系统的参数不随时间变化,则称此系统为时不变系统;如果系统的参量随时间发生变化,则称其为时变系统。

4.可逆系统与不可逆系统

若系统在不同的激励信号作用下产生不同的响应,则称此系统为可逆系统。对于每个可逆系统,都存在一个"逆系统",在原系统与此逆系统级联组合后,输出信号与输入信号相同。如图 1-30 所示的系统可记为可逆系统,反之就是不可逆系统。

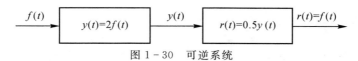

图 1-30　可逆系统

可逆系统的概念在信号传输与处理技术中得到了广泛的应用。例如,在通信系统中,为满足某些要求可将待传输的信号进行编码,在接收信号之后仍要恢复原信号,则此编码器就应当是一个可逆系统。

5.即时系统与动态系统

如果系统在任意时刻的响应仅取决于该时刻的激励,而与它过去的工作状态无关,则称此系统为即时系统,或者无记忆系统。

如果系统在任意时刻的响应不仅与该时刻的激励有关,而且与它过去的工作状态有关,就称为动态系统,或者记忆系统。

只由电阻元件组成的系统是即时系统,而凡是含有记忆元件(如电感、电容、磁芯等)的系统都属于动态系统。即时系统可以用代数方程来描述,动态系统则可以用微分方程或者差分方程来描述。

1.5.2　线性时不变系统

前面已经介绍过系统的分类,本节主要讨论线性时不变(Linear Timer Invariant,LTI)系统的特性。以 LTI 系统为例进行具体说明。

1.线性

线性包含两个内容:齐次性和可加性。

所谓齐次性是指当输入信号乘以某常数 k 时,响应也乘以相同的常数 k,可由图 $1-31$ 表示。

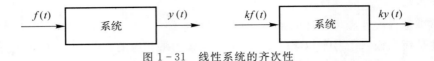

图 $1-31$ 线性系统的齐次性

可加性是指当几个激励信号同时作用于系统时,总的响应信号等于每个激励单独作用所产生的响应之和,可由图 $1-32$ 表示。

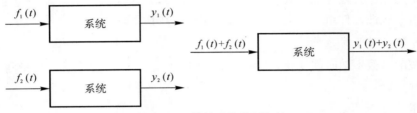

图 $1-32$ 线性系统的可加性

如果系统同时具有这两种特性时,该系统就称为线性系统。即如果 $f_1(t)$,$y_1(t)$ 和 $x_2(t)$,$y_2(t)$ 分别代表两对激励与响应,则当激励为 $a_1 f_1(t) + a_2 f_2(t)$(a_1,a_2 为常数)时,系统的响应为 $a_1 y_1(t) + a_2 y_2(t)$,如图 $1-33$ 所示,该系统就称为线性系统。

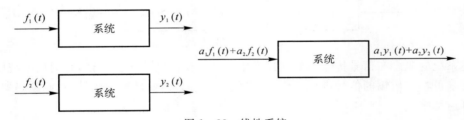

图 $1-33$ 线性系统

因此,线性特性可表述为,若 $T[f_1(t)] = y_1(t)$,$T[f_2(t)] = y_2(t)$,则

$$T[a_1 f_1(t) + a_2 f_2(t)] = a_1 T[f_1(t)] + a_2 T[f_2(t)] \tag{1-52}$$

动态连续系统的响应不仅取决于系统的激励 $f(t)(t \geqslant 0)$,而且与系统的初始状态 $f(0)$ 有关。初始状态可以看作系统的另一种形式的激励。这样系统的响应取决于两种不同的激励。

根据电路分析的理论,设激励信号为零,仅由初始状态引起的响应为零输入响应 $y_{zi}(t)$;设初始状态为零,仅由输入信号 $f(t)$ 引起的响应为零状态响应 $y_{zs}(t)$,则线性系统的全响应为

$$y(t) = y_{zi}(t) + y_{zs}(t) \tag{1-53}$$

称线性性质的这一性质为分解特性。

线性系统除了满足分解特性外,其零输入响应和零状态响应还必须都满足线性关系。

(1)零输入线性。当系统有多个初始状态时,其零输入响应是由各个初始状态独自引起的响应的代数和,如图 $1-34$ 所示。

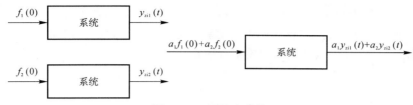

图 1 - 34　零输入线性

（2）零状态线性。当系统有多个输入时,其零状态响应是由各个输入独自引起的零状态响应的代数和,如图 1 - 35 所示。

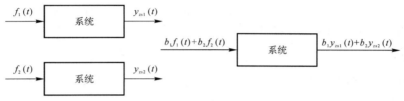

图 1 - 35　零状态线性

综上所述,一个线性系统既具有分解特性,又具有零输入线性和零状态线性。线性性质是线性系统所具有的本质性质,是分析和研究线性系统的重要基础。

2. 时不变性

时不变性是指系统的零状态输出波形仅取决于输入波形与系统特性,而与输入信号接入系统的时间无关。即若 $f(t) \rightarrow y_{zs}(t)$,则有

$$f(t - t_d) \rightarrow y_{zs}(t - t_d) \tag{1-54}$$

式中,t_d 为输入信号延迟的时间,这样的系统称为时不变系统。

LTI 连续时间系统还具有微分和积分特性,即若 $f(t) \rightarrow y_{zs}(t)$,则有

$$\frac{\mathrm{d}f(t)}{\mathrm{d}t} \rightarrow \frac{\mathrm{d}y_{zs}(t)}{\mathrm{d}t} \tag{1-55}$$

$$\int_{-\infty}^{t} f(\tau)\mathrm{d}\tau \rightarrow \int_{-\infty}^{t} y_{zs}(\tau)\mathrm{d}\tau \tag{1-56}$$

3. 因果性

系统的输出是由输入引起的,它的输出不能领先输入,这种性质称为因果性。因果系统在任何时刻的输出仅决定于现在与过去的输入,而与将来的输入无关。

对任意时刻 t_0 和任意输入 $f(t)$,如果 $f(t) = 0 (t < t_0)$,若有其零状态响应 $y_{zs}(t) = 0 (t < t_0)$,则称该系统为因果系统,否则称其为非因果系统。

许多以时间为自变量的实际系统都是因果系统,如收音机、电视机和数据采集系统等。需要指出的是,如果自变量不是时间,因果性就会失去意义。

4. 稳定性

当系统的输入有界(即幅值为有限值),零状态响应也有界时,这一性质称为稳定性。具有这一性质的系统叫作稳定系统。反之,当系统的输入有界且输出无界(无限值)时,这种系统称为不稳定系统。

若系统的激励 $|f(t)| < \infty$,其零状态响应 $|y_{zs}(t)| < \infty$,则称该系统是稳定的。

例 1.7 某系统的全响应为 $y(t)=af(0)+b\int_0^t f(\tau)\mathrm{d}\tau,t\geqslant0$，式中的 a,b 为常量，$f(0)$ 为初始状态，在 $t=0$ 时接入激励 $f(t)$，判断上述系统是否是线性的、时不变的。

解：从题目中可以看出该系统显然满足分解特性。其零输入响应和零状态响应分别为

$$y_{zi}(t)=af(0)$$

$$y_{zs}(t)=b\int_0^t f(\tau)\mathrm{d}\tau$$

(1) 判断 $y_{zi}(t)$。

当初始状态为 $f_1(0)$ 时，$y_{zi1}(t)=af_1(0)$；当初始状态为 $f_2(0)$ 时，$y_{zi2}(t)=af_2(0)$；

当初始状态为 $f_3(0)=a_1f_1(0)+a_2f_2(0)$ 时，

$$y_{zi3}(t)=af_3(0)=a_1af_1(0)+a_2af_2(0)=a_1y_{zi1}(t)+a_2y_{zi2}(t)$$

因此，零输入响应 $y_{zi}(t)$ 满足线性条件。

(2) 判断 $y_{zs}(t)$。

当激励为 $f_1(t)$ 时，$y_{zs1}(t)=b\int_0^t f_1(\tau)\mathrm{d}\tau$；当激励为 $f_2(t)$ 时，$y_{zs2}(t)=b\int_0^t f_2(\tau)\mathrm{d}\tau$；

当激励为 $f_3(t)=b_1f_1(t)+b_2f_2(t)$ 时，

$$y_{zs3}(t)=b\int_0^t f_3(\tau)\mathrm{d}\tau=b_1b\int_0^t f_1(\tau)\mathrm{d}\tau+b_2b\int_0^t f_2(\tau)\mathrm{d}\tau$$
$$=b_1y_{zs1}(t)+b_2y_{zs2}(t)$$

因此，零状态响应 $y_{zs}(t)$ 满足线性条件。

综上所述，该系统是线性系统。

例 1.8 已知 $y_{zs}(n)=(n-2)f(n)$，判断系统是否是线性、时不变、因果和稳定的。

解：(1) 当激励为 $f_1(n)$ 时，$y_{zs1}(n)=(n-2)f_1(n)$，当激励为 $f_2(n)$ 时，$y_{zs2}(n)=(n-2)f_2(n)$；

当激励为 $f_3(n)=a_1f_1(n)+a_2f_2(n)$ 时，

$$y_{zs3}(n)=(n-2)f_3(n)=(n-2)[a_1f_1(n)+a_2f_2(n)]$$
$$=a_1(n-2)f_1(n)+a_2(n-2)f_2(n)=a_1y_{zs1}(n)+a_2y_{zs2}(n)$$

因此，系统是线性的。

(2) 设 $f_d(n)=f(n-n_d)$，则

$$y_{zsd}(n)=(n-2)f_d(n)=(n-2)f(n-n_d)\neq y_{zs}(n-n_d)$$

因此，系统是时变的。

(3) 当 $n<n_0$ 时，若 $f(n)=0$，则此时有

$$y_{zs}(n)=(n-2)f(n)=0$$

因此，系统是因果的。

(4) 若 $|f(n)|<\infty$，则有

$$|y_{zs}(n)|=|(n-2)f(n)|=|n-2||f(n)|$$

由于 $|y_{zs}(n)|$ 随着 $|k-2|$ 的增长而增大，所以系统不稳定。

本 章 小 结

本章首先介绍信号与系统的基本知识，给出了信号的定义、信号的分类和常见的典型的几种信号；然后介绍了信号的算数运算和时间变换——信号的加、减、乘、数乘，反褶，时移，尺度

变换,微分,积分,卷积等;接着介绍了两种典型的奇异信号——阶跃信号和冲激信号;最后介绍了系统的知识、系统的定义、系统的分类、线性时不变系统的特性,并给出了 MATLAB 软件的仿真示例,以帮助读者理解和吸收。

习　题　1

1-1　画出下列各信号的波形。

(1) $f(t)=u(\sin t)$;

(2) $f(t)=\operatorname{sgn}(\sin\pi t)$;

(3) $f(n)=2^n u(n)$;

(4) $f(t)=\cos t \cdot \operatorname{sgn} t$;

(5) $f(n)=\sin\left(\dfrac{kn}{4}\right)u(n)$。

1-2　画出下列各信号的波形。

(1) $f(t)=2u(t+1)-3u(t-1)+u(t-2)$;

(2) $f(t)=\cos(10\pi t)[u(t-1)-u(t-2)]$;

(3) $f(t)=\sin\pi(t-1)[u(2-t)-u(-t)]$;

(4) $f(t)=r(t)u(2-t)$。

1-3　判断下列各信号是否为周期信号;如果是周期信号,确定信号的周期。

(1) $f(t)=a\cos t+b\sin 2t$;

(2) $f(t)=a\cos t+b\sin\pi t$;

(3) $f(t)=\mathrm{e}^{\mathrm{j}(\pi t-1)}$;

(4) $f(n)=\mathrm{e}^{\mathrm{j}\frac{\pi}{3}n}$;

(5) $f(t)=[5\sin(8t)]^2$;

(6) $f(n)=\cos^2\left(\dfrac{\pi}{8}n\right)$;

(7) $f(n)=\sin\left(\dfrac{3\pi}{5}n\right)$;

(8) $f(n)=\displaystyle\sum_{m=-\infty}^{\infty}[\delta(n-3m)-\delta(n-1-3m)]$。

1-4　已知信号 $f(t)$ 的波形如题图 1-1 所示,画出下列各函数的波形。

(1) $f(1-2t)$;

(2) $f(0.5t)u(2-t)$;

(3) $\dfrac{\mathrm{d}}{\mathrm{d}t}f(t)$;

(4) $\displaystyle\int_{-\infty}^{t}f(\tau)\mathrm{d}\tau$。

1-5　已知信号 $f(t+1)$ 的波形如题图 1-2 所示,分别画出 $f(t)$ 和 $\dfrac{\mathrm{d}}{\mathrm{d}t}\left[f\left(\dfrac{1}{2}t-1\right)\right]$ 的波形。

1-6 已知 $f(1-2t)$ 的波形如题图 1-3 所示，画出 $f(t)$ 的波形。

1-7 已知 $f(t)$ 的波形如题图 1-4 所示，画出 $f\left(2-\dfrac{1}{3}t\right)$ 的波形图。

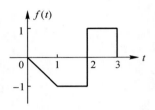

题图 1-1

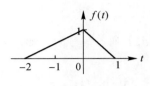

题图 1-2

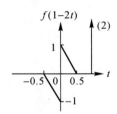

题图 1-3

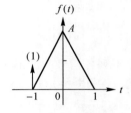

题图 1-4

1-8 已知信号的波形如题图 1-5 所示，写出它们的表达式。

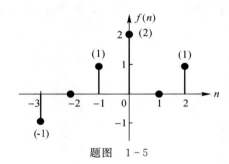

题图 1-5

1-9 计算下列各题。

(1) $\displaystyle\int_{-5}^{5} (2t^2 + t - 5)\delta(3 - t)\mathrm{d}t$；

(2) $\displaystyle\int_{-\infty}^{\infty} (3t^2 + t - 5)\delta(2t - 3)\mathrm{d}t$；

(3) $\displaystyle\int_{-1}^{5} (t^2 + t - \sin\frac{\pi}{4}t)\delta(t + 2)\mathrm{d}t$；

(4) $\displaystyle\int_{-4}^{4} (t^2 + 1)[\delta(t + 5) + \delta(t) + \delta(t - 2)]\mathrm{d}t$；

(5) $\displaystyle\int_{-\infty}^{\infty} (t^3 + 2t^2 - 2t + 1)\delta'(t - 1)\mathrm{d}t$；

(6) $\dfrac{\mathrm{d}}{\mathrm{d}t}[\mathrm{e}^{-t}u(t)]$；

(7) $(1 - t)\dfrac{\mathrm{d}}{\mathrm{d}t}[\mathrm{e}^{-t}\delta(t)]$；

(8) $\int_{-\infty}^{\infty} (t^2+2)\delta\left(\dfrac{t}{2}\right)\mathrm{d}t$；

(9) $\int_{-\infty}^{t} \mathrm{e}^{-x}[\delta(x)+\delta'(x)]\mathrm{d}x$；

(10) $\int_{-\infty}^{\infty} \delta(t^2-1)\mathrm{d}t$；

(11) $\int_{0}^{10} \delta(t^2-4)\mathrm{d}t$；

(12) $\int_{-\infty}^{t} (x^2+x+1)\delta\left(\dfrac{x}{2}\right)\mathrm{d}x$；

1-10　计算下列信号的卷积积分。

(1) $f_1(t)=\mathrm{e}^{-2t}u(t),f_2(t)=u(t)$；

(2) $f_1(t)=u(t+2),f_2(t)=u(t-3)$；

(3) $f_1(t)=\mathrm{e}^{-2t}u(t+1),f_2(t)=u(t-3)$；

(4) $f_1(t)=\mathrm{e}^{-\alpha t}u(t),f_2(t)=\sin t u(t)$。

1-11　计算下列信号的卷积和。

(1) $f_1(n)=3^n u(n),f_2(n)=2^n u(n)$；

(2) $f_1(n)=3^n u(-n),f_2(n)=2^n u(-n)$；

(3) $f_1(n)=3^{-n}u(-n),f_2(n)=2^{-n}u(-n)$；

(4) $f_1(n)=u(n),f_2(n)=[5\,(0.5)^n+2\,(0.2)^n]u(n)$。

1-12　已知函数 $f_1(t),f_2(t)$ 的波形如题图 1-6 所示，画出 $f(t)=f_1(t)*f_2(t)$ 的波形。

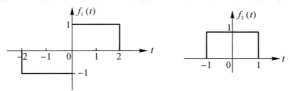

题图　1-6

1-13　已知 $f(t)*tu(t)=(t+\mathrm{e}^{-t}-1)u(t)$，求 $f(t)$。

1-14　如题图 1-7 所示的电路，$u_\mathrm{s}(t)$ 为输入电压。

(1)写出以 $u_\mathrm{C}(t)$ 响应的微分方程；

(2)写出以 $i_\mathrm{L}(t)$ 为响应的微分方程。

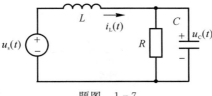

题图　1-7

1-15　设某地区人口的正常出生率为 α，死亡率为 β，第 n 年从外地迁入的人口为 $f(n)$。若令该地区第 n 年的人口为 $y(n)$，写出 $y(n)$ 的差分方程。

1-16　写出如题图 1-8 所示各系统的微分或者差分方程。

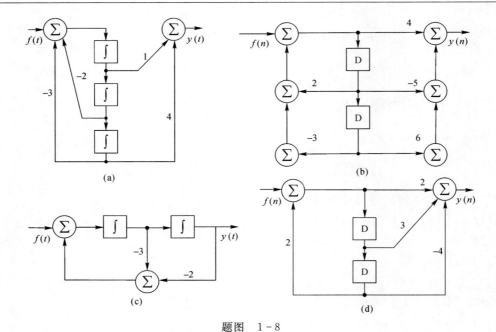

题图 1-8

1-17　判断下列方程所描述的系统是否是线性的、时不变的。

(1)$y'(t)+\sin t\,y(t)=f(t)$;

(2)$y(n)+y(n-1)y(n-2)=f(n)$。

1-18　已知系统的输入和输出关系如下,判断各系统是否是线性、时不变、因果和稳定的。

(1)$y_{zs}(t)=f(1-t)$;

(2)$y_{zs}(n)=f(n)f(n-1)$;

(3)$y_{zs}(n)=(n-2)f(n)$;

(4)$y_{zs}(t)=3f(2t)$。

1-19　已知系统的输入和输出关系为
$$y(t)=\mid f(t)-f(t-1)\mid$$

(1)判断系统是否是线性、时不变、因果和稳定的。

(2)当输入为题图 1-9 所示信号时,画出响应 $y(t)$ 的波形。

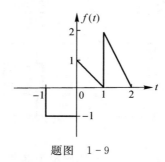

题图 1-9

1-20　某 LTI 连续时间系统,已知当激励 $f(t)=u(t)$ 时,其零状态响应 $y_{zs}(t)=e^{-2t}u(t)$。求:

(1)当输入为冲激信号 $\delta(t)$ 时的零状态响应;

（2）当输入为斜升信号 $tu(t)$ 时的零状态响应。

1-21　某 LTI 连续时间系统，其初始状态固定不变，当激励为 $f(t)$ 时，其全响应 $y_1(t)=[e^{-t}+\cos(\pi t)]u(t)$；当激励为 $2f(t)$ 时，其全响应为 $y_2(t)=[2\cos(\pi t)]u(t)$。求当激励为 $3f(t)$ 时，系统的全响应 $y_3(t)$。

1-22　某二阶 LTI 连续时间系统的初始状态为 $f_1(0)$ 和 $f_2(0)$，已知

当 $f_1(0)=1,f_2(0)=0$ 时，其零输入响应为 $y_{zi1}=e^{-t}+e^{-2t},t\geqslant0$；

当 $f_1(0)=0,f_2(0)=1$ 时，其零输入响应为 $y_{zs2}(t)=e^{-t}-e^{-2t},t\geqslant0$；

当 $f_1(0)=1,f_2(0)=-1$ 时，而输入为 $f(t)$ 时，其全响应为 $y(t)=2+e^{-t},t\geqslant0$。

求当 $f_1(0)=3,f_2(0)=2$，输入为 $2f(t)$ 时的全响应。

1-23　如题图 1-10 所示，已知初始状态为零时的 LTI 系统，输入为 $f_1(t)$ 时对应的输出为 $y_1(t)$，当输入分别为 $f_2(t),f_3(t)$ 时，画出对应的输出 $y_2(t),y_3(t)$ 的波形。

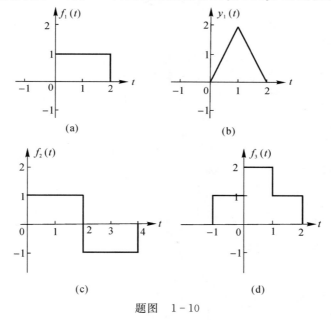

题图　1-10

1-24　某线性时不变因果系统，已知当激励 $f_1(t)=u(t)$，全响应为 $y_1(t)=(3e^{-t}+4e^{-2t})u(t)$；当激励 $f_2(t)=2u(t)$ 时，全响应为 $y_2(t)=(5e^{-t}-3e^{-2t})u(t)$。求在相同的初始条件下，激励 $f_3(t)$ 波形如题图 1-11 所示时的全响应 $y_3(t)$。

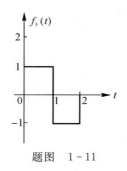

题图　1-11

1-25　某 LTI 离散时间系统,已知当激励为如题图 1-12(a)所示的信号 $f_1(n)$ 时,其零状态响应如题图 1-12(b)所示。求当激励为题图 1-12(c)所示的信号 $f_2(n)$ 时,系统的零状态响应 $y_{zs2}(n)$。

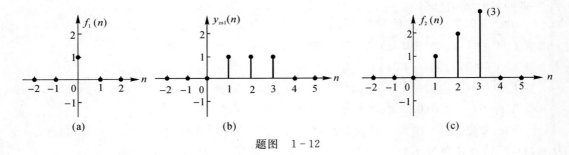

题图　1-12

第 2 章　连续时间系统的时域分析

2.1　LTI 连续系统的全响应

系统分析的基本任务是在给定系统模型和激励的条件下求解系统的响应。由于连续系统方程中的激励和响应都是以时间 t 为变量的函数,所以把这种方法称为时域分析(time domain analysis);在实际中,主要应用于线性时不变系统的分析,其利用纯数学的方法对系统的响应加以求解,因此计算过程稍显复杂,但是随着现代计算机技术在数学计算中的应用和发展,这种方法已经成为系统分析的重要方法之一。另外,时域分析法又是其他各种变换域分析法的基础,这一点将在后续章节的学习中介绍。

2.1.1　全响应的时域经典法

对于单输入-单输出系统,若激励为 $f(t)$ 响应为 $y(t)$,则描述 LTI 连续系统激励与响应之间关系的数学模型是 n 阶常系数线性微分方程,它可以写为

$$y^{(n)}(t) + a_{n-1} y^{(n-1)}(t) + \cdots + a_1 y^{(1)}(t) + a_0 y(t)$$
$$= b_m f^{(m)}(t) + b_{m-1} f^{(m-1)}(t) + \cdots + b_1 f^{(1)}(t) + b_0 f(t) \tag{2-1}$$

或缩写为

$$\sum_{i=0}^{n} a_i y^{(i)}(t) = \sum_{j=0}^{m} b_j f^{(i)}(t) \tag{2-2}$$

其中,$a_i(i=0,1,2,\cdots,n-1)$ 和 $b_j(j=0,1,2,\cdots,m)$ 均为常数,$a_n=1$,方程的全解由齐次解 $y_h(t)$ 和特解 $y_p(t)$ 组成,即

$$y(t) = y_h(t) + y_p(t) \tag{2-3}$$

1. 求方程的齐次解 $y_h(t)$

(1)由齐次微分方程列写特征方程。
因为

$$y^{(n)}(t) + a_{n-1} y^{(n-1)}(t) + \cdots + a_1 y^{(1)}(t) + a_0 y(t) = 0$$

所以特征方程为

$$\lambda^n + a_{n-1}\lambda^{n-1} + \cdots + a_1\lambda + a_0 = 0 \tag{2-4}$$

(2)解方程式(2-4),可得 n 个根 $\lambda_i(i=0,1,2,\cdots,n)$,称为微分方程的特征根,齐次解 $y_h(t)$ 的函数形式由特征根的情况来确定。

(3)特征根不同对应的齐次解不同,见表 2-1。

表 2-1 不同特征根所对应的齐次解

特征根 λ	齐次解 $y_h(t)$
r 个单实根 $\lambda_i(i=0,1,2,\cdots,r-1)$	$C_1 e^{\lambda_1 t}+C_2 e^{\lambda_2 t}+\cdots+C_r e^{\lambda_r t}$
r 个重实根 $\lambda_{0,1,\cdots,r-1}=\lambda$	$(C_{r-1}t^{r-1}+C_{r-2}t^{r-2}+\cdots+C_1 t+C_0)e^{\lambda t}$
一对共轭复根 $\lambda_{1,2}=\alpha\pm j\beta$	$e^{\alpha t}[C\cos(\beta t)+D\sin(\beta t)]$

注:表中 C_i、D 均为待定系数。

例如,几个特征根 λ_i 均为实根,则齐次解的形式为

$$y_h(t)=\sum_{i=1}^{n}C_i e^{\lambda_i t}$$

式中,C_i 为齐次解的待定系数,在求得全解之后代入系统的初始条件来确定。

2. 求方程的特解

(1)特解的函数形式取决于激励的函数形式,见表 2-2。

表 2-2 不同激励所对应的特解

激励 $f(t)$	特解 $y_p(t)$
常数 A	P
幂函数 t^m	所有特征根均不等于 0:$P_m t^m+P_{m-1}t^{m-1}+\cdots+P_1 t+P_0$
	有 r 重等于 0 的特征根:$t^r[P_m t^m+P_{m-1}t^{m-1}+\cdots+P_1 t+P_0]$
指数函数 $e^{\alpha t}$	α 不等于特征根:$P e^{\alpha t}$
	α 等于一个特征根:$(P_1 t+P_0)e^{\alpha t}$
	α 等于 r 重特征根:$(P_r t^r+P_{r-1}t^{r-1}+\cdots+P_1 t+P_0)e^{\alpha t}$
$\cos(\beta t)$ 或 $\sin(\beta t)$	所有特征根均不等于 $\pm j\beta$:$P\cos(\beta t)+Q\sin(\beta t)$

注:表中 P_i、Q 均为待定系数。

(2)选定特解后将它代入原微分方程,即得到一个由 $y_h(t)$ 及其各阶导数以及激励共同组成的一个非齐次微分方程,依据此方程求出待定系数,然后可确定方程的特解。

3. 求系统的全响应

将待定系数未确定的齐次解 $y_h(t)$ 和待定系数已确定的特解 $y_p(t)$ 相加,就可得到全解 $y(t)$ 的函数形式,然后将此全解代入系统的初始条件便可求出齐次解中的待定系数,从而确定出方程的全解,即求得系统的全响应为

$$系统的全响应 \, y(t) = 方程的全解 \, y(t)$$
$$= 齐次解 \, y_h(t) + 特解 \, y_p(t)$$

此时,又称方程的齐次解 $y_h(t)$ 为系统的自由响应(固有响应),特解 $y_p(t)$ 为系统的强迫响应。

例 2.1 描述某线性时不变系统的微分方程为

$$y''(t)+5y'(t)+6y(t)=f(t) \tag{2-5}$$

求当 $f(t)=2e^{-t}$,$t\geq0$;$y(0)=2$,$y'(0)=-1$ 时的全解。

解:式(2-5)的特征方程为

$$\lambda^2 + 5\lambda + 6 = 0$$

其特征根 $\lambda_1 = -2, \lambda_2 = -3$。微分方程的齐次解为

$$y_h(t) = C_1 e^{-2t} + C_2 e^{-3t}$$

由表 2-2 可知,当输入 $f(t) = 2e^{-t}$ 时,其特解可设为

$$y_p(t) = Pe^{-t}$$

将 $y_P''(t), y_P'(t), y_P(t)$ 和 $f(t)$ 代入式(2-5),得

$$Pe^{-t} + 5(-Pe^{-t}) + 6Pe^{-t} = 2e^{-t}$$

由上式可解得 $P = 1$。于是得微分方程的特解为

$$y_p(t) = e^{-t}$$

微分方程的全解

$$y(t) = y_h(t) + y_p(t) = C_1 e^{-2t} + C_2 e^{-3t} + e^{-t}$$

其一阶导数

$$y'(t) = -2C_1 e^{-2t} - 3C_2 e^{-3t} - e^{-t}$$

令 $t = 0$,并将初始值代入,得

$$y(0) = C_1 + C_2 + 1 = 2$$

$$y'(0) = -2C_1 - 3C_2 - 1 = -1$$

由上式可解得 $C_1 = 3, C_2 = -2$,最后得微分方程的全解为

$$y(t) = \overbrace{3e^{-2t} - 2e^{-3t}}^{\text{齐次解}} + \overbrace{e^{-t}}^{\text{特解}}, \quad t \geqslant 0$$

$$\underbrace{\phantom{3e^{-2t} - 2e^{-3t}}}_{\text{自由响应}} \quad \underbrace{\phantom{e^{-t}}}_{\text{强迫响应}}$$

由此可见,LTI 系统的数学模型——常系数线性微分方程的全解由齐次解和特解组成。齐次解的函数形式仅依赖于系统本身的特性,而与激励 $f(t)$ 的函数形式无关,故称为系统的自由响应或固有响应。应当注意的是,齐次解的系数 C_i 是与激励有关的。特解的形式由激励信号确定,故称为强迫响应。

例 2.2　描述某线性时不变系统的微分方程为

$$y''(t) + 5y'(t) + 6y(t) = f(t) \tag{2-6}$$

求输入 $f(t) = 10\cos t, t \geqslant 0, y(0) = 2, y'(0) = 0$ 时的全响应。

解:本例题的微分方程与例 2.1 相同,故齐次解也相同,即为

$$0y_h(t) = C_1 e^{-2t} + C_2 e^{-3t}$$

由表 2-2,输入为余弦函数,则其特解为

$$y_p(t) = P\cos t + Q\sin t$$

将 y_p'', y_p', y_p 和 $f(t)$ 代入方程式(2-6),可得

$$(-P + 5Q + 6P)\cos t + (-Q - 5P + 6Q)\sin t = 10\cos t$$

因上式对所有的 $t \geqslant 0$ 成立,故有

$$5P + 5Q = 10$$

$$-5P + 5Q = 0$$

解得 $P = Q = 1$,得方程的特解

$$y_p(t) = \cos t + \sin t = \sqrt{2}\cos\left(t - \frac{\pi}{4}\right)$$

于是方程的全解,即系统的全响应为

$$y(t) = C_1 e^{-2t} + C_2 e^{-3t} + \sqrt{2}\cos\left(t - \frac{\pi}{4}\right)$$

令 $t=0$，并代入初始条件，得

$$y(0) = C_1 + C_2 + 1 = 2$$
$$y'(0) = -2C_1 - 3C_2 + 1 = 0$$

可解得 $C_1=2, C_2=-1$，最后得该系统的全响应为

$$y(t) = \underbrace{\overbrace{2e^{-2t} - e^{-3t}}^{\text{固有响应}}}_{\text{瞬态响应}} + \underbrace{\overbrace{\sqrt{2}\cos\left(t - \frac{\pi}{4}\right)}^{\text{强迫响应}}}_{\text{稳态响应}}, \quad t \geqslant 0$$

由例 2.2 可见，对于一个 LTI 系统，当其特征根 λ_i 的实部均为负（$\mathrm{Re}[\lambda_i]<0$）时，系统固有响应的幅度呈指数衰减，随着时间增大，它将消失为零；而此时作用于系统的激励若为阶跃函数或有始周期函数，那么其所对应的强迫响应也是阶跃函数或同频率的有始周期函数。在这种情况下，把系统的固有响应称为瞬态响应，强迫响应称为稳态响应，即系统的全响应在满足上述条件时又可分为瞬态响应和稳态响应。

2.1.2 系统的初始状态和初始条件

系统的初始状态是指激励还没有接入时刻的系统响应，它反映了系统的历史情况，用 $y^{(j)}(0_-)(j=0,1,2,\cdots,n-1)$ 来表示；系统的初始条件（初始值）是指激励刚刚接入时刻的系统响应，其可以用来确定齐次解的待定系数，用 $y^{(j)}(0_+)(j=0,1,2,\cdots,n-1)$ 来表示[有时也记为 $y^{(j)}(0)$]。其中 j 的取值与方程的阶数有关，如二阶微分方程，就取 $j=0,1$，即初始状态为 $y(0_-)$ 和 $y'(0_-)$，初始条件为 $y(0_+)$ 和 $y'(0_+)$。

在实际的系统分析中，系统的初始状态一般容易求得，而初始条件不易得到，因此往往需要从系统的初始状态 $y^{(j)}(0_-)$ 出发来求得系统的初始条件 $y^{(j)}(0_+)$，从而进一步确定系统全解中齐次解的待定系数 C_i。

例 2.3 描述某线性时不变系统的微分方程为

$$y''(t) + 3y'(t) + 2y(t) = 2f'(t) + 6f(t)$$

已知 $y(0_-)=2, y'(0_-)=0, f(t)=\varepsilon(t)$，求 $y(0_+)$ 和 $y'(0_+)$。

解：将输入 $f(t)$ 代入上述微分方程，得

$$y''(t) + 3y'(t) + 2y(t) = 2\delta(t) + 6\varepsilon(t) \tag{2-7}$$

对式（2-7），两端的奇异函数系数应相等，方程右端只有出现在 $t=0$ 时刻的冲激函数，则可知方程左端中的各阶响应在 $t=0$ 时刻的情况为，$y(t)$ 是连续的，$y'(t)$ 是阶跃的，$y''(t)$ 是冲激的。对式（2-7）两端从 0_- 到 0_+ 积分，可得

$$\int_{0_-}^{0_+} y''(t)\,dt + 3\int_{0_-}^{0_+} y'(t)\,dt + 2\int_{0_-}^{0_+} y(t)\,dt = 2\int_{0_-}^{0_+} \delta(t)\,dt + 6\int_{0_-}^{0_+} \varepsilon(t)\,dt$$

由于积分是在无穷小区间 $[0_-,0_+]$ 进行的，而且 $y(t)$ 是连续的，所以 $\int_{0_-}^{0_+} y(t)\,dt = 0, \int_{0_-}^{0_+} \varepsilon(t)\,dt = 0$，于是得

$$[y'(0_+) - y'(0_-)] + 3[y(0_+) - y(0_-)] = 2$$

考虑到 $y(t)$ 在 $t=0$ 连续的，将 $y(0_-), y'(0_-)$ 代入上式得

$$y(0_+) = y(0_-) = 2$$

$$y'(0_+) = 2 + y'(0_-) = 2$$

由例 2.3 可见,当微分方程两端含有冲激函数(或各阶导数)时,响应 $y(t)$ 及其各阶导数将会出现连续、阶跃和冲激的情况。若此时已知系统的初始状态 $y^{(j)}(0_-)$,则可利用微分方程两端奇异函数系数相平衡原则对方程两端从 0_- 到 0_+ 积分,由系统的初始状态 $y^{(j)}(0_-)$ 求得系统的初始条件 $y^{(j)}(0_+)$,从而为进一步求解系统全响应打下基础。

例 2.4　给定如图 2-1 所示电路,当 $t<0$ 时开关 S 处于 1 的位置而且已经达到稳态,当 $t=0$ 时 S 由 1 转向 2。试建立电流 $i(t)$ 的微分方程并求解 $i(t)$ 在 $t \geqslant 0$ 时的响应形式。

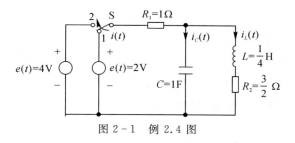

图 2-1　例 2.4 图

解:(1) 列写电路的微分方程。根据电路形式,列写回路 KVL 方程:

$$R_1 i(t) + u_C(t) = e(t)$$

$$u_C(t) = L \frac{\mathrm{d}}{\mathrm{d}t} i_L(t) + i_L(t) R_2$$

列写节点 KCL 方程

$$i(t) = C \frac{\mathrm{d}}{\mathrm{d}t} u_C(t) + i_L(t)$$

先消去变量 $u_C(t)$ 得

$$\frac{\mathrm{d}}{\mathrm{d}t} i(t) = -\frac{1}{R_1 C} i(t) + \frac{1}{R_1 C} i_L(t) + \frac{1}{R_1} \frac{\mathrm{d}}{\mathrm{d}t} e(t)$$

$$\frac{\mathrm{d}}{\mathrm{d}t} i_L(t) = -\frac{R_1}{L} i(t) - \frac{R_2}{L} i_L(t) + \frac{1}{L} e(t)$$

再消去变量 $i_L(t)$,整理得

$$\frac{\mathrm{d}^2}{\mathrm{d}t^2} i(t) + \left(\frac{1}{R_1 C} + \frac{R_2}{L} \right) \frac{\mathrm{d}}{\mathrm{d}t} i(t) + \left(\frac{1}{LC} + \frac{R_2}{R_1 LC} \right) i(t)$$

$$= \frac{1}{R_1} \frac{\mathrm{d}^2}{\mathrm{d}t^2} e(t) + \frac{R_2}{R_1 L} \frac{\mathrm{d}}{\mathrm{d}t} e(t) + \frac{1}{R_1 LC} e(t)$$

将电路参数代入可得

$$i''(t) + 7i'(t) + 10i(t) = e''(t) + 6e'(t) + 4e(t) \tag{2-8}$$

(2)求系统的全响应。

1)求齐次解。

系统的特征方程:　　　　　　　　$\lambda^2 + 7\lambda + 10 = 0$

特征根:　　　　　　　　$\lambda_1 = -2, \quad \lambda_2 = -5$

齐次解:　　　　　　$i_h(t) = C_1 \mathrm{e}^{-2t} + C_2 \mathrm{e}^{-5t}, \quad t \geqslant 0$

2)求特解。由于 $t \geqslant 0$ 时,$e(t) = 4\mathrm{V}$,则方程式右端的激励为 4×4,因此令特解 $i_p(t) = P$,代入方程式(2-8)可得

$$10P = 4 \times 4$$

所以

$$P = \frac{16}{10} = \frac{8}{5}$$

可得系统的完全响应为

$$i(t) = C_1 e^{-2t} + C_2 e^{-5t} + \frac{8}{5}, \quad t \geqslant 0$$

（3）确定换路后的 $i(0_+)$ 和 $i'(0_+)$。

换路前：

$$i(0_-) = \frac{2}{R_1 + R_2} = \frac{4}{5}$$

$$i'(0_-) = 0$$

$$u_C(0_-) = \frac{4}{5} \times \frac{3}{2} = \frac{6}{5}$$

换路后：由于电容两端电压和电感中的电流不会发生突变，所以有

$$i(0_+) = \frac{1}{R_1} [e(0_+) - u_C(0_+)] = \frac{1}{1}\left(4 - \frac{6}{5}\right) = \frac{14}{5}$$

$$\frac{\mathrm{d}}{\mathrm{d}t} i(0_+) = \frac{1}{R_1}\left[\frac{\mathrm{d}}{\mathrm{d}t}e(0_+) - \frac{\mathrm{d}}{\mathrm{d}t}u_C(0_+)\right] = \frac{1}{R_1}\left\{\frac{\mathrm{d}}{\mathrm{d}t}e(0_+) - \frac{1}{C}[i(0_+) - i_L(0_+)]\right\}$$

$$= \frac{1}{1}\left[0 - \frac{1}{1} \times \left(\frac{14}{5} - \frac{4}{5}\right)\right] = -2$$

（4）求 $i(t)$ 在 $t \geqslant 0$ 时的完全响应。

将初始条件代入 $i(t)$ 的表达式，可得

$$\begin{cases} i(0_+) = C_1 + C_2 + \frac{8}{5} = \frac{14}{5} \\ i'(0_+) = -2C_1 - 5C_2 = -2 \end{cases}$$

求得

$$\begin{cases} C_1 = \frac{4}{3} \\ C_2 = -\frac{2}{15} \end{cases}$$

即该电路系统中电流 $i(t)$ 的全响应为

$$i(t) = \left(\frac{4}{3}e^{-2t} - \frac{2}{15}e^{-5t} + \frac{8}{5}\right), \quad t \geqslant 0$$

2.1.3 零输入响应和零状态响应

LTI 系统的全响应还可以分为零输入响应和零状态响应。所谓零输入响应是指激励为零时，仅由系统的初始状态所引起的响应，用 $y_x(t)$ 表示；而零状态响应是指系统的初始状态为零时，仅由激励所引起的响应，用 $y_f(t)$ 表示。即系统的全响应 $y(t)$ 为

$$y(t) = y_f(t) + y_x(t) \tag{2-9}$$

其响应模型如图 2-2 所示。

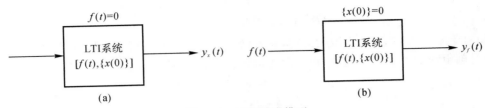

图 2-2　系统响应模型

(a)零输入响应模型;(b)零状态响应模型

1. 零输入响应

在零输入条件下,微分方程等号右端为零,化为齐次方程,全解仅有齐次解。若其特征根均为单根,则系统的零输入响应为

$$y_x(t) = \sum_{i=1}^{n} C_{xi}\, e^{\lambda_i t} \qquad (2-10)$$

式中,C_{xi} 为零输入响应 $y_x(t)$ 的待定系数,由零输入响应的初始条件 $y_x^{(j)}(0_+)$ 来确定。

2. 零状态响应

系统的初始状态为零,$y_f(t)$ 满足的方程为非齐次微分方程,全解包括齐次解和特解。若其特征根均为单根,则系统的零状态响应为

$$y_f(t) = y_{fh}(t) + y_p(t) = \sum_{i=1}^{n} C_{fi}\, e^{\lambda_i t} + y_p(t) \qquad (2-11)$$

式中,C_{fi} 为零状态响应 $y_f(t)$ 的待定系数,由零状态响应的初始条件 $y_f^{(j)}(0_+)$ 来确定。

3. 自由响应 $y_h(t)$ 和强迫响应 $y_p(t)$ 的关系

从经典微分方程的角度来看,系统的全响应分为自由响应和强迫响应,而从激励和系统初始状态单独作用的角度来看,系统的全响应又可分为零状态响应和零输入响应,即

$$y(t) = \underbrace{\sum_{i=1}^{n} C_i\, e^{\lambda_i t}}_{\text{自由响应}} + \underbrace{y_p(t)}_{\text{强迫响应}} = \underbrace{\sum_{i=1}^{n} C_{xi}\, e^{\lambda_i t}}_{\text{零输入响应}} + \underbrace{\sum_{i=1}^{n} C_{fi}\, e^{\lambda_i t} + y_p(t)}_{\text{零状态响应}} \qquad (2-12)$$

根据式(2-12)可得

$$\underbrace{\sum_{i=1}^{n} C_i\, e^{\lambda_i t}}_{\text{自由响应}} = \underbrace{\sum_{i=1}^{n} C_{xi}\, e^{\lambda_i t}}_{\text{零输入响应}} + \underbrace{\sum_{i=1}^{n} C_{fi}\, e^{\lambda_i t}}_{\text{零状态响应的齐次解}} \qquad (2-13)$$

从式(2-13)可以看出,虽然自由响应和零输入响应都是齐次方程的解,但两者的系数各不相同,C_{xi} 仅由系统的初始状态决定,而 C_i 要由系统的初始状态和激励共同确定。当系统的初始状态为零时,零输入响应为零,但自由响应并不为零,即自由响应 $y_h(t)$ 包含了零输入响应 $y_x(t)$ 和零状态响应 $y_f(t)$ 的一部分。

4. 零输入响应和零状态响应初始条件的求解

根据前面的讨论可以知道,系统全响应的各阶导数为

$$y^{(j)}(t) = y_x^{(j)}(t) + y_f^{(j)}(t), \quad j = 0,1,2,\cdots,n-1 \qquad (2-14)$$

且式(2-14)在 $t=0_-$ 时刻和 $t=0_+$ 时刻也成立,则有

$$y^{(j)}(0_-) = y_x^{(j)}(0_-) + y_f^{(j)}(0_-) \Big\}$$
$$y^{(j)}(0_+) = y_x^{(j)}(0_+) + y_f^{(j)}(0_+) \Big\} \qquad (2-15)$$

(1)对于零输入响应,由于激励为零,在 $t=0_-$ 和 $t=0_+$ 都只有初始状态作用于系统,因此,在两个时刻由激励所引起的响应为零,而初始状态所引起的响应相等,即

$$y_f^{(j)}(0_-) = y_f^{(j)}(0_+) = 0 \Big\}$$
$$y_x^{(j)}(0_+) = y_x^{(j)}(0_-) \Big\} \qquad (2-16)$$

将式(2-16)代入式(2-15)可得

$$y_x^{(j)}(0_+) = y_x^{(j)}(0_-) = y^{(j)}(0_-) \qquad (2-17)$$

式(2-17)表明,系统零输入响应 $y_x(t)$ 的初始条件 $y_x^{(j)}(0_+)$ 等于系统本身的初始状态 $y^{(j)}(0_-)$。

(2)对于零状态响应,在 $t=0_-$ 时刻激励还没有接入,故在此时刻由激励所引起的响应为

$$y_f(0_-) = 0$$

再结合已知初始状态确定初始条件的方法,从 0_- 到 0_+ 对零状态响应 $y_f(t)$ 所满足的方程进行积分,便可求得零状态响应的初始条件 $y_f(0_+)$。

例 2.5 描述某 LTI 连续系统的微分方程

$$y''(t) + 3y'(t) + 2y(t) = 2f'(t) + 6f(t)$$

已知 $y(0_-)=2, y'(0_-)=0, f(t)=\varepsilon(t)$,求该系统的零状态响应和零输入响应及全响应。

解:(1)零输入响应 $y_x(t)$。零输入响应是激励为零,仅由初始状态所引起的系统响应,其满足以下方程:

$$y''_x(t) + 3y'_x(t) + 2y_x(t) = 0 \Big\}$$
$$y_x(0_+) = y_x(0_-) = y(0_-) = 2 \Big\} \qquad (2-18)$$
$$y'_x(0_+) = y'_x(0_-) = y'(0_-) = 0 \Big\}$$

解得式(2-18)特征根为 $\lambda_{1,2}=-1,-2$,故零输入响应为

$$y_x(t) = C_{x1}e^{-t} + C_{x2}e^{-2t}$$

则

$$y'_x(t) = -C_{x1}e^{-t} - 2C_{x2}e^{-2t}$$

将初始条件代入上式及其导数,可得

$$y_x(0_+) = C_{x1} + C_{x2} = 2$$
$$y'_x(0_+) = -C_{x1} - 2C_{x2} = 0$$

解得 $C_{x1}=4, C_{x2}=-2$,即系统的零输入响应为

$$y_x(t) = 4e^{-t} - 2e^{-2t}, \quad t \geqslant 0$$
$$= [4e^{-t} - 2e^{-2t}]\varepsilon(t)$$

(2)零状态响应 $y_f(t)$。零状态响应是初始状态为零,仅由激励所引起的响应,其满足的方程为

$$y''_f(t) + 3y'_f(t) + 2y_f(t) = 2\delta(t) + 6\varepsilon(t) \qquad (2-19)$$

且有 $y_f(0_-)=y'_f(0_-)=0$,对方程式(2-19)从 0_- 到 0_+ 积分,可得

$$[y'_f(0_+) - y'_f(0_-)] + 3[y_f(0_+) - y_f(0_-)] + 2\int_{0_-}^{0_+} y_f(t)dt = 2 + 6\int_{0_-}^{0_+} \varepsilon(t)dt$$

又根据微分方程两端奇异函数系数相平衡原则,可知 $y_f(t)$ 在 $t=0$ 处连续,$\int_{0_-}^{0_+} y_f(t)dt =$

$0, \int_{0_-}^{0_+} \varepsilon(t)\mathrm{d}t = 0$,则有

$$\begin{cases} y_f(0_+) = y_f(0_-) = 0 \\ [y'_f(0_+) - y'_f(0_-)] + 3[y_f(0_+) - y_f(0_-)] = 2 \end{cases}$$

即零状态响应的初始条件为

$$\begin{cases} y_f(0_+) = y_f(0_-) = 0 \\ y'_f(0_+) = 2 + y'_f(0_-) = 2 \end{cases}$$

当 $t > 0$ 时,微分方程式(2-19)可写

$$y''_f(t) + 3y'_f(t) + 2y_f(t) = 6$$

上式为非齐次方程,可求得其齐次解为 $C_{f1}\mathrm{e}^{-t} + C_{f2}\mathrm{e}^{-2t}$,特解为常数 3,即可得

$$y_f(t) = C_{f1}\mathrm{e}^{-t} + C_{f2}\mathrm{e}^{-2t} + 3$$

将初始值代入上式及其导数,可得

$$y_f(0_+) = C_{f1} + C_{f2} + 3 = 0$$
$$y'_f(0_+) = -C_{f1} - 2C_{f2} = 2$$

解得 $C_{f1} = -4, C_{f2} = 1$。

$$\begin{aligned} y_f(t) &= -4\mathrm{e}^{-t} + \mathrm{e}^{-2t} + 3, \quad t \geqslant 0 \\ &= (-4\mathrm{e}^{-t} + \mathrm{e}^{-2t} + 3)\varepsilon(t) \end{aligned}$$

即系统的全响应为

$$y(t) = y_f(t) + y_x(t) = (-\mathrm{e}^{-2t} + 3)\varepsilon(t)$$

通过例 2.4 的求解,可以得出这样的结论:在求一个 LTI 系统的零输入响应和零状态响应时,若已知的条件是系统的初始状态 $y^{(j)}(0_-)$,则先求输入响应 $y_x(t)$ 再求零状态响应 $y_f(t)$;若已知的是系统的初始条件 $y^{(j)}(0_+)$,则先求零状态响应 $y_f(t)$,然后确定零状态响应的初始条件 $y_f^{(j)}(0_+)$,再根据式(2-15)求出零输入响应的初始条件 $y_x^{(j)}(0_+)$,从而就可以求得系统的零输入响应 $y_x(t)$。

2.1.4　LTI 连续系统的仿真

MATLAB 的 lsim 函数可以用于对连续时间因果 LTI 系统的求解进行仿真,主要用法如下。

(1)lsim(sys,x,t):lsim 仿真对任意输入的 LTI 模型 sys 的时间响应(即计算和画出系统在任意输入下的零状态响应)并绘制响应曲线。sys 表示线性时不变系统模型,其描述方法有传递函数法(tf)、零极点法(zpk)、状态空间描述法(ss)以及频率响应数据模型法(frd)。

(2)y=lsim(sys,x,t):只求出系统 sys 的零状态响应的数值解,而不绘制响应曲线。x,t 则表示输入信号的行向量及其时间范围向量,向量 t 中的采样时间间隔应取小一些。

lsim(sys,x,t)函数求得的响应总是因果信号。lsim 也可以用来仿真离散系统,具体内容请参见帮助文档。

对下列线性常系数微分方程表征的 LTI 系统:

$$\sum_{k=0}^{N} a_k \frac{\mathrm{d}^k y(t)}{\mathrm{d}t^k} = \sum_{m=0}^{M} b_m \frac{\mathrm{d}^m y(t)}{\mathrm{d}t^m} \tag{2-20}$$

系数 a_k 和 b_k 以递降的次序存入向量 $\boldsymbol{a}$ 和 $\boldsymbol{b}$。

$$\sum_{k=0}^{N} a_k(N+1-k)\frac{\mathrm{d}^k y(t)}{\mathrm{d}t^k} = \sum_{m=0}^{M} b_m(M+1-m)\frac{\mathrm{d}^m x(t)}{\mathrm{d}t^m} \qquad (2-21)$$

注意,向量 $\boldsymbol{a}$ 必须包含 $N+1$ 个元素,向量 $\boldsymbol{b}$ 必须包含 $M+1$ 个元素,长度不足的在后面补零,例如 $\dfrac{\mathrm{d}y(t)}{\mathrm{d}t}+\dfrac{1}{2}y(t)=\dfrac{\mathrm{d}x(t)}{\mathrm{d}t}+0\cdot x(t)$ 对应的系数矩阵为 $\boldsymbol{a}=[1 \quad 0.5]$,$\boldsymbol{b}=[1 \quad 0]$。系统模型利用传递函数法可以表示为 sys=tf(b,a)。

例 2.6　考虑由下列二阶微分方程所描述的因果系统:

$$\frac{\mathrm{d}^2 y(t)}{\mathrm{d}t^2}+4\frac{\mathrm{d}y(t)}{\mathrm{d}t}+3y(t)=\frac{\mathrm{d}x(t)}{\mathrm{d}t}+2x(t)$$

请用 lsim 函数计算此系统的单位阶跃响应,并与其解析解 $g(t)=\left(\dfrac{2}{3}-\dfrac{1}{2}\mathrm{e}^{-t}-\dfrac{1}{6}\mathrm{e}^{-3t}\right)u(t)$ 比较。

解:MATLAB 程序如下:

```
% exm6_3_lsim. m
%产生仿真用的单位阶跃信号
t = 0 : 0.5 : 8; x = ones(1, length(t));
% LTI 系统的系数矩阵
a = [1 4 3]; b = [1 2];
%利用传递函数法生成系统模型
sys = tf(b, a);
%解析解
y2 = 2/3−exp(−t)/2−exp(−3 * t)/6;
h = plot(t, y2, 'b'); hold on; set(h, 'LineWidth', 2);
s = lsim(sys, x,t); plot(t,s, 'ro:');
xlabel('t'); ylabel('单位阶跃响应');
legend('解析解', '仿真结果');
```

MATLAB 执行结果如图 2-3 所示。

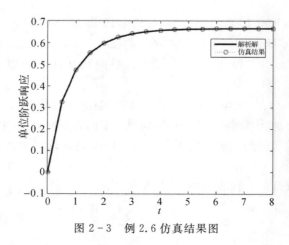

图 2-3　例 2.6 仿真结果图

2.2　LTI 连续系统的冲激响应和阶跃响应

2.2.1　冲激响应

对于一个 LTI 连续系统,当其初始状态为零输入时为单位冲激函数 $\delta(t)$ 所引起的响应称为单位冲激响应,简称冲激响应,用 $h(t)$ 表示。也就是说,冲激响应是激励为单位冲激函数 $\delta(t)$ 时系统的零状态响应,其系统模型如图 2-3 所示。

图 2-3　单位冲激响应系统模型

例 2.7　设描述某二阶 LTI 系统的微分方程:

$$y''(t) + 5y'(t) + 6y(t) = f(t)$$

求其单位冲击响应 $h(t)$。

解:根据冲激响应的定义,可知求解的是激励为 $\delta(t)$ 时系统的零状态响应 $y_f(t) = h(t)$,可得

$$h''(t) + 5h'(t) + 6h(t) = \delta(t) \\ h'(0_-) = h(0_-) = 0 \Bigg\} \tag{2-22}$$

对式(2-22)从 0_- 到 0_+ 积分,可得

$$\int_{0_-}^{0_+} h''(t)\,dt + 5\int_{0_-}^{0_+} h'(t)\,dt + 6\int_{0_-}^{0_+} h(t)\,dt = \int_{0_-}^{0_+} \delta(t)\,dt$$

所以有

$$[h'(0_+) - h'(0_-)] + 5[h(0_+) - h(0_-)] = 1$$

又由微分方程两端奇异函数系统相平衡原则,可得 $h(t)$ 在 $t=0$ 时刻连续,则

$$h(0_+) = h(0_-)$$

即系统冲激响应的初始条件为

$$\begin{cases} h'(0_+) = 1 \\ h(0_+) = 0 \end{cases}$$

当 $t > 0$ 时,微分方程式(2-22)可写为

$$h''(t) + 5h'(t) + 6h(t) = 0$$

上述方程为齐次微分方程,其对应的齐次解为

$$h(t) = C_1 e^{-2t} + C_2 e^{-3t} \tag{2-23}$$

所以有

$$h'(t) = -2C_1 e^{-2t} - 3C_2 e^{-3t} \tag{2-24}$$

将初始条件代入式(2-23)和式(2-24),可得

$$h(0_+) = C_1 + C_2 = 0$$

$$h'(0_+) = -2C_1 - 3C_2 = 1$$

解得 $C_1 = 1, C_2 = -1$，即系统的冲激响应为

$$h(t) = (e^{-2t} - e^{-3t}) = (e^{-2t} - e^{-3t})\varepsilon(t), \quad t \geqslant 0$$

例 2.8 描述某 LTI 系统的数学方程为

$$y''(t) + 5y'(t) + 6y(t) = f''(t) + 2f'(t) + 3f(t)$$

求其冲激响应 $h(t)$。

解：设仅有 $f(t)$ 作用时，系统的单位冲激响应为 $h_1(t)$，则根据系统的线性和微分性可知，系统在全部激励作用下的冲激响应 $h(t)$ 为

$$h(t) = h_1''(t) + 2h_1'(t) + 3h_1(t)$$

又因 $h_1(t)$ 满足的方程为

$$h_1''(t) + 5h_1'(t) + 6h_1(t) = f(t)$$

由例 2.5 可知

$$h_1(t) = (e^{-2t} - e^{-3t})\varepsilon(t)$$

所以，可得

$$h_1'(t) = (e^{-2t} - e^{-3t})\delta(t) + (-2e^{-2t} + 3e^{-3t})\varepsilon(t) = (-2e^{-2t} + 3e^{-3t})\varepsilon(t)$$

$$h_1''(t) = (-2e^{-2t} + 3e^{-3t})\delta(t) + (4e^{-2t} - 9e^{-3t})\varepsilon(t) = \delta(t) + (4e^{-2t} - 9e^{-3t})\varepsilon(t)$$

即系统的冲激响应为

$$h(t) = \delta(t) + (3e^{-2t} - 6e^{-3t})\varepsilon(t)$$

例 2.9 对例 2.4 中如图 2-1 所示电路，求电流 $i(t)$ 在激励 $e(t) = \delta(t)$ 作用下的单位冲激响应 $h(t)$。

解：已知由例 2.4 求得的电路系统微分方程为

$$i''(t) + 7i'(t) + 10i(t) = e''(t) + 6e'(t) + 4e(t)$$

则系统的单位冲激响应 $h(t)$ 满足方程：

$$h''(t) + 7h'(t) + 10h(t) = \delta''(t) + 6\delta'(t) + 4\delta(t)$$

设仅有 $f(t)$ 作用时，系统的单位冲激响应为 $h_1(t)$，则全部激励作用下的冲激响应 $h(t)$ 为

$$h(t) = h_1''(t) + 6h_1'(t) + 4h_1(t)$$

又因 $h_1(t)$ 满足的方程为

$$h_1''(t) + 7h_1'(t) + 10h_1(t) = \delta(t)$$

求解 $h_1(t)$ 则有

$$\begin{cases} h_1(t) = C_1 e^{-2t} - C_2 e^{-5t} \\ h_1(0_+) = 0 \\ h_1'(0_+) = 1 \end{cases}$$

即可得

$$h_1(t) = \left(\frac{1}{3}e^{-2t} - \frac{1}{3}e^{-5t}\right)\varepsilon(t)$$

所以，可得

$$h_1'(t) = \left(\frac{1}{3}e^{-2t} - \frac{1}{3}e^{-5t}\right)\delta(t) + \left(-\frac{2}{3}e^{-2t} + \frac{5}{3}e^{-5t}\right)\varepsilon(t) = \left(-\frac{2}{3}e^{-2t} + \frac{5}{3}e^{-5t}\right)\varepsilon(t)$$

$$h_1''(t) = \left(-\frac{2}{3}e^{-2t} + \frac{5}{3}e^{-5t}\right)\delta(t) + \left(\frac{4}{3}e^{-2t} - \frac{25}{3}e^{-5t}\right)\varepsilon(t) = \delta(t) + \left(\frac{4}{3}e^{-2t} - \frac{25}{3}e^{-5t}\right)\varepsilon(t)$$

即系统的冲激响应为

$$h(t) = h_1''(t) + 6h_1'(t) + 4h_1(t)$$

$$= \delta(t) + \left(\frac{4}{3}\mathrm{e}^{-2t} - \frac{25}{3}\mathrm{e}^{-5t}\right)\varepsilon(t) + (-4\mathrm{e}^{-2t} + 10\mathrm{e}^{-5t})\varepsilon(t) + \left(\frac{4}{3}\mathrm{e}^{-2t} - \frac{4}{3}\mathrm{e}^{-5t}\right)\varepsilon(t)$$

$$= \delta(t) + \left(-\frac{4}{3}\mathrm{e}^{-2t} + \frac{1}{3}\mathrm{e}^{-5t}\right)\varepsilon(t)$$

2.2.2　阶跃响应

对于一个 LTI 连续系统，当其初始状态为零输入为单位阶跃函数 $\varepsilon(t)$ 所引起的响应称为单位阶跃响应，简称阶跃响应，用 $g(t)$ 表示。也就是说，阶跃响应是激励为单位阶跃函数 $\varepsilon(t)$ 时系统的零状态响应。其系统模型如图 2-4 所示。

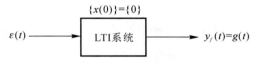

图 2-4　单位阶跃响应系统模型

例 2.10　设描述某二阶 LTI 系统的微分方程为
$$y''(t) + 3y'(t) + 2y(t) = f(t)$$
求其阶跃响应 $g(t)$。

解: 根据阶跃响应的定义，可知求解的是激励为 $\varepsilon(t)$ 时系统的零状态响应 $y_f(t) = g(t)$，可得

$$\left.\begin{array}{l} g''(t) + 3g'(t) + 2g(t) = \varepsilon(t) \\ g'(0_-) = g(0_-) = 0 \end{array}\right\} \qquad (2-25)$$

对式（2-25）从 0_- 到 0_+ 积分，可得

$$\int_{0_-}^{0_+} g''(t)\mathrm{d}t + 3\int_{0_-}^{0_+} g'(t)\mathrm{d}t + 2\int_{0_-}^{0_+} g(t)\mathrm{d}t = \int_{0_-}^{0_+}\varepsilon(t)\mathrm{d}t$$

所以有

$$[g'(0_+) - g'(0_-)] + 3[g(0_+) - g(0_-)] = 0$$

又由微分方程两端奇异函数系统相平衡原则，可得 $g(t)$ 在 $t=0$ 时刻连续，则

$$g(0_+) = g(0_-)$$

即系统阶跃响应的初始条件为

$$\begin{cases} g'(0_+) = 0 \\ g(0_+) = 0 \end{cases}$$

当 $t > 0$ 时，微分方程式（2-25）可写为

$$g''(t) + 3g'(t) + 2g(t) = 1$$

上述方程为非齐次微分方程，其对应的齐次解为 $C_1\mathrm{e}^{-t} + C_2\mathrm{e}^{-2t}$，特解为 $\frac{1}{2}$，即

$$g(t) = C_1\mathrm{e}^{-t} + C_2\mathrm{e}^{-2t} + \frac{1}{2} \qquad (2-26)$$

所以有
$$g'(t) = -C_1\mathrm{e}^{-t} - 2C_2\mathrm{e}^{-2t} \qquad (2-27)$$

将初始条件代入式（2-26）和式（2-27），可得

$$\begin{cases} g(0_+) = C_1 + C_2 + \dfrac{1}{2} = 0 \\ g'(0_+) = -C_1 - 2C_2 = 0 \end{cases}$$

解得 $C_1 = -1, C_2 = \dfrac{1}{2}$，即系统的阶跃响应为

$$g(t) = \left(-\mathrm{e}^{-t} + \frac{1}{2}\mathrm{e}^{-2t} + \frac{1}{2} \right)\varepsilon(t)$$

通过例 2.7 可以得出这样的结论：对于单输入的 LTI 连续系统，其阶跃响应的初始条件均为 $g^{(j)}(0_+)$。

2.2.3　冲激响应和阶跃响应的关系

从前面的讨论已知，单位阶跃函数与单位冲激函数具有以下关系：

$$\begin{cases} \delta(t) = \dfrac{\mathrm{d}\varepsilon(t)}{\mathrm{d}t} \\ \varepsilon(t) = \displaystyle\int_{-\infty}^{t} \delta(\tau)\mathrm{d}\tau \end{cases}$$

又

$$\begin{cases} \delta(t) \to h(t) \\ \varepsilon(t) \to g(t) \end{cases}$$

根据 LTI 系统的微分性和积分性，可知对于同一系统有

$$\left. \begin{array}{l} h(t) = \dfrac{\mathrm{d}g(t)}{\mathrm{d}t} = g'(t) \\[2mm] g(t) = \displaystyle\int_{-\infty}^{t} h(\tau)\mathrm{d}\tau = h^{(-1)}(t) \end{array} \right\} \qquad (2-28)$$

式(2-28)表明，对于同一连续系统其冲激响应和阶跃响应之间为微积分关系，即冲激响应是阶跃响应的微分，阶跃响应是冲激响应的积分。对于冲激响应已知的系统，求其阶跃响应时，可以使用解经典微分方程(如例 2.7)的方法，也可以根据式(2-28)求解。

例 2.11　已知描述某 LTI 连续系统的数学方程为

$$y''(t) + 5y'(t) + 6y(t) = f''(t) + 2f'(t) + 3f(t)$$

已知系统的冲激响应 $h(t) = (3\mathrm{e}^{-2t} - 6\mathrm{e}^{-3t})\varepsilon(t) + \delta(t)$，试用两种方法求其阶跃响应 $g(t)$。

解： (1) 设仅有 $f(t)$ 作用时，系统的单位阶跃响应为 $g_1(t)$，则整个激励作用下的阶跃响应为

$$g(t) = g''_1(t) + 2g'_1(t) + 3g_1(t)$$

又 $g_1(t)$ 满足的方程为

$$\begin{cases} g''_1(t) + 5g'_1(t) + 6g_1(t) = \varepsilon(t) \\ g'_1(0_-) = g_1(0_-) = 0 \end{cases}$$

解上述微分方程，可得齐次解为 $C_1\mathrm{e}^{-2t} + C_2\mathrm{e}^{-3t}$，特解为 $\dfrac{1}{6}$，即

$$\begin{cases} g_1(t) = C_1\mathrm{e}^{-2t} + C_2\mathrm{e}^{-3t} + \dfrac{1}{6} \\ g'_1(t) = -2C_1\mathrm{e}^{-2t} - 3C_2\mathrm{e}^{-3t} \end{cases}$$

又根据例 2.7 结论,可得初始条件 $g_1(0_+) = g_1'(0_+) = 0$,将上述方程代入,则有

$$\begin{cases} C_1 + C_2 + \dfrac{1}{6} = 0 \\ -2C_1 - 3C_2 = 0 \end{cases} \Rightarrow \begin{cases} C_1 = -\dfrac{1}{2} \\ C_2 = \dfrac{1}{3} \end{cases}$$

故可得

$$\begin{cases} g_1(t) = \left(-\dfrac{1}{2}e^{-2t} + \dfrac{1}{3}e^{-3t} + \dfrac{1}{6}\right)\varepsilon(t) \\ g_1'(t) = \left(-\dfrac{1}{2}e^{-2t} + \dfrac{1}{3}e^{-3t} + \dfrac{1}{6}\right)'\varepsilon(t) + \left(-\dfrac{1}{2}e^{-2t} + \dfrac{1}{3}e^{-3t} + \dfrac{1}{6}\right)\delta(t) = (e^{-2t} - e^{-3t})\varepsilon(t) \\ g_1''(t) = (-2e^{-2t} + 3e^{-3t})\varepsilon(t) \end{cases}$$

即系统的阶跃响应为

$$g(t) = g_1''(t) + 2g_1'(t) + 3g_1(t) = \left(-\dfrac{3}{2}e^{-2t} + 2e^{-3t} + \dfrac{1}{2}\right)\varepsilon(t)$$

(2)由单位阶跃响应 $g(t)$ 与单位冲激响应 $h(t)$ 的关系,可得

$$g(t) = \int_{-\infty}^{t} h(\tau)\,\mathrm{d}\tau = \int_{-\infty}^{t} (3e^{-2\tau} - 6e^{-3\tau})\varepsilon(\tau)\,\mathrm{d}\tau + \int_{-\infty}^{t} \delta(\tau)\,\mathrm{d}\tau$$

$$= \int_{0}^{t} 3e^{-2\tau}\,\mathrm{d}\tau - \int_{0}^{t} 6e^{-3\tau}\,\mathrm{d}\tau + \varepsilon(t) = -\dfrac{3}{2}e^{-2\tau}\Big|_{0}^{t} + 2e^{-3\tau}\Big|_{0}^{t} + \varepsilon(t)$$

$$= -\dfrac{3}{2}(e^{-2t} - 1)\varepsilon(t) + 2(e^{-3t} - 1)\varepsilon(t) + \varepsilon(t)$$

$$= \left(-\dfrac{3}{2}e^{-2t} + 2e^{-3t} + \dfrac{1}{2}\right)\varepsilon(t)$$

例 2.12　如图 2-5 所示二阶 RLC 电路,已知 $L = 0.4\mathrm{H}, C = 0.1\mathrm{F}, G = 0.6\mathrm{S}$,若以 $u_s(t)$ 为激励,以 $u_C(t)$ 为响应,求该电路的冲激响应和阶跃响应。

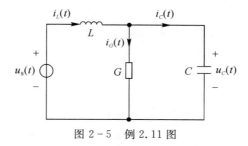

图 2-5　例 2.11 图

解:(1) 列写电路方程。对图 2-5 所示电路,由 KCL 和 KVL 分别有`

$$i_L(t) = i_C(t) + i_G(t) = Cu_C'(t) + Gu_C(t)$$

$$u_L(t) + u_C(t) = u_s(t)$$

又由于 $u_L = L\dfrac{\mathrm{d}i_L}{\mathrm{d}t} = LCu_C'' + LGu_C'$,将其代入 KVL 方程并整理,可得

$$u_C'' + \dfrac{G}{C}u_C' + \dfrac{1}{LC}u_C = \dfrac{1}{LC}u_s$$

将电路参数代入,可得电路的微分方程为

$$u_C''(t) + 6u_C'(t) + 25u_C(t) = 25u_s(t)$$

(2)求冲激响应。由冲激响应的定义可知 $u_s(t) = \delta(t)$，电路的冲激响应 $h(t)$ 满足方程

$$h''(t) + 6h'(t) + 25h(t) = 25\delta(t) \qquad (2-29)$$

$$h(0_-) = h'(0_-) = 0$$

即可求得系统冲激响应的初始条件为

$$h(0_+) = 0$$

$$h'(0_+) = 25$$

又式(2-29)的特征方程为

$$\lambda^2 + 6\lambda + 25 = 0$$

其特征根 $\lambda_{1,2} = -3 \pm j4$，由表 2-1 可得齐次解为

$$h(t) = e^{-3t}[C\cos(4t) + D\sin(4t)]\varepsilon(t)$$

其一阶导数为

$$h'(t) = e^{-3t}[C\cos(4t) + D\sin(4t)]\delta(t) + e^{-3t}[-4C\sin(4t) + 4D\cos(4t)]\varepsilon(t)$$

$$= 3e^{-3t}[C\cos(4t) + D\sin(4t)]\varepsilon(t)$$

将初始条件代入，则有

$$h(0_+) = C = 0$$

$$h'(0_+) = 4D - 3C = 25$$

可求得 $C = 0, D = 6.25$，即该二阶 RLC 电路的冲激响应为

$$h(t) = 6.25e^{-3t}\sin(4t)\varepsilon(t)$$

(3)求阶跃响应。由阶跃响应的定义可知 $u_s(t) = \varepsilon(t)$，电路的阶跃响应 $g(t)$ 满足方程

$$g''(t) + 6g'(t) + 25g(t) = 25\varepsilon(t) \qquad (2-30)$$

$$g(0_-) = g'(0_-) = 0$$

可求得初始值 $g(0_+) = g'(0_+) = 0$。式(2-30)的特征根同前，其特解为 1。即系统的阶跃响应可写为

$$g(t) = \{e^{-3t}[C\cos(4t) + D\sin(4t)] + 1\}\varepsilon(t)$$

或

$$g(t) = [Ae^{-3t}\cos(4t - \theta) + 1]\varepsilon(t)$$

其一阶导数为

$$g'(t) = [Ae^{-3t}\cos(4t - \theta) + 1]\delta(t) + [-4Ae^{-3t}\sin(4t - \theta) - 3Ae^{-3t}\cos(4t - \theta)]\varepsilon(t)$$

将初始条件代入，则有

$$g(0_+) = A\cos\theta + 1 = 0$$

$$g'(0_+) = 4A\sin\theta - 3A\cos\theta = 0$$

可求得 $\theta = \arctan\left(\dfrac{3}{4}\right) = 36.9°, A = -\dfrac{1}{\cos\theta} = -1.25$，即该二阶 RLC 电路的阶跃响应为

$$g(t) = [1 - 1.25e^{-3t}\cos(4t - 36.9°)]\varepsilon(t)$$

$$= \{1 - e^{-3t}[\cos(4t) + 0.75\sin(4t)]\}\varepsilon(t)$$

2.2.4 仿真示例

用 MATLAB 分析连续时间系统，若某连续系统的输入为 $e(t)$，输出为 $r(t)$，系统的微分方程为 $y''(t) + 5y'(t) + 6y(t) = 6f'(t) + 2f(t)$。

(1)求该系统的单位冲激响应 $h(t)$ 及其单位阶跃响应 $g(t)$。

（2）若 $f(t)=e^{-2t}u(t)$，求出系统的零状态响应 $y(t)$。

解：（1）冲激响应及阶跃响应的 MATLAB 程序如下：

```
a=[1 5 6];b=[3 2];
subplot(2,1,1),impulse(b,a,4)
subplot(2,1,2),step(b,a,4)
```

运行结果如图 2-6 所示。

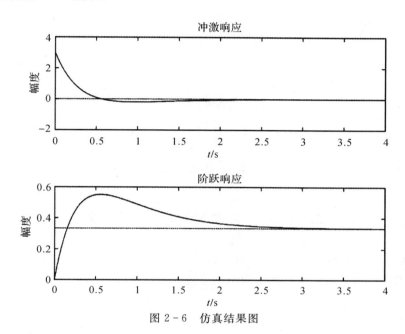

图 2-6　仿真结果图

（2）零状态响应的 MATLAB 程序如下：

```
a=[1 5 6];b=[3 2];
p1=0.01;              %定义取样时间间隔为 0.01
t1=0:p1:5;            %定义时间范围
x1=exp(-2*t1);        %定义输入信号
lsim(b,a,x1,t1),      %对取样间隔为 0.01 的系统响应进行仿真
hold on;              %保持图形窗口以便能在同一窗口中绘制多条曲线
p2=0.5;               %定义取样间隔为 0.5
t2=0:p2:5;            %定义时间范围
x2=exp(-2*t2);        %定义输入信号
lsim(b,a,x2,t2),hold off    %对取样时间为 0.5 的系统响应进行仿真并解除保持
```

运行结果如图 2-7 所示。

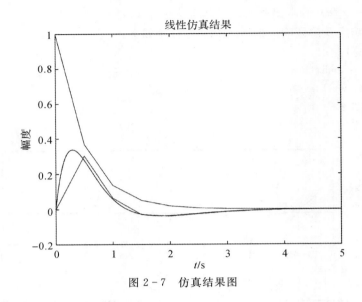

图 2-7　仿真结果图

2.3　连续信号的卷积积分

连续信号的卷积积分在信号与系统分析理论中占有十分中重要的地位,它既是一种信号的运算方法,也是一种求解系统零状态响应的有效手段。

2.3.1　卷积的定义

1. 卷积的含义和概念

根据连续信号 $f(t)$ 的概念和单位冲激函数 $\delta(t)$ 的基本性质,可以对任意连续信号作如下分解,即任意连续信号 $f(t)$ 都可以分解为无穷多不同时刻出现的、具有不同强度的冲激函数的连续和(积分)。在信号的分解过程中,连续信号在每一时刻的函数值都等于对应时刻冲激函的强度,信号的这种分解方法可以表示成式(2-31)所示的数学积分式,这样的积分式称为卷积积分,简称卷积。

$$f(t) = \int_{-\infty}^{\infty} f(\tau)\delta(t-\tau)\mathrm{d}\tau \qquad (2-31)$$

式(2-31)从数学角度可以证明如下:

$$f(t) = \int_{-\infty}^{\infty} f(\tau)\delta(t-\tau)\mathrm{d}\tau$$

$$= \int_{-\infty}^{\infty} f(\tau)\delta(\tau-t)\mathrm{d}\tau \quad (冲激函数的奇偶数)$$

$$= \int_{-\infty}^{\infty} f(t)\delta(\tau-t)\mathrm{d}\tau \quad (冲激函数的取样性质)$$

$$= f(t) \int_{-\infty}^{\infty} \delta(\tau-t)\mathrm{d}\tau$$

$$= f(t) \quad (单位冲激函数的强度为 1)$$

一般而言，如果有两个函数 $f_1(t)$ 和 $f_2(t)$，那么积分式 $f(t) = \displaystyle\int_{-\infty}^{\infty} f_1(\tau) f_2(t-\tau) \mathrm{d}\tau$ 就称为 $f_1(t)$ 和 $f_2(t)$ 的卷积积分，简称卷积，常简记为 $f(t) = f_1(t) * f_2(t)$，即

$$f(t) = f_1(t) * f_2(t) = \int_{-\infty}^{\infty} f_1(\tau) f_2(t-\tau) \mathrm{d}\tau \qquad (2-32)$$

式 $(2-32)$ 的右边积分式中，t 为常量，τ 为变量，即每给定一个 t（确定的一个时刻 t_0），就从 $-\infty$ 到 $+\infty$ 对 $f_1(\tau) f_2(t-\tau)$ 的乘积进行积分，然后就可以得到一个确定的积分值 $f(t_0)$，当 t 取遍整个时间轴时，就可以得到卷积信号 $f(t)$。t 在积分过程中是常量，但是在卷积结果中是变量，即卷积信号 $f(t)$ 是以 t 为变量的函数。

例 2.13　已知 $f_1(t) = \mathrm{e}^{-\alpha t} \varepsilon(t)$，$f_2(t) = \varepsilon(t)$，试求 $f_1(t)$ 和 $f_2(t)$ 的卷积。

解：将 $f_1(t)$ 和 $f_2(t)$ 代入卷积积分式，即

$$f_1(t) * f_2(t) = \int_{-\infty}^{\infty} f_1(\tau) f_2(t-\tau) \mathrm{d}\tau = \int_{-\infty}^{\infty} \mathrm{e}^{-\alpha t} \varepsilon(\tau) \varepsilon(t-\tau) \mathrm{d}\tau$$

又 $\tau < 0$ 时，$\varepsilon(\tau) = 0$；$\tau > t$ 时，$\varepsilon(t-\tau) = 0$。所以，不为零的积分区间是 $0 < \tau < t$，且 $t \geqslant 0$（积分上限不能小于积分下限），故

$$f_1(t) * f_2(t) = \int_{-\infty}^{\infty} \mathrm{e}^{-\alpha \tau} \varepsilon(\tau) \varepsilon(t-\tau) \mathrm{d}\tau$$
$$= \int_{0}^{t} \mathrm{e}^{-\alpha \tau} * 1 * 1 \mathrm{d}\tau = \int_{0}^{t} \mathrm{e}^{-\alpha \tau} \mathrm{d}\tau$$
$$= \frac{1}{\alpha}(1 - \mathrm{e}^{-\alpha t}) \quad (t \geqslant 0)$$
$$= \frac{1}{\alpha}(1 - \mathrm{e}^{-\alpha t}) \varepsilon(t)$$

从例 2.13 可以看出，在使用公式法求解卷积时，卷积积分的上、下限要根据具体信号加以简化，只保留两信号同时不为零的区间，并且一定要将积分上限大于等于积分下限的条件在卷积结果中表示出来，一般情况下，可以用阶跃函数及其平移信号表示。

2. 卷积的图解法

卷积积分是一种重要的数学运算方法，其图解法是对卷积公式中积分过程的一个几何再现。通过这种方法，可以比较直观地理解卷积的含义，从而真正掌握卷积的概念。

设有两因果信号 $f_1(t)$ 和 $f_2(t)$（见图 2-8），函数 $f_1(t)$ 是幅度为 2 的矩形脉冲，$f_2(t)$ 是单个锯齿波。

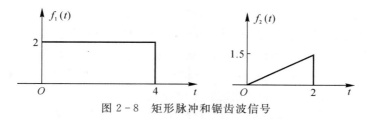

图 2-8　矩形脉冲和锯齿波信号

在卷积积分式 $(2-30)$ 中，积分变量是 τ，函数 $f_1(\tau)$ 和 $f_2(\tau)$ 的波形与原信号相同，只须将横坐标换为 τ 即可。

为了求出 $f(t) = f_1(t) * f_2(t)$ 在任意时刻的值，其步骤如下所示：

(1)将函数 $f_1(t)$ 和 $f_2(t)$ 的自变量用 τ 替换,然后将函数 $f_2(\tau)$ 进行反转操作,得到 $f_2(-\tau)$,如图 2-9(b)所示。

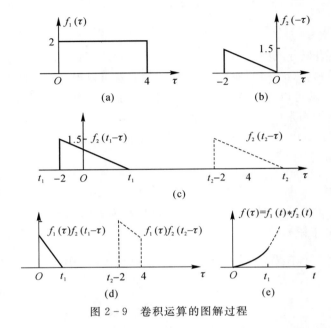

图 2-9 卷积运算的图解过程

(2)将函数 $f_2(-\tau)$ 沿正 τ 轴平移时间 t_1,就得到函数 $f_2(t_1-\tau)$,如图 2-9(c)中实线所示。应注意的是,当参变量 t 的值不同时,$f_2(t-\tau)$ 的位置将不同,如当 $t=t_2$(这里 $4<t_2<6$)时,$f_2(t-\tau)$ 的波形如图 2-9(c)中虚线所示。

(3)将函数 $f_1(\tau)$ 与反转并平移后的函数 $f_2(t_1-\tau)$ 相乘,得函数 $f_1(\tau)f_2(t_1-\tau)$,如图 2-9(d)所示。然后求积分值

$$f(t_1) = \int_{-\infty}^{\infty} f_1(\tau)f_2(t_1-\tau)\mathrm{d}\tau$$

由图 2-9(a)和 2-9(c)可见,当 $\tau<0$ 及 $\tau>t_1$ 时被积函数 $f_1(\tau)f_2(t_1-\tau)$ 等于零,因而上式积分限为由 0 到 t_1,其积分值 $f(t_1)$ 如图 2-9(e)所示。该数值恰好是乘积 $f_1(\tau)f_2(t_1-\tau)$ 曲线下的面积。应当注意的是,当参变量 t 取值不同时,上式的积分限也不同,如 $t=t_2$ 时,由图 2-9(d)可见,其积分限由 t_2-2 到 4。

(4)将波形 $f_2(t-\tau)$ 连续地沿 τ 轴平移,就得到在任意时刻 t 的卷积积分 $f(t)=f_1(t)*f_2(t)$,它是 t 的函数。

由以上步骤可见,当参变量 t 取不同的值时,卷积积分中被积乘积函数 $f_1(\tau)f_2(t-\tau)$ 的波形不同,积分的上、下限也不同。因此,正确地选取参变量 t 的取值区间和相应的积分上、下限时是十分关键的步骤,具体原则是必须保证同一个参变量 t 的取值区间能使卷积积分式具有相同的积分上、下限,以此原则将 t 取遍整个时间轴。

例 2.14 试计算如图 2-10 所示的函数 $f_1(t)$ 与 $f_2(t)$ 的卷积积分。

解:两函数的表达式(以 τ 为自变量)分别为

$$f_1(\tau) = \begin{cases} 1, & -1 < \tau < 1 \\ 0, & \text{其他} \end{cases}$$

$$f_2(\tau) = \begin{cases} 2\tau, & 0 < \tau < 1 \\ 0, & \text{其他} \end{cases}$$

首先将 $f_2(\tau)$ 反转得到 $f_2(-\tau)$；然后将 $f_2(-\tau)$ 沿 τ 轴自左至右平移一个 τ，得到 $f_2(t-\tau)$，其中 t 从 $-\infty$ 逐渐取至 $+\infty$。由于两个函数均为有限长区间，因此不同的 t 所对应乘积函数 $f_1(\tau)f_2(t-\tau)$ 的波形不同，故 t 应该分区间进行选取。图 2-10 给出不同 t 时的信号波形。

(1) $t < -1$。由图 2-10(a)可知，$f_1(\tau)$ 与 $f_2(t-\tau)$ 波形无重叠部分，$f(t)=0$。

(2) $-1 < t < 0$。由图 2-10(b)知，$f_1(\tau)$ 与 $f_2(t-\tau)$ 两波形重叠区间为 $-1 < \tau < t$，故

$$f(t) = f_1(t) * f_2(t) = \int_{-1}^{t} f_1(\tau)f_2(t-\tau)\mathrm{d}\tau$$

$$= \int_{-1}^{t} 1 \times 2(t-\tau)\mathrm{d}\tau = (t+1)^2$$

(3) $0 < t < 1$。由图 2-10(c)可知，在 $t-1 < \tau < 1$ 区域内，两波形重叠，故

$$f(t) = \int_{t-1}^{t} 1 \times 2(t-\tau)\mathrm{d}\tau = 1$$

(4) $1 < t < 2$。由图 2-10(d)可知，两波形在 $t-1 < \tau < 1$ 区间重叠，故

$$f(t) = \int_{t-1}^{t} 1 \times 2(t-\tau)\mathrm{d}\tau$$

$$= 1 - (t-1)^2$$

(5) $t > 2$。由图 2-10(e)所示，在此区间两波形无重叠部分，因此 $f(t)=0$。

(6) 结论。归纳以上各段计算结果，可得两信号卷积运算所得信号 $f(t)$ 为

$$f(t) = \begin{cases} 0, & t < -1 \\ (t+1)^2, & -1 < t < 0 \\ 1, & 0 < t < 1 \\ 1 - (t-1)^2, & 1 < t < 2 \\ 0, & t > 2 \end{cases}$$

其波形如图 2-10(f)所示。

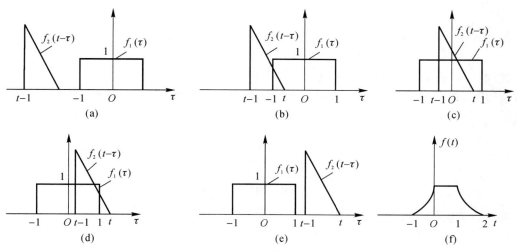

图 2-10　卷积运算的图解过程

上述分段函数也可以转化为解析形式(闭合形式),即

$$f(t) = \begin{cases} 0, & t < -1 \\ (t+1)2, & -1 < t < 0 \\ 1, & 0 < t < 1 \\ 1-(t-1)2, & 1 < t < 2 \\ 0, & t > 2 \end{cases}$$

$$= (t+1)^2[\varepsilon(t+1) - \varepsilon(t)] + [\varepsilon(t) - \varepsilon(t-1)] + [1-(t-1)^2][\varepsilon(t-1) - \varepsilon(t-2)]$$
$$= (t+1)^2\varepsilon(t+1) - (t^2+2t)\varepsilon(t) - (t-1)^2\varepsilon(t-1) - (t^2-2t)\varepsilon(t-2)$$

解析形式的函数便于数学运算,然而为了作图的方便,解析形式的函数有时也需要转化为分段函数形式。具体方法是:根据解析函数表达式中阶跃函数及其移位函数的出现情况,对 t 进行分段取值,然后对函数中的阶跃函数进行赋值化简(值为 1 或 0),就可得到其所对应的分段函数。例如,上式中的逆推导过程。

另外,由卷积的图解法可以得出这样一个结论:两个时限信号 $f_1(t)$ 和 $f_2(t)$ 相卷积,所得卷积信号 $f(t)$ 也为时限信号,其左边界值为 $f_1(t)$ 和 $f_2(t)$ 的左边界值之和,右边界值为两信号右边界值之和。

2.3.2 零状态响应的时域卷积法

对于一个 LTI 连续系统,激励 $f(t)$ 和零状态响应 $y_f(t)$ 之间满足

$$f(t) \rightarrow y_f(t)$$

且有

$$\delta(t) \rightarrow h(t)$$

则根据 LTI 系统零状态响应的时不变性、线性性及积分性,可得

$$\delta(t-\tau) \rightarrow h(t-\tau)$$
$$f(\tau)\delta(t-\tau) \rightarrow f(\tau)h(t-\tau)$$
$$\int_{-\infty}^{\infty} f(\tau)\delta(t-\tau)\mathrm{d}\tau \rightarrow \int_{-\infty}^{\infty} f(\tau)h(t-\tau)\mathrm{d}\tau \qquad (2-33)$$

又已知信号的卷积分解表达式为

$$f(t) = \int_{-\infty}^{\infty} f(\tau)\delta(t-\tau)\mathrm{d}\tau$$

根据式(2-33)和式(2-32)可得,式(2-31)左边为激励 $f(t)$,右边为 $f(t) * h(t)$,即

$$f(t) \rightarrow f(t) * h(t) \qquad (2-34)$$

式(2-34)表明,一个单位冲激响应为 $h(t)$ 的 LTI 系统,当激励为 $f(t)$ 时,其所对应的零状态响应 $y_f(t)$ 等于激励 $f(t)$ 与系统单位冲激响应 $h(t)$ 的卷积积分,其系统模型如图 2-11 所示。

图 2-11 系统零状态响应的卷积运算

零状态响应的时域卷积法步骤:

1)求系统的单位冲激响应 $h(t)$。

2)根据 $y_f(t) = f(t) * h(t)$,求系统的零状态响应 $y_f(t)$。

例 2.15　求如图 $2-12(a)$ 所示系统的零状态响应 $y_f(t)$，并画出其波形。已知激励为周期性单位冲激信号，即 $f(t) = \sum\limits_{n=-\infty}^{\infty} \delta(t-nT), n = 0, \pm 1, \pm 2, \cdots$ 波形如图 $2-12(b)$ 所示。

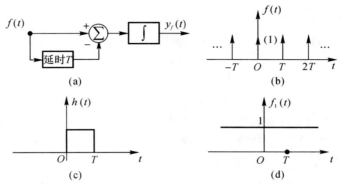

图 $2-12$　例 2.14 图

解： 由系统的框图描述可以得到系统的单位冲激响应为

$$h(t) = \int_{-\infty}^{t} \left[\delta(\tau) - \delta(\tau - T) \right] d\tau = \varepsilon(t) - \varepsilon(t-T)$$

$$= g_T \left(t - \frac{T}{2} \right)$$

$h(t)$ 的波形如图 $2-12(c)$ 所示。系统的零状态响应为

$$y_f(t) = f(t) * h(t) = \sum_{n=-\infty}^{\infty} \delta(t-nT) * h(t)$$

$$= \sum_{n=-\infty}^{\infty} h(t-nT) = \sum_{n=-\infty}^{\infty} g_T \left(t - \frac{T}{2} - nT \right) = 1$$

即 $y_f(t)$ 的波形如图 $2-12(d)$ 所示。

2.3.3　卷积积分的性质

卷积积分是一种数学运算，通过对其性质的用运，可以简化一般信号的卷积积分计算过程。这一性质在信号分析和系统分析中都有广泛的应用。

1. 卷积的代数运算法则

作为一种数学运算，卷积运算遵守代数运算的基本规律。

（1）交换律。

$$f_1(t) * f_2(t) = f_2(t) * f_1(t) \tag{2-35}$$

这表明卷积结果与两函数的次序无关。

证明： 由卷积定义可知

$$f_1(t) * f_2(t) = \int_{-\infty}^{\infty} f_1(\tau) * f_2(t-\tau) d\tau$$

将式中积分变量 τ 置换为 $t-\lambda$，于是

$$f_1(t) * f_2(t) = \int_{-\infty}^{\infty} f_1(\tau) f_2(t-\tau) d\tau = \int_{-\infty}^{\infty} f_1(t-\lambda) f_2(\lambda) d(-\lambda)$$

$$= \int_{-\infty}^{\infty} f_2(\lambda) f_1(t-\lambda) d\lambda = f_2(t) * f_1(t)$$

（2）分配律

$$f_1(t) * [f_2(t) + f_3(t)] = f_1(t) * f_2(t) + f_1(t) * f_3(t) \tag{2-36}$$

证明：由卷积定义有

$$f_1(t) * [f_2(t) + f_3(t)] = \int_{-\infty}^{\infty} f_1(\tau)[f_2(t-\tau) + f_3(t-\tau)] dx$$

$$= \int_{-\infty}^{\infty} f_1(\tau) f_2(t-\tau) d\tau + \int_{-\infty}^{\infty} f_1(\tau) f_3(t-\tau) d\tau$$

$$= f_1(t) * f_2(t) + f_1(t) * f_3(t)$$

实际上，这个结果也是线性系统叠加性的体现。若 $f_2(t)$ 和 $f_3(t)$ 为激励，$f_1(t)$ 为系统的冲激响应，则系统对 $f_2(t) + f_3(t)$ 的零状态响应等于系统对 $f_2(t)$ 和 $f_3(t)$ 分别作用下的零状态响应之和；反过来，若 $f_1(t)$ 为激励，$f_2(t) + f_3(t)$ 为系统的冲激响应，则该系统对激励 $f_1(t)$ 的零状态响应可看作是两个并联子系统 $f_2(t)$ 与 $f_3(t)$ 在激励 $f_1(t)$ 作用下的零状态响应的叠加。

（3）结合律。

$$[f_1(t) * f_2(t)] * f_3(t) = f_1(t) * [f_2(t) * f_3(t)] \tag{2-37}$$

证明：根据卷积定义，可得

$$[f_1(t) * f_2(t)] * f_3(t) = \int_{-\infty}^{\infty} \left[\int_{-\infty}^{\infty} f_1(\tau) f_2(\eta-\tau) d\tau \right] f_3(t-\eta) d\eta$$

先交换上式的积分次序，再将 $\eta - \tau$ 置换为 x，则

$$[f_1(t) * f_2(t)] * f_3(t) = \int_{-\infty}^{\infty} f_1(\tau) \left[\int_{-\infty}^{\infty} f_2(\eta-\tau) f_3(t-\eta) d\eta \right] dx$$

$$= \int_{-\infty}^{\infty} f_1(\tau) \left[\int_{-\infty}^{\infty} f_2(x) f_3(t-\tau-x) dx \right] d\tau$$

$$= \int_{-\infty}^{\infty} f_1(\tau) f_{23}(t-\tau) d\tau$$

$$= f_1(t) * [f_2(t) * f_3(t)]$$

其中

$$f_{23}(t) = \int_{-\infty}^{\infty} f_2(x) f_3(t-x) dx = f_2(t) * f_3(t)$$

例 2.16 设 $f_1(t) = e^{-\alpha t} \varepsilon(t)$，$f_2(t) = \varepsilon(t)$，分别求 $f_1(t) * f_2(t)$ 和 $f_2(t) * f_1(t)$。

解：按卷积积分定义式得

$$f_1(t) * f_2(t) = \int_{-\infty}^{\infty} e^{-\alpha t} \varepsilon(\tau) \varepsilon(t-\tau) d\tau$$

考虑到 $\tau < 0$ 时 $\varepsilon(\tau) = 0$；而 $\tau > t$ 时 $\varepsilon(t-\tau) = 0$，故上式为

$$f_1(t) * f_2(t) = \int_0^t e^{-\alpha t} d\tau = \frac{1}{\alpha}(1 - e^{-\alpha t}) \varepsilon(t)$$

而

$$f_2(t) * f_1(t) = \int_{-\infty}^{\infty} \varepsilon(\tau) e^{-\alpha(t-\tau)} \varepsilon(t-\tau) d\tau$$

$$= \int_0^t e^{-\alpha(t-\tau)} d\tau = \frac{1}{\alpha}(1 - e^{-\alpha t}) \varepsilon(t)$$

图 2-13 分别画出了以上运算的波形,由图 2-13(a)(b)可见,交换律的几何含义是对任意时刻 t,乘积函数 $f_1(\tau)f_2(t-\tau)$ 曲线下的面积与 $f_2(\tau)f_1(t-\tau)$ 下的面积相等。

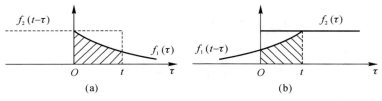

图 2-13　例 2.15 图

2. 卷积的微分、积分性质

卷积代数运算与函数乘法运算的规律相同,但卷积的微分或积分却与函数相乘的微分或积分性质不同。

(1)两个函数相卷积后的导数等于其中一个函数的导数与另一个函数的卷积。其表示式为

$$\frac{\mathrm{d}}{\mathrm{d}t}[f_1(t) * f_2(t)] = \frac{\mathrm{d}f_1(t)}{\mathrm{d}t} * f_2(t) = f_1(t) * \frac{\mathrm{d}f_2(t)}{\mathrm{d}t} \tag{2-38}$$

证明:根据定义可得

$$\frac{\mathrm{d}}{\mathrm{d}t}[f_1(t) * f_2(t)] = \frac{\mathrm{d}}{\mathrm{d}t}\int_{-\infty}^{\infty} f_1(\tau)f_2(t-\tau)\mathrm{d}\tau = \int_{-\infty}^{\infty} f_1(\tau)\frac{\mathrm{d}}{\mathrm{d}t}f_2(t-\tau)\mathrm{d}\tau = f_1(t) * \frac{\mathrm{d}f_2(t)}{\mathrm{d}t}$$

同样有

$$\frac{\mathrm{d}}{\mathrm{d}t}[f_1(t) * f_2(t)] = \frac{\mathrm{d}f_1(t)}{\mathrm{d}t} * f_2(t)$$

(2)两个函数相卷积后的积分等于其中一个函数的积分与另一个函数的卷积。其表示式为

$$\int_{-\infty}^{\infty} [f_1(\tau) * f_2(\tau)]\mathrm{d}\tau = f_1(t) * \int_{-\infty}^{t} f_2(\tau)\mathrm{d}\tau = f_2(t) * \int_{-\infty}^{t} f_1(\tau)\mathrm{d}\tau \tag{2-39}$$

证明:根据定义可以证明

$$\int_{-\infty}^{t} [f_1(\tau) * f_2(\tau)]\mathrm{d}\tau = \int_{-\infty}^{t} \left[\int_{-\infty}^{\infty} f_1(\eta)f_2(\tau-\eta)\mathrm{d}\eta\right]\mathrm{d}\tau = \int_{-\infty}^{\infty} f_1(\eta)\left[\int_{-\infty}^{t} f_2(\tau-\eta)\mathrm{d}\tau\right]\mathrm{d}\eta$$

$$= f_1(t) * \int_{-\infty}^{t} f_2(\tau)\mathrm{d}\tau$$

又利用卷积交换律则有

$$\int_{-\infty}^{t} [f_1(\tau) * f_2(\tau)]\mathrm{d}\tau = f_2(t) * \int_{-\infty}^{t} f_1(\tau)\mathrm{d}\tau$$

同理可得,卷积的高阶导数与多重积分运算规律。

若已知

$$f(t) = f_1(t) * f_2(t)$$

则有

$$f^{(i)}(t) = f_1^{(j)}(t) * f_2^{(i-j)}(t) \tag{2-40}$$

式中,当 i 或 j 取正整数时,为导数的阶次;若取负整数时,为重积分的次数,如

$$f(t) = f_1^{(1)}(t) * f_2^{(-1)}(t) = \frac{\mathrm{d}f_1(t)}{\mathrm{d}t} * \int_{-\infty}^{t} f_2(x)\mathrm{d}x \tag{2-41}$$

3. 与冲激函数和阶跃函数的卷积

(1)任意信号 $f(t)$ 与单位冲激函数 $\delta(t)$ 相卷积：

$$f(t) * \delta(t) = \delta(t) * f(t) = \int_{-\infty}^{\infty} \delta(\tau) f(t-\tau)\mathrm{d}t = f(t) \tag{2-42}$$

即任意信号与单位冲激函数相卷积等于任意信号本身,卷积波形如图 2-14(a)所示。

当冲激信号时移 t_0 时,则有

$$f(t) * \delta(t-t_0) = \delta(t-t_0) * f(t) = \int_{-\infty}^{\infty} f(\tau)\delta(t-t_0-\tau)\mathrm{d}\tau = f(t-t_0) \tag{2-43}$$

式(2-41)表明,函数与 $\delta(t-t_0)$ 相卷积相当于把函数本身延迟 t_0。卷积波形如图 2-14(b)所示。

当信号和冲激函数都发生时移时,则有

$$f(t-t_1) * \delta(t-t_2) = \delta(t-t_1) * f(t-t_2) = f(t-t_1-t_2) \tag{2-44}$$

卷积波形如图 2-14(c)所示。

当与冲激偶函数 $\delta'(t)$ 相卷积时,则有

$$f(t) * \delta'(t) = f'(t)$$

即任意信号与单位冲激偶函数相卷积相当于任意信号通过了微分器。

(2)任意信号 $f(t)$ 与阶跃函数 $\varepsilon(t)$ 相卷积：

$$f(t) * \varepsilon(t) = \int_{-\infty}^{t} f(x)\mathrm{d}x$$

即任意信号与单位阶跃信号相卷积相当于任意信号通过了积分器。因此,在系统分析中,有时把积分器的输出信号直接表示成输入信号与阶跃信号的卷积。

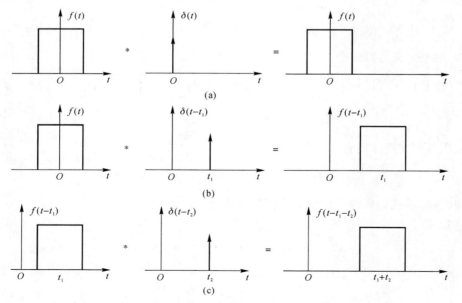

图 2-14 信号 $f(t)$ 与冲激函数的卷积波形

4. 卷积的时移性

若已知

$$f_1(t) * f_2(t) = f(t)$$

则有

$$f_1(t-t_1) * f_2(t-t_2) = f_1(t-t_2) * f_2(t-t_1) = f(t-t_1-t_2) \qquad (2-45)$$

证明:

$$
\begin{aligned}
f_1(t-t_1) * f_2(t-t_2) &= \left[f_1(t)*\delta(t-t_1)\right] * \left[f_2(t)*\delta(t-t_2)\right] \\
&= \left[f_1(t)*\delta(t-t_2)\right] * \left[f_2(t)*\delta(t-t_1)\right] \\
&= f_1(t-t_2) * f_2(t-t_1) \\
f_1(t-t_1) * f_2(t-t_2) &= \left[f_1(t)*\delta(t-t_1)\right] * \left[f_2(t)*\delta(t-t_2)\right] \\
&= f_1(t)*f_2(t)*\delta(t-t_1)*\delta(t-t_2) \\
&= f(t)*\delta(t-t_1-t_2) \\
&= f(t-t_1-t_2)
\end{aligned}
$$

例 2.17　利用卷积积分的时移性求 $\varepsilon(t+3) * \varepsilon(t-5)$。

解: 已知

$$\varepsilon(t) * \varepsilon(t) = \int_{-\infty}^{\infty} \varepsilon(\tau)\varepsilon(t-\tau)\mathrm{d}\tau = \int_0^t \mathrm{d}\tau = \tau\big|_0^t = t = t\varepsilon(t), \quad t \geqslant 0$$

根据时移性,可得

$$\varepsilon(t+3) * \varepsilon(t-5) = (t+3-5)\varepsilon(t+3-5) = (t-2)\varepsilon(t-2)$$

5. 任意周期信号可以表示成第零周期的非周期信号与周期性单位冲激函数的卷积

若已知周期信号为

$$f_T(t) = \sum_{-\infty}^{\infty} f_0(t-nT)$$

其中,$f_0(t)$ 为周期信号 $f_T(t)$ 在位于坐标原点周期区间内的信号,则必定有

$$f_T(t) = f_0(t) * \sum_{-\infty}^{\infty} \delta(t-nT) = f_0(t) * \delta_T(t) \qquad (2-46)$$

波形如图 2-15 所示。

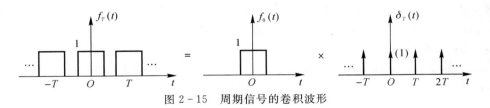

图 2-15　周期信号的卷积波形

2.3.4　仿真示例

可用 MATLAB 的 impulse 函数和 step 函数分别计算 LTI 系统的单位冲激响应和单位阶跃响应,impulse 函数用法如下。

(1) impulse(sys):计算并画出系统的单位冲激响应,sys 可以是利用命令 tf,zrk 或 ss 建立的系统模型。时间范围和点数是自动选取的,对连续时间系统,时间 t 默认从零开始。

(2)impulse(sys,t)：计算并画出系统在向量 **t** 定义的时间内的单位冲激响应。

(3)$[y,t] = impulse(sys)$：将单位冲激响应和时间分别存入 **y** 和 **t** 向量中。

注意：所求解中忽略了 $h(t)$ 中的 $\delta(t)$ 及其导数项。

例 2.18 已知 LTI 系统的微分方程为 $\dfrac{\mathrm{d}}{\mathrm{d}r}r(t)+3r(t)=2\,\dfrac{\mathrm{d}}{\mathrm{d}t}e(t)$，请用 impulse 函数求此系统的单位冲激响应，并与其解析解 $h(t)=2\delta(t)-6e^{-3t}u(t)$ 对比。

解：MATLAB 代码如下：

```
% exm6_4_impulse. m
% LTI 系统的系数矩阵
a = [1 3]；b = [2 0]；
sys = tf(b, a)；
impulse(sys)；
```

MATLAB 执行结果如图 2-16 所示。

如图 2-17 所示，结果图中忽略了 $t=0$ 处的冲激等奇异函数。

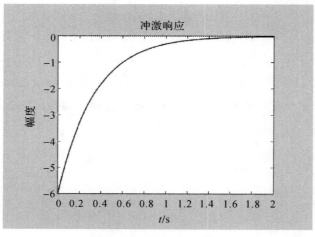

图 2-16 例 2.18 结果图

例 2.19 已知 LTI 系统的微分方程为 $y''(t)+2y'(t)+100y(t)=f(t)$，系统的冲激信号为 $f(t)$，试用 MATLAB 编程求解系统的冲激响应和阶跃响应。

解：MATLAB 代码如下：

```
t1=0；t2=5；dt=0.01；sys=tf([1],[1,2,100])；    %定义 LTI 系统的系统模型
t=t1:dt:t2；
yh=impulse(sys,t)；                            %求解系统的冲激响应
subplot(2,1,1),plot(t,yh)
xlabel('t'),ylabel('yh(t)'),grid on
yr=step(sys,t)；                               %求解系统的阶跃响应
subplot(2,1,2),plot(t,yr)
xlabel('t'),ylabel('yr(t)'),grid on
```

MATLAB 执行结果如图 2-17 所示。

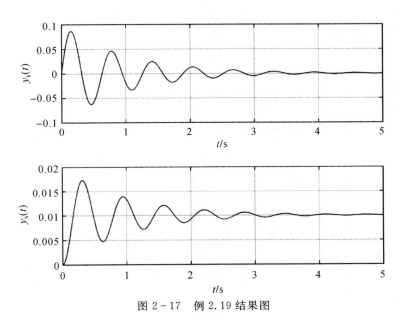

图 2-17　例 2.19 结果图

例 2.20　已知 $f(t) = u(t) - u(t-1)$, $h(t) = u(t-1) - u(t-3)$, 试求时域卷积积分 $y(t) = f(t) * h(t)$。

解：MATLAB 源程序为

```
p = 0.01;
t1 = 0:p:1; f = ones(size(t1));
t2 = 1:p:3; h = ones(size(t2));
y = conv(f,h);                    %计算序列 f 与 h 的卷积和 y
y = y * p;
t0 = t1(1)+t2(1);                 %计算序列 y 非零样值的起点位置
t3 = length(f)+length(h)-2;       %计算卷积和 y 的非零样值的宽度
t = t0:p:(t3 * p+t0);             %确定卷积和 y 非零样值的时间向量
subplot(2,2,1)
plot(t1,f)                        %在子图 1 绘 f(t)时域波形图
title('f(t)')
xlabel('t1')
ylabel('x(t)')
subplot(2,2,2)
plot(t2,h)                        %在子图 2 绘 h(t)时域波形图
title('h(t)')
xlabel('t2')
ylabel('h(t)')
subplot(2,2,3)
plot(t,y);                        %画卷积 y(t)的时域波形
g = get(gca,'position');          %获取坐标轴的未知属性
g(3) = 2.5 * g(3);
```

```
set(gca,'position',g)              %将第三个子图的横坐标范围扩为原来的 2.5 倍
title('y(t)=f(t)*h(t)')
xlabel('t')
ylabel('y(t)')
```

运行结果如图 2-18 所示。

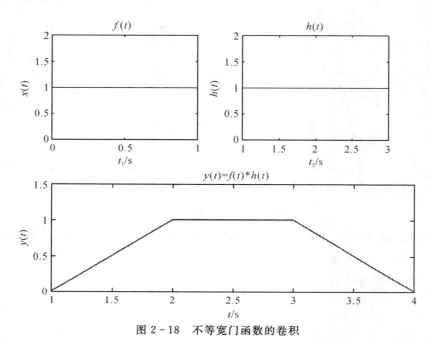

图 2-18 不等宽门函数的卷积

例 2.21 用 MATLAB 命令求函数 $f(t)=\sin t$ 与 $g(t)=0.5*(e^{-t}+e^{-3t})$ 的卷积。

解: MATLAB 源程序为

```
%计算连续信号的卷积积分
%f:函数的样值向量
%k:对应时间向量
%s:采样时间间隔
s = 0.1;
k1 = 0:s:10;                        %生成 k1 的时间向量
k2 = k1;                           %生成 k2 的时间向量
f = sin(k1);                       %生成 f 的样值向量
g = 0.5*(exp(-k2)+exp(3*(-k2)));   %生成 g 的样值向量
y = conv(f,g); y = y*s;
k0 = k1(1)+k2(1);                  %序列 y 非零样值的起点
k3 = length(f)+length(g)-2;        %序列 y 非零样值的宽度
k = k0:s:k3*s;
subplot(3,1,1)                     %f(t)的波形
plot(k1,f); title('f(t)');
subplot(3,1,2)                     %g(t)的波形
plot(k2,g); title('g(t)');
```

subplot(3,1,3)　　　　　　　　　　　　　％y(t)的波形

plot(k,y); title('y(t)');

运行结果如图 2 - 19 所示。

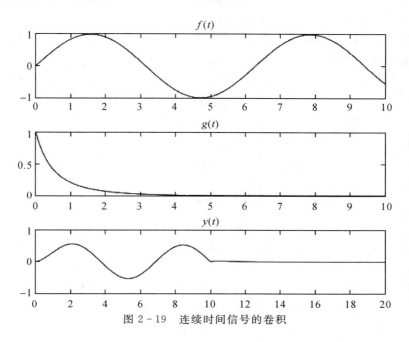

图 2 - 19　连续时间信号的卷积

本　章　小　结

本章首先介绍了线性时不变系统微分方程的建立和全响应的求解方法；然后介绍了连续系统的零输入响应和零状态响应的意义及求解；重点介绍了连续系统冲激响应和阶跃响应的意义及求解；讨论了连续信号卷积积分运算规律及性质，以及通过冲激响应来求系统的零状态响应的方法。对应内容分别给出了 MATLAB 软件的仿真示例。

习　题　2

2 - 1　已知系统相应齐次方程机器对应的初始条件分别为

(1) $y''(t) + 2y'(t) + 2y(t) = 0, y(0) = 1, y'(0) = 2$；

(2) $y''(t) + 2y'(t) + y(t) = 0, y(0) = 1, y'(0) = 2$；

(3) $y'''(t) + 2y''(t) + 2y'(t) = 0, y(0) = y'(0) = 0, y''(0) = 1$。

求系统的零输入响应。

2 - 2　给定系统微分方程为

$$y''(t) + 3y'(t) + 2y(t) = f'(t) + 3f(t)$$

若激励信号和初始状态分别为以下两种情况：

(1) $f(t) = \varepsilon(t), y(0) = 1, y'(0) = 2$；

(2) $f(t) = e^{-3t}\varepsilon(t), y(0) = 1, y'(0) = 2$。

试分别求它们的完全响应,并指出其零输入响应、零状态响应、自由响应和强迫响应各分量。

2-3 题图 2.1 所示电路中,各元件参数为 $L_1=L_2=M=1\text{H}$,$R_1=4\Omega$,$R_2=2\Omega$,响应电流为 $i_2(t)$,求冲激响应 $h(t)$ 及阶跃响应 $g(t)$。

2-4 题图 2.2 所示电路中,元件参数为 $C_1=1\text{F}$,$C_2=2\text{F}$,$R_1=1\Omega$,$R_2=2\Omega$,响应为 $u_2(t)$,求其冲激响应与阶跃响应。

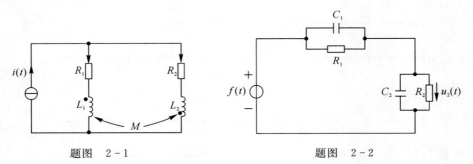

题图 2-1　　　　　　　　　　　题图 2-2

2-5 求下列微分方程所描述系统的冲激响应。

(1) $y''(t)+2y(t)=f(t)$;

(2) $2y''(t)+8y(t)=f(t)$;

(3) $y'''(t)+y''(t)+2y'(t)+2y(t)=f''(t)+2f(t)$;

(4) $y'(t)+3y(t)=2f'(t)$;

(5) $y''(t)+3y'(t)+2y(t)=f'''(t)+4f''(t)-5f(t)$。

2-6 用图解法求解题图 2.3 所示各组信号的卷积 $f_1(t)*f_2(t)$,并绘出所得结果的波形。

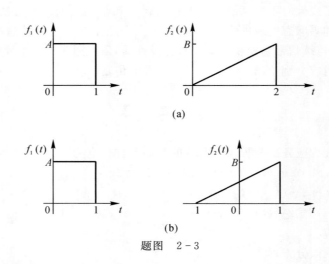

题图 2-3

2-7 求下列各函数 $f_1(t)$ 与 $f_2(t)$ 的卷积 $f_1(t)*f_2(t)$。

(1) $f_1(t)=\varepsilon(t)$,$f_2(t)=e^{-\alpha t}\varepsilon(t)$;

(2) $f_1(t)=\delta(t)$,$f_2(t)=\cos(\omega t+45°)$;

(3) $f_1(t)=(1+t)[\varepsilon(t)-\varepsilon(t-1)]$,$f_2(t)=\varepsilon(t-1)-\varepsilon(t-2)$;

(4)$f_1(t)=\cos\omega t$，$f_2(t)=\delta(t+1)-\delta(t-1)$；

(5)$f_1(t)=\mathrm{e}^{-\alpha t}\varepsilon(t)$，$f_2(t)=\sin t\varepsilon(t)$。

2-8　用卷积的微、积分性质求下列函数的卷积。

(1)$f_1(t)=\varepsilon(t)$，$f_2(t)=\varepsilon(t-1)$；

(2)$f_1(t)=\varepsilon(t)-\varepsilon(t-1)$，$f_2(t)=\varepsilon(t-1)-\varepsilon(t-2)$；

(3)$f_1(t)=\sin 2\pi t[\varepsilon(t)-\varepsilon(t-1)]$，$f_2(t)=\varepsilon(t)$；

(4)$f_1(t)=\mathrm{e}^{-t}\varepsilon(t)$，$f_2(t)=\varepsilon(t-1)$。

2-9　用卷积的微、积分性质，计算题图 2.3 所示各信号的卷积，并画出卷积结果波形。

2-10　已知 LTI 系统的微分方程为

$$5y''(t)+4y'(t)+8y(t)=f'(t)+f(t)$$

激励信号 $f(t)=\mathrm{e}^{-2t}\varepsilon(t)$，初始条件 $y(0_-)=1$，$y'(0_-)=2$，利用 MATLAB 符号工具箱中的相应函数，求解系统的零输入响应、零状态响应及全响应。

2-11　如题图 2.4 所示电路中，$L=1\ \mathrm{H}$，$C=1\ \mathrm{F}$，$R_1=1\ \Omega$，$R_2=2\ \Omega$，$f(t)$ 是该电路系统的输入信号，$y(t)$ 为电路的输出响应。

(1)建立描述该电路系统的微分方程。

(2)用 impulse 函数求解系统的冲激响应。

(3)用 step 函数求解系统的阶跃响应。

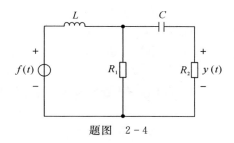

题图　2-4

2-12　已知 LTI 系统的微分方程为

$$\frac{\mathrm{d}^2}{\mathrm{d}t^2}r(t)+7\frac{\mathrm{d}}{\mathrm{d}t}r(t)+10r(t)=\frac{\mathrm{d}^2}{\mathrm{d}t^2}e(t)+6\frac{\mathrm{d}}{\mathrm{d}t}e(t)+4e(t)$$

输入信号 $e(t)=4u(t)$，利用 MATLAB 的 impulse，step 和 lsim 函数求此系统的单位冲激响应、单位阶跃响应及在信号 $e(t)$ 作用下的零状态响应。

2-13　已知 LTI 系统的微分方程为

$$\frac{\mathrm{d}^2}{\mathrm{d}t^2}r(t)+3\frac{\mathrm{d}}{\mathrm{d}t}r(t)+2r(t)=\frac{\mathrm{d}}{\mathrm{d}t}e(t)+3e(t)$$

输入信号 $e(t)=\mathrm{e}^{-3t}u(t)$，利用 MATLAB 的 impulse，step 和 lsim 函数求此系统的单位冲激响应、单位阶跃响应及信号 $e(t)$ 作用下的零状态响应。

第 3 章　连续时间系统的频域分析

第 2 章讨论了连续时间系统的时域分析,以冲激函数为基本信号,可将任意的信号分解为一系列冲激函数,而系统的响应(零状态响应)就是输入信号与系统冲激响应的卷积。本章将以正弦函数或虚指数函数 $e^{j\omega t}$ 为基本信号,将任意信号表示为一系列不同频率的正弦函数或虚指数函数之和(对于周期信号)或积分(对于非周期信号)的形式。

正弦函数和虚指数函数都是定义在 $(-\infty, +\infty)$ 的函数,根据欧拉公式,正弦或余弦函数均可表示为两个虚指数函数之和。当具有一定幅度和相位,角频率为 ω 的虚指数函数 $Fe^{j\omega t}$ 作用于 LTI 系统时,其所引起的响应是同频率的虚指数函数,它可表示为

$$Ye^{j\omega t} = H(j\omega)Fe^{j\omega t}$$

系统的影响表现为系统的频率响应函数 $H(j\omega)$,它是信号角频率 ω 的函数,而与时间 t 无关。这里将频率(角频率)作为独立变量用于系统分析,故称之为频域分析。

3.1　周期信号的傅里叶级数

如图 3-1 所示的周期信号是在 $(-\infty, +\infty)$ 内,每隔一定时间 T,按照相同规律重复变化的信号。它可表示为

$$f(t) = f(t + nT), \quad n = 0, \pm 1, \pm 2, \cdots \tag{3-1}$$

式中,T 为该信号的重复周期(简称周期),其倒数称为该信号的频率,记为

$$f = \frac{1}{T}$$

或角频率

$$\Omega = \frac{2\pi}{T} = 2\pi f$$

由高等数学的内容可知,当周期信号 $f(t)$ 满足狄利克雷(Dirichlet)* 条件,且在一个周期内绝对可积时,可展开为傅里叶级数。根据所采用的函数集是三角函数集还是指数函数集,傅里叶级数一般可分为三角型傅里叶级数和指数型傅里叶级数。

通常,遇到的周期性信号都能满足狄利克雷条件,因此,以后除特殊需要外,一般不再考虑这一条件。

＊　狄利克雷条件:①函数在一个周期内连续或只有有限个第一类间断点(当 t 从左或右趋向于这个间断点时,函数有有限的左极限和右极限);②在一个周期内最多只有有限个极值点。

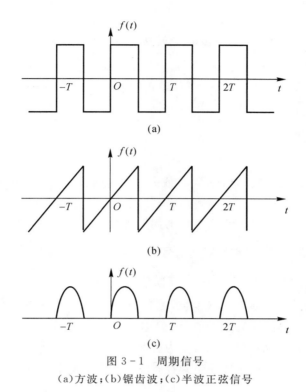

图 3 - 1 周期信号

(a)方波；(b)锯齿波；(c)半波正弦信号

3.1.1 周期信号的三角级数表示

设有周期信号 $f(t)$，它的周期是 T，角频率是 Ω，它可分解为三角级数的形式：

$$f(t) = \frac{a_0}{2} + a_1\cos(\Omega t) + a_2\cos(2\Omega t) + \cdots + b_1\sin(\Omega t) + b_2\sin(2\Omega t) + \cdots$$

$$= \frac{a_0}{2} + \sum_{n=1}^{\infty} a_n\cos(n\Omega t) + \sum_{n=1}^{\infty} b_n\sin(n\Omega t) \tag{3-2}$$

式(3-2)称为周期信号 $f(t)$ 的三角型傅里叶级数展开式，式中的系数 a_n，b_n 称为傅里叶系数，按以下各式计算：

$$a_n = \frac{2}{T}\int_{-\frac{T}{2}}^{\frac{T}{2}} f(t)\cos(n\Omega t)\mathrm{d}t, \quad n = 0,1,2,\cdots \tag{3-3}$$

$$b_n = \frac{2}{T}\int_{-\frac{T}{2}}^{\frac{T}{2}} f(t)\sin(n\Omega t)\mathrm{d}t, \quad n = 1,2,\cdots \tag{3-4}$$

式(3-3)、式(3-4)中的积分区间也可取为 $0\sim T$。可见，傅里叶系数 a_n 和 b_n 都是 n（或 $n\Omega$）的函数，其中 $a_{-n}=a_n$，即 a_n 是 n（或 $n\Omega$）的偶函数；$b_{-n}=-b_n$，即 b_n 是 n（或 $n\Omega$）的奇函数。

将式(3-2)中的同频率项进行合并，可写成如下形式：

$$f(t) = \frac{A_0}{2} + A_1\cos(\Omega t + \varphi_1) + A_2\cos(2\Omega t + \varphi_2) + \cdots$$

$$= \frac{A_0}{2} + \sum_{n=1}^{\infty} A_n\cos(n\Omega t + \varphi_n) \tag{3-5}$$

式(3-5)称为周期信号 $f(t)$ 的余弦型傅里叶级数展开式，式中：

$$A_0 = a_0$$
$$\left. \begin{array}{l} A_n = \sqrt{a_n^2 + b_n^2}, n = 1, 2, \cdots \\ \varphi_n = -\arctan\left(\dfrac{b_n}{a_n}\right) \end{array} \right\} \qquad (3-6)$$

且有

$$\left. \begin{array}{l} a_0 = A_0 \\ a_n = A_n\cos\varphi_n, n = 1, 2, \cdots \\ b_n = -A_n\sin\varphi_n \end{array} \right\} \qquad (3-7)$$

由式(3-6)可见，$A_{-n}=A_n$，即 A_n 是 n（或 $n\Omega$）的偶函数；$\varphi_{-n}=-\varphi_n$，即 φ_n 是 n（或 $n\Omega$）的奇函数。

式(3-5)表明，任何满足狄利克雷条件的周期函数都可分解为直流和许多余弦（或正弦）分量。其中第一项 $\dfrac{A_0}{2}$ 是常数项，它是周期信号中所包含的直流分量；式中第二项 $A_1\cos(\Omega t + \varphi_1)$ 称为基波或一次谐波，它的角频率与原周期信号相同，A_1 是基波振幅，φ_1 是基波初相角；式中第三项 $A_2\cos(2\Omega t + \varphi_2)$ 称为二次谐波，它的频率是基波频率的二倍，A_2 是二次谐波振幅，φ_2 是其初相角。以此类推，$A_n\cos(n\Omega t + \varphi_n)$ 称为 n 次谐波，A_n 是 n 次谐波的振幅，φ_n 是其初相角。式(3-5)表明，周期信号可以分解为各次谐波分量。

例3.1　将图3-2所示的方波信号 $f(t)$ 展开为三角型傅里叶级数。

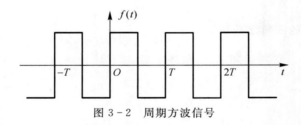

图 3-2　周期方波信号

解：由式(3-3)和式(3-4)可得

$$a_n = \frac{2}{T}\int_{-\frac{T}{2}}^{\frac{T}{2}} f(t)\cos(n\Omega t)\,\mathrm{d}t$$

$$= \frac{2}{T}\int_{-\frac{T}{2}}^{0}(-1)\cos(n\Omega t)\,\mathrm{d}t + \frac{2}{T}\int_{0}^{\frac{T}{2}}(1)\cos(n\Omega t)\,\mathrm{d}t$$

$$= \frac{2}{T}\frac{1}{n\Omega}\left[-\sin(n\Omega t)\right]\Big|_{-\frac{T}{2}}^{0} + \frac{2}{T}\frac{1}{n\Omega}\left[\sin(n\Omega t)\right]\Big|_{0}^{\frac{T}{2}}$$

$$b_n = \frac{2}{T}\int_{-\frac{T}{2}}^{0}(-1)\sin(n\Omega t)\,\mathrm{d}t + \frac{2}{T}\int_{0}^{\frac{T}{2}}(1)\sin(n\Omega t)\,\mathrm{d}t$$

$$= \frac{2}{T}\frac{1}{n\Omega}\left[\cos(n\Omega t)\right]\Big|_{-\frac{T}{2}}^{0} + \frac{2}{T}\frac{1}{n\Omega}\left[-\cos(n\Omega t)\right]\Big|_{0}^{\frac{2}{T}}$$

考虑到 $\Omega = \dfrac{2\pi}{T}$，可得

$$a_n = 0$$

$$b_n = \frac{2}{n\pi}\big[1 - \cos(n\pi)\big] = \begin{cases} 0, & n = 2,4,6,\cdots \\ \dfrac{4}{n\pi}, & n = 1,3,5,\cdots \end{cases}$$

将 a_n, b_n 代入式(3-2),得到方波信号 $f(t)$ 的三角型傅里叶级数展开式为

$$f(t) = \frac{4}{\pi}\left[\sin(\Omega t) + \frac{1}{3}\sin(3\Omega t) + \frac{1}{5}\sin(5\Omega t) + \cdots + \frac{1}{n}\sin(n\Omega t) + \cdots\right], n = 1,3,5,\cdots$$

$$(3-8)$$

可以看出,式(3-8)中只含有 $1,3,5,\cdots$ 等奇次谐波分量。

图 3-3 画出了一个周期的方波合成情况。由图可见,当参与合成的谐波分量愈多时,合成的波形愈接近原来的方波信号 $f(t)$(图 3-3 中虚线所示)。还可看出低次谐波的振幅较大,它们组成方波的主体;而高次谐波的振幅较小,它们主要影响波形的细节,波形中所包含的高次谐波愈多,波形的边缘愈陡峭。

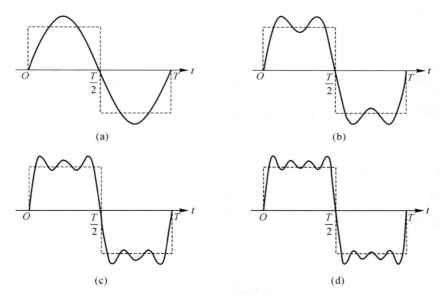

图 3-3　方波的合成

由图 3-3 还可以看到,当合成波形所包含的谐波分量愈多时,除间断点附近外,它愈接近于原方波信号。在间断点附近,随着所含谐波次数的增高,合成波形的尖峰愈靠近间断点,但尖峰幅度并未明显减小。可以证明,即使合成波形所含谐波次数 $n \to \infty$ 时,在间断点处仍有约 9% 的偏差,这种现象称为吉布斯(Gibbs)现象。在傅里叶级数的项数取得很大时,间断点处尖峰下的面积非常小以至趋近于零,因而在均方的意义上合成波形同原方波的真值之间没有区别。

3.1.2　周期信号的指数函数表示

三角函数形式的傅里叶级数含义比较明确,但不便于运算,因而经常采用指数形式的傅里叶级数。

由欧拉公式可知

$$\cos x = \frac{e^{jx} + e^{-jx}}{2}$$

所以式(3-5)可以写为

$$f(t) = \frac{A_0}{2} + \sum_{n=1}^{\infty} \frac{A_n}{2} \left[e^{j(n\Omega t + \varphi_n)} + e^{-j(n\Omega t + \varphi_n)} \right]$$

$$= \frac{A_0}{2} + \frac{1}{2} \sum_{n=1}^{\infty} A_n e^{j\varphi_n} e^{jn\Omega t} + \frac{1}{2} \sum_{n=1}^{\infty} A_n e^{-j\varphi_n} e^{-jn\Omega t}$$

将上式第三项中的 n 用 $-n$ 代替,并考虑到 A_n 是 n 的偶函数,即 $A_{-n} = A_n$;φ_n 是 n 的偶函数,即 $\varphi_{-n} = -\varphi_n$,则上式可写为

$$f(t) = \frac{A_0}{2} + \frac{1}{2} \sum_{n=1}^{\infty} A_n e^{j\varphi_n} e^{jn\Omega t} + \frac{1}{2} \sum_{n=-1}^{-\infty} A_{-n} e^{-j\varphi_{-n}} e^{jn\Omega t}$$

$$= \frac{A_0}{2} + \frac{1}{2} \sum_{n=1}^{\infty} A_n e^{j\varphi_n} e^{jn\Omega t} + \frac{1}{2} \sum_{n=-1}^{-\infty} A_n e^{j\varphi_n} e^{jn\Omega t}$$

若将上式中的 A_0 写成 $A_0 e^{j\varphi_0} e^{j0\Omega t}$(其中 $\varphi_0 = 0$)的形式,则上式可以写为

$$f(t) = \frac{1}{2} \sum_{n=-\infty}^{\infty} A_n e^{j\varphi_n} e^{jn\Omega t} \tag{3-9}$$

令复数量 $\frac{1}{2} A_n e^{j\varphi_n} = |F_n| e^{j\varphi_n} = F_n$,称其为复傅里叶系数,简称傅里叶系数,其模为 $|F_n|$,相角为 φ_n,则得由指数函数表示的傅里叶级数为

$$f(t) = \sum_{n=-\infty}^{\infty} F_n e^{jn\Omega t} \tag{3-10}$$

根据式(3-7),傅里叶系数

$$F_n = \frac{1}{2} A_n e^{j\varphi_n} = \frac{1}{2} (A_n \cos\varphi_n + jA_n \sin\varphi_n) = \frac{1}{2} (a_n - jb_n) \tag{3-11}$$

将式(3-3)和式(3-4)代入式(3-11),得

$$F_n = \frac{1}{T} \int_{-\frac{T}{2}}^{\frac{T}{2}} f(t) \cos(n\Omega t) dt - j \frac{1}{T} \int_{-\frac{T}{2}}^{\frac{T}{2}} f(t) \sin(n\Omega t) dt$$

$$= \frac{1}{T} \int_{-\frac{T}{2}}^{\frac{T}{2}} f(t) \left[\cos(n\Omega t) - j\sin(n\Omega t) \right] dt$$

$$= \frac{1}{T} \int_{-\frac{T}{2}}^{\frac{T}{2}} f(t) e^{-jn\Omega t} dt, \quad n = 0, \pm 1, \pm 2, \cdots \tag{3-12}$$

式(3-12)为求周期信号指数型傅里叶级数的复系数 F_n 的公式。

式(3-10)表明,任意周期信号 $f(t)$ 可分解为复频率为 $0, \pm\Omega, \pm 2\Omega, \pm 3\Omega, \cdots$ 的指数信号($e^{jn\Omega t}$)之和,其各分量的复数幅度(或相量)为 F_n。

3.1.3　周期信号的功率

信号功率定义为在 $(-\infty, \infty)$ 区间信号 $f(t)$ 的平均功率,用 P 表示,即

$$P = \lim_{a \to \infty} \frac{1}{2a} \int_{-a}^{a} |f(t)|^2 dt \tag{3-13}$$

为了方便研究周期信号在 $1\ \Omega$ 电阻上消耗的平均功率,称为归一化平均功率。如果周期信号 $f(t)$ 是实函数,无论它是电压信号还是电流信号,其平均功率都为

$$P = \frac{1}{T} \int_{-\frac{T}{2}}^{\frac{T}{2}} f^2(t) \, \mathrm{d}t \tag{3-14}$$

将 $f(t)$ 的傅里叶级数展开式代入式(3-14),得

$$P = \frac{1}{T} \int_{-\frac{T}{2}}^{\frac{T}{2}} \left[\frac{A_0}{2} + \sum_{n=1}^{\infty} A_n \cos(n\Omega t + \varphi_n) \right]^2 \mathrm{d}t$$

$$= \left(\frac{A_0}{2} \right)^2 + \sum_{n=1}^{\infty} \frac{1}{2} A_n^2 \tag{3-15}$$

式(3-15)等号右端的第一项为直流功率,第二项为各次谐波的功率之和。式(3-15)表明,周期信号的功率等于直流功率与各次谐波功率之和。由于 $|F_n|$ 是 n 的偶函数,且 $|F_n| = \frac{1}{2} A_n$,所以式(3-15)可改写为

$$P = \frac{1}{T} \int_{-\frac{T}{2}}^{\frac{T}{2}} f^2(t) \, \mathrm{d}t = |F_0|^2 + 2 \sum_{n=1}^{\infty} |F_n|^2 = \sum_{n=-\infty}^{\infty} |F_n|^2 \tag{3-16}$$

式(3-15)和式(3-16)称为帕赛瓦尔恒等式。它表明,对于周期信号,时域中的信号功率等于频域中的信号功率。

3.2　周期信号的频谱

3.2.1　信号频谱

如前所述,一个周期信号 $f(t)$,只要满足狄利克雷条件,就可以分解成一系列三角函数或指数函数之和,即

$$f(t) = \frac{A_0}{2} + \sum_{n=1}^{\infty} A_n \cos(n\Omega t + \varphi_n) \tag{3-17}$$

$$f(t) = \sum_{n=-\infty}^{\infty} F_n \mathrm{e}^{\mathrm{j}n\Omega t} \tag{3-18}$$

其中, $A_n = \sqrt{a_n^2 + b_n^2}$; $\varphi_n = -\arctan\left(\frac{b_n}{a_n}\right)$; $a_n = \frac{2}{T} \int_{-\frac{T}{2}}^{\frac{T}{2}} f(t) \cos(n\Omega t) \mathrm{d}t$, $n = 0, 1, 2, \cdots$;

$b_n = \frac{2}{T} \int_{-\frac{T}{2}}^{\frac{T}{2}} f(t) \sin(n\Omega t) \mathrm{d}t$, $n = 1, 2, \cdots$; $F_n = \frac{1}{T} \int_{-\frac{T}{2}}^{\frac{T}{2}} f(t) \mathrm{e}^{-\mathrm{j}n\Omega t} \mathrm{d}t$, $n = 0, \pm 1, \pm 2, \cdots$ 。

由式(3-17)、式(3-18)可以看出,信号所含各分量的幅度 $a_n, b_n, A_n, |F_n|$ 及相位 φ_n 都是 $n\Omega$ 的函数。如果把 $A_n, |F_n|$ 对 $n\Omega$ 的关系绘成如图 3-4(a)(b)所示的线图,便可清楚而直观地看出各频率分量的相对大小。这种图称为信号的幅度频谱或简称为幅度谱。图中每条线代表某一频率分量的幅度,称为谱线。连接各谱线顶点的曲线(图 3-4(a)(b)中虚线)称为包络线,它反应各分量幅度随频率变化的情况。图 3-4(a)中,信号分解为各余弦分量,图中的每一条谱线表示该次谐波的振幅(称为单边幅度谱),而在图 3-4(b)中,信号分解为各指数函数,图中的每一条谱线表示各分量的幅度 $|F_n|$(称为双边幅度谱,其中 $|F_n| = |F_{-n}| = A_n/2$)。

类似地,还可以画出各分量的相位 φ_n 对频率 $n\Omega$ 的线图,这种图称为相位频谱或简称相位谱,如图 3-4(c)(d)所示。如果 F_n 为实数,那么可用 F_n 的正负来表示 φ_n 为 0 或 π,这时也可把幅度谱和相位谱画在一张图上。

总而言之,周期信号频谱的频谱为离散谱,只会出现在 $0,\Omega,2\Omega,\cdots$ 离散频率点上。

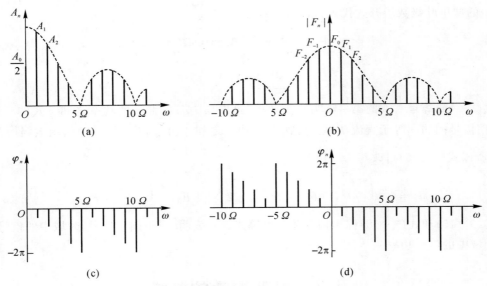

图 3-4 周期信号的频谱

3.2.2 典型周期信号频谱

在周期信号的频谱分析中,矩形脉冲信号的频谱分析具有典型意义,得到了广泛的应用。本节对周期矩形脉冲信号的频谱进行了深入的分析,并在此基础上给出了一些典型周期信号频谱分析的结果。

1. 周期矩形脉冲信号

设有一幅度为 E,脉冲宽度为 τ 的周期矩形脉冲信号,其重复周期为 T,信号波形如图 3-5 所示。

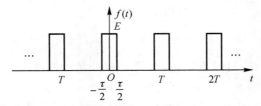

图 3-5 周期矩形脉冲信号的波形

该信号在一个周期内 $\left(-\dfrac{T}{2}\leqslant t\leqslant\dfrac{T}{2}\right)$ 的表示式为

$$f(t)=\begin{cases}E, & |t|\leqslant\dfrac{\tau}{2}\\ 0, & |t|>\dfrac{\tau}{2}\end{cases}$$

利用式(3-2),可将周期矩形脉冲信号 $f(t)$ 展开为三角型傅里叶级数:

$$f(t) = \frac{a_0}{2} + \sum_{n=1}^{\infty} \left[a_n \cos(n\Omega t) + b_n \sin(n\Omega t) \right]$$

其中直流分量 a_0、余弦分量的幅度 a_n、正弦分量的幅度 b_n 分别为

$$\frac{a_0}{2} = \frac{1}{T} \int_{-\frac{T}{2}}^{\frac{T}{2}} f(t) \, \mathrm{d}t = \frac{1}{T} \int_{-\frac{\tau}{2}}^{\frac{\tau}{2}} E \, \mathrm{d}t = \frac{E\tau}{T} \tag{3-19}$$

$$a_n = \frac{2}{T} \int_{-\frac{T}{2}}^{\frac{T}{2}} f(t) \cos(n\Omega t) \, \mathrm{d}t = \frac{2}{T} \int_{-\frac{\tau}{2}}^{\frac{\tau}{2}} E \cos\left(n \frac{2\pi}{T} t \right) \mathrm{d}t = \frac{2E}{n\pi} \sin\frac{n\pi\tau}{T} \tag{3-20}$$

$$b_n = 0$$

式(3-20)也可写为

$$a_n = \frac{2E\tau}{T} \mathrm{Sa}\left(\frac{n\pi\tau}{T} \right) = \frac{E\tau\Omega}{\pi} \mathrm{Sa}\left(\frac{n\Omega\tau}{2} \right) \tag{3-21}$$

其中 Sa 为抽样函数，它等于

$$\mathrm{Sa}\left(\frac{n\pi\tau}{T} \right) = \frac{\sin\left(\frac{n\pi\tau}{T} \right)}{\frac{n\pi\tau}{T}}$$

这样，周期矩形脉冲信号的三角型傅里叶级数展开式为

$$f(t) = \frac{E\tau}{T} + \frac{2E\tau}{T} \sum_{n=1}^{\infty} \mathrm{Sa}\left(\frac{n\pi\tau}{T} \right) \cos(n\Omega t) = \frac{E\tau}{T} + \frac{E\tau\Omega}{\pi} \sum_{n=1}^{\infty} \mathrm{Sa}\left(\frac{n\Omega\tau}{2} \right) \cos(n\Omega t) \tag{3-22}$$

若将 $f(t)$ 展开为指数型傅里叶级数，由式(3-12)可得

$$F_n = \frac{1}{T} \int_{-\frac{\tau}{2}}^{\frac{\tau}{2}} E \mathrm{e}^{-\mathrm{j}n\Omega t} \, \mathrm{d}t = \frac{E\tau}{T} \mathrm{Sa}\left(\frac{n\Omega\tau}{2} \right), \quad n = 0, \pm 1, \pm 2, \cdots \tag{3-23}$$

所以

$$f(t) = \sum_{n=-\infty}^{\infty} F_n \mathrm{e}^{\mathrm{j}n\Omega t} = \frac{E\tau}{T} \sum_{n=-\infty}^{\infty} \mathrm{Sa}\left(\frac{n\Omega\tau}{2} \right) \mathrm{e}^{\mathrm{j}n\Omega t} \tag{3-24}$$

由式(3-23)可知，F_n 为实数，其相位为 0 或 π，因此可把幅度谱 F_n、相位谱 φ_n 画在一幅图上，如图 3-6 所示。

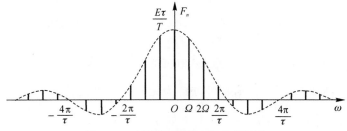

图 3-6　周期矩形脉冲信号的频谱

由图 3-6 可见，周期性矩形脉冲信号的频谱是离散的。它仅含有 $\omega = n\Omega$ 的谐波分量，相邻两条谱线之间的间隔均为 $\Omega\left(\Omega = \frac{2\pi}{T} \right)$，脉冲重复周期 T 愈大，谱线间隔愈小，谱线愈稠密；反之，则愈稀疏。

若脉冲重复周期 $T \to \infty$，则可将其看作为非周期信号，那么相邻谱线的间隔 Ω 将趋近于零，周期信号的离散频谱就过渡到非周期信号的连续频谱，如图 3-7 所示。

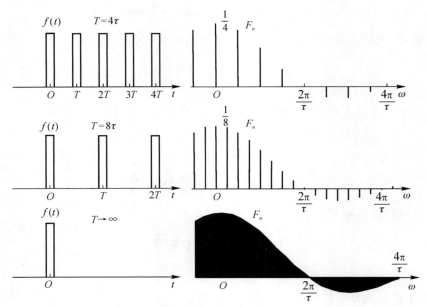

图 3 - 7　脉冲重复周期与频谱的关系

对于周期矩形脉冲而言,直流分量、基波及各谐波分量的大小正比于脉宽 $E\tau$,反比于脉冲重复周期 T。各谱线的幅度按包络线 $\mathrm{Sa}\left(\dfrac{\omega\tau}{2}\right)$ 的规律变化。$\dfrac{n\Omega\tau}{2}=\dfrac{\omega\tau}{2}=m\pi(m=\pm1,\pm2,\cdots)$ 时,即 $\omega=\dfrac{2m\pi}{\tau}$ 时,谱线的包络线经过零点,亦即相应的频率分量等于零。当 $\omega\approx0,\dfrac{3\pi}{\tau},\dfrac{5\pi}{\tau},\cdots$ 时,谱线的包络线为极值,且极值的大小随 $|\omega|$ 的增大而减小,如图 3 - 8 所示。

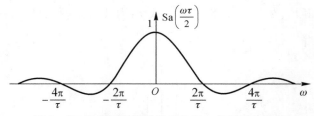

图 3 - 8　周期矩形脉冲信号的归一化频谱包络线

由式(3 - 24)知,周期矩形脉冲信号可分解为无限多个谐波分量。然而,由于各谐波分量的幅度随频率的增大而减小,其信号能量主要集中在第一个零点($\omega=\dfrac{2\pi}{\tau}$)以内,所以通常把 $0\leqslant\omega<\dfrac{2\pi}{\tau}\left(0\leqslant f\leqslant\dfrac{1}{\tau}\right)$ 这段频率范围称为周期矩形脉冲信号的频带宽度或信号带宽,记作 B,即周期矩形脉冲信号的频带宽度(带宽)为

$$B_\omega=\frac{2\pi}{\tau}\ \text{或}\ B_f=\frac{1}{\tau} \tag{3-25}$$

显然,周期矩形脉冲信号的频带宽度 B 只与脉冲宽度 τ 有关,且成反比关系。图 3 - 9 画出了脉冲重复周期相同,脉冲宽度不同的信号及其频谱。由图可见,由于脉冲重复周期相同,

所以相邻谱线的间隔相同；脉冲宽度愈窄，其频谱包络线第一个零点的频率愈高，即信号带宽愈宽，频带内所含的分量愈多。因此，信号的频带宽度 B 与脉冲宽度 τ 成反比。

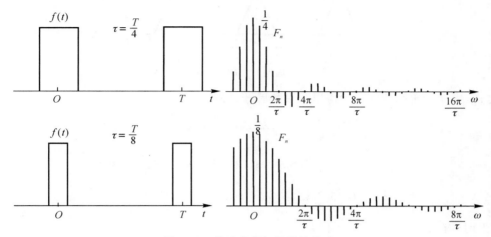

图 3-9 脉冲宽度与频谱的关系

下面给出其他几种常用周期信号的频谱。

2. 周期锯齿脉冲信号

周期锯齿脉冲信号如图 3-10 所示。由式(3-3)、式(3-4)可以求出傅里叶级数的系数 a_n, b_n 为

$$a_n = 0, \quad b_n = (-1)^{n+1} \frac{2E}{n\pi}, \quad n = 1, 2, \cdots$$

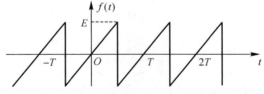

图 3-10 周期锯齿脉冲信号的波形

这样，便可得到周期锯齿脉冲信号的傅里叶级数展开式为

$$
\begin{aligned}
f(t) &= \frac{2E}{\pi} \sum_{n=1}^{\infty} (-1)^{n+1} \frac{1}{n} \sin(n\Omega t) \\
&= \frac{2E}{\pi} \left[\sin(\Omega t) - \frac{1}{2} \sin(2\Omega t) + \frac{1}{3} \sin(3\Omega t) - \frac{1}{4} \sin(4\Omega t) + \cdots \right]
\end{aligned}
\tag{3-26}
$$

可以看出，周期锯齿脉冲信号的频谱只包含正弦分量，谐波的幅度以 $1/n$ 的规律收敛。

3. 周期三角脉冲信号

周期三角脉冲信号如图 3-11 所示，三角脉冲宽度为 τ，幅度为 E，脉冲重复周期为 T。由式(3-3)、式(3-4)可以求出傅里叶级数的系数 a_n, b_n 为

$$a_0 = \frac{E\tau}{2T}, \quad a_n = \frac{4ET}{\tau} \frac{1}{(n\pi)^2} \sin^2\left(\frac{n\Omega\tau}{4}\right), \quad b_n = 0$$

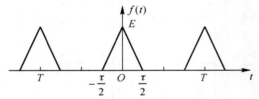

图 3-11 周期三角脉冲信号的波形

这样,周期三角脉冲信号的傅里叶级数展开式为

$$f(t) = \frac{\tau}{2T} + \frac{4T}{\pi^2\tau}\sum_{n=1}^{\infty}\frac{1}{n^2}\sin^2\left(\frac{n\Omega\tau}{4}\right)\cos(n\Omega t)$$

$$= \frac{\tau}{2T} + \frac{4T}{\pi^2\tau}\left[\sin^2\left(\frac{\pi}{2}\frac{\tau}{T}\right)\cos(\Omega t) + \frac{1}{2^2}\sin^2\left(\pi\frac{\tau}{T}\right)\cos(2\Omega t)\right.$$

$$\left. + \frac{1}{3^2}\sin^2\left(\frac{3\pi}{2}\frac{\tau}{T}\right)\cos(3\Omega t) + \cdots\right] \tag{3-27}$$

当 $\tau = T$ 时,有

$$f(t) = \frac{1}{2} + \frac{4}{\pi^2}\left[\cos(\Omega t) + \frac{1}{3^2}\cos(3\Omega t) + \frac{1}{5^2}\cos(5\Omega t) + \cdots\right] \tag{3-28}$$

此时,信号的频谱只包含直流、基波及奇次谐波频率分量,谐波的幅度以 $1/n^2$ 的规律收敛。

4. 周期全波余弦信号

余弦信号 $\cos\left(\frac{2\pi}{T}t\right)$ 经全波或半波整流后的信号称为周期全波余弦信号或周期半波余弦信号。周期全波余弦信号如图 3-12 所示,其表达式为

$$f(t) = \left|\cos\left(\frac{2\pi}{T}t\right)\right|$$

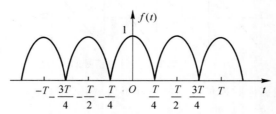

图 3-12 周期全波余弦信号的波形

由式(3-3)、式(3-4)可以求出傅里叶级数的系数 a_n, b_n 为

$$a_0 = \frac{4}{\pi}, \quad a_n = \frac{-4}{\pi(n^2-1)}\cos\left(\frac{n\pi}{2}\right), \quad b_n = 0$$

这样便可得到周期全波余弦信号的傅里叶级数展开式为

$$f(t) = \frac{2}{\pi} - \frac{4}{\pi}\sum_{n=1}^{\infty}\frac{1}{(n^2-1)}\cos\left(\frac{n\pi}{2}\right)\cos(n\Omega t)$$

$$= \frac{2}{\pi} + \frac{4}{\pi}\left[\frac{1}{3}\cos(2\Omega t) - \frac{1}{15}\cos(4\Omega t) + \frac{1}{35}\cos(6\Omega t) - \cdots\right] \tag{3-29}$$

可见,周期全波余弦信号的频谱只包含直流分量及偶次谐波频率分量。谐波的幅度以

$1/n^2$ 规律收敛。

5. 周期半波余弦信号

周期半波余弦信号如图 3-13 所示。由式(3-3)、式(3-4)可以求出傅里叶级数的系数 a_n, b_n 为

$$a_0 = \frac{2}{\pi}, \quad a_n = \frac{-2}{\pi(n^2-1)}\cos\left(\frac{n\pi}{2}\right), \quad b_n = 0$$

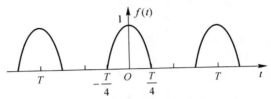

图 3-13　周期半波余弦信号的波形

这样便可得到该信号的傅里叶级数展开式为

$$
\begin{aligned}
f(t) &= \frac{1}{\pi} - \frac{2}{\pi}\sum_{n=1}^{\infty} \frac{1}{(n^2-1)}\cos\left(\frac{n\pi}{2}\right)\cos(n\Omega t) \\
&= \frac{1}{\pi} - \frac{2}{\pi}\left[\cos(\Omega t) + \frac{1}{3}\cos(2\Omega t) - \frac{1}{15}\cos(4\Omega t) + \cdots\right]
\end{aligned}
\tag{3-30}
$$

可见,周期半波余弦信号的频谱只含有直流、基波和偶次谐波频率分量。谐波的幅度以 $\frac{1}{n^2}$ 规律收敛。

3.2.3　仿真示例

利用 MATLAB,可以对周期信号的频谱进行直观地观察和分析。

例 3.2　周期矩形脉冲信号 $x(t)$ 如图 3-14 所示,试用 MATLAB 绘制其频谱图,并分析信号的重复周期及矩形脉冲的宽度对其频谱的影响。

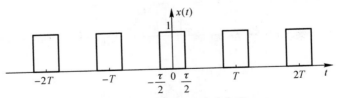

图 3-14　周期矩形脉冲信号

解:由式(3-23)可知,图 3-14 所示的周期矩形脉冲信号的傅里叶系数 F_n 为

$$F_n = \frac{\tau}{T}\mathrm{Sa}\left(\frac{n\Omega\tau}{2}\right) = \frac{\tau}{T}\mathrm{Sa}\left(\frac{n2\pi\tau}{2T}\right) = \frac{\tau}{T}\mathrm{Sa}\left(\pi\frac{n\tau}{T}\right) = \frac{\tau}{T}\mathrm{sinc}\left(\frac{n\tau}{T}\right)$$

其 MATLAB 程序如下:

```
n = -20:20; tao = 1; T = 10; w1 = 2 * pi/T;
Fn = tao/T * sinc(n * tao/T);
subplot(311); stem(n * w1, Fn); grid on;
hold on; plot(n * w1, Fn);
```

```
title('\tau=1,T=10');
tao = 1; T = 5; w2 = 2 * pi/T;
Fn = tao/T * sinc(n * tao/T);
m = round(30 * w1/w2);
n1 = -m:m;
Fn = Fn(20-m+1:20+m+1);
subplot(312); stem(n1 * w2, Fn); grid on;
hold on; plot(n1 * w2, Fn);axis([-15 15 -0.2 0.2]);
title('\tau=1,T=5');
tao = 2; T = 10; w3 = 2 * pi/T;
Fn = tao/T * sinc(n * tao/T);
subplot(313); stem(n * w3, Fn); grid on;
title('\tau=2,T=10');
hold on; plot(n * w3, Fn);
```

程序运行结果如图 3-15 所示。

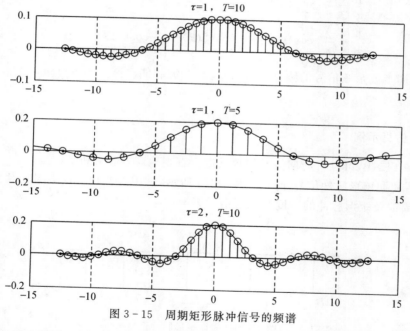

图 3-15　周期矩形脉冲信号的频谱

从图 3-15 可以看出,若脉冲的重复周期不变,相邻谱线之间的间隔也不会改变;若减小脉冲重复周期,则谱线间的间隔将增大;若脉宽增加,其频谱包络线过第一个零点的频率越低,即信号带宽越窄,频带所含的分量越少。

例 3.3 已知周期锯齿脉冲信号如图 3-16 所示,试列出该信号的傅里叶级数,并用 MATLAB 绘制频谱图,分析信号的频率特性。

解: 由式(3-26)可知,图 3-16 所示的周期锯齿脉冲信号的傅里叶级数展开式为

$$f(t) = \frac{2}{\pi} \sum_{n=1}^{\infty} (-1)^{n+1} \frac{1}{n} \sin(n\Omega t)$$

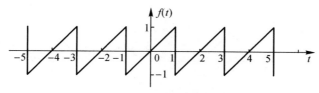

图 3-16　周期锯齿脉冲信号

取谐波次数为 30 次，绘制周期锯齿脉冲信号频谱的 MATLAB 程序如下：

```
Nf = 30；bn(1) = 0；
for i = 1：Nf
    bn(i+1) = 2 * (−1)^(i+1) * 1/(i * pi)；
    cn(i+1) = abs(bn(i+1))；
end
t = −3：0.001：3；
f = sawtooth(pi * (t+1))；
subplot(211)；plot(t, f)；grid on；axis([−3 3 −1.2 1.2])；title('周期锯齿脉冲信号')；
subplot(212)；k = 0：Nf；stem(k, cn)；hold on；plot(k, cn)；grid on；title('幅度谱')；
```

程序运行结果如图 3-17 所示。

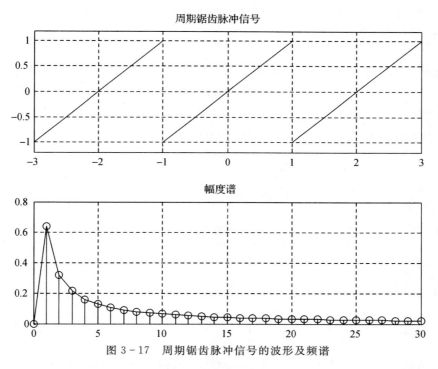

图 3-17　周期锯齿脉冲信号的波形及频谱

观察图 3-17 可以看出，周期锯齿脉冲信号的频谱仅包含正弦分量，且幅度以 $1/n$ 的规律收敛。

例 3.4　已知周期三角脉冲信号如图 3-18 所示，试列出该信号的傅里叶级数，并用 MATLAB 绘制频谱图分析信号的频率特性。

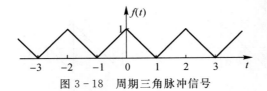

图 3 – 18　周期三角脉冲信号

解：由式(3 – 28)可知，图 3 – 18 所示的周期三角脉冲信号的傅里叶级数展开式为

$$f(t) = \frac{1}{2} + \frac{4}{\pi^2} \sum_{n=1}^{\infty} \frac{1}{n^2} \sin^2\left(\frac{n\pi}{2}\right) \cos(n\Omega t)$$

取谐波次数为 10 次，绘制周期三角脉冲信号频谱的 MATLAB 程序如下：

```
Nf = 10; an(1) = 1/2; cn(1) = abs(an(1));
for i = 1:Nf
    an(i+1) = 4 * (sin(i * pi/2))^2/(i^2 * pi^2);
    cn(i+1) = abs(an(i+1));
end
t = -3:0.001:3;
f = (sawtooth(pi * (t+1),0.5)+1)/2;
subplot(211); plot(t, f); axis([-3 3 -0.2 1.2]); grid on; title('周期三角脉冲信号');
subplot(212); k = 0:Nf; stem(k, cn); hold on; plot(k, cn); axis([0 10 0 0.7]); grid on; title('幅度谱');
```

程序运行结果如图 3 – 19 所示。

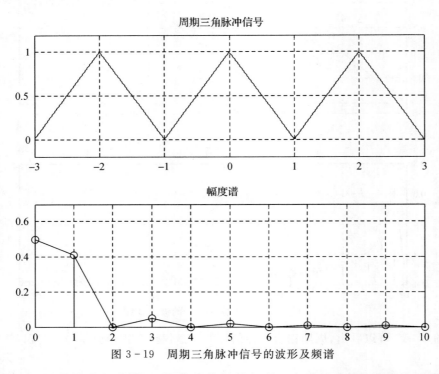

图 3 – 19　周期三角脉冲信号的波形及频谱

观察图 3 – 19 可以看出，周期三角脉冲信号的频谱只包含直流、基波及奇次谐波频率分量，且谐波的幅度以 $1/n^2$ 的规律收敛。

3.3　非周期信号频谱

3.3.1　傅里叶变换

如果周期性脉冲的重复周期足够长，使得在后一个脉冲到来之前，前一个脉冲的作用实际上早已消失，这样的信号即可作为非周期信号来处理。

前面已指出，当脉冲重复周期 T 趋近于无限大时，相邻谱线的间隔 Ω 趋近于无穷小，从而信号的频谱密集成为连续频谱（见图 3－7）。同时，各频率分量的幅度也都趋近于无穷小，不过，这些无穷小量之间仍保持一定的比例关系。为了描述非周期信号的频谱特性，引入频谱密度的概念。令

$$F(\mathrm{j}\omega) = \lim_{T\to\infty}\frac{F_n}{1/T} = \lim_{T\to\infty}F_n T \tag{3－31}$$

$F(\mathrm{j}\omega)$ 称为频谱密度函数。

由式（3－12）和式（3－10）可得

$$F_n T = \int_{-\frac{T}{2}}^{\frac{T}{2}} f(t)\mathrm{e}^{-\mathrm{j}n\Omega t} \tag{3－32}$$

$$f(t) = \sum_{n=-\infty}^{\infty} F_n T\mathrm{e}^{\mathrm{j}n\Omega t}\,\frac{1}{T} \tag{3－33}$$

考虑到当周期 T 趋近于无限大时，$\Omega = \dfrac{2\pi}{T}$ 趋近于无穷小，取其为 $\mathrm{d}\omega$，而 $\dfrac{1}{T} = \dfrac{\Omega}{2\pi}$ 将趋近于 $\dfrac{\mathrm{d}\omega}{2\pi}$。$n\Omega$ 是变量，当 $\Omega\neq0$ 时，它是离散值；当 Ω 趋近于无穷小时，它就成为连续变量，取为 ω，同时求和符号应改写为积分。于是当 $T\to\infty$ 时，式（3－32）和式（3－33）成为

$$F(\mathrm{j}\omega) = \lim_{T\to\infty}F_n T \overset{\text{def}}{=} \int_{-\infty}^{\infty} f(t)\mathrm{e}^{-\mathrm{j}\omega t}\,\mathrm{d}t \tag{3－34}$$

$$f(t) \overset{\text{def}}{=} \frac{1}{2\pi}\int_{-\infty}^{\infty} F(\mathrm{j}\omega)\mathrm{e}^{\mathrm{j}\omega t}\,\mathrm{d}\omega \tag{3－35}$$

式（3－34）称为函数 $f(t)$ 的傅里叶变换（积分），式（3－35）称为函数 $F(\mathrm{j}\omega)$ 的傅里叶逆变换（或反变换）。$F(\mathrm{j}\omega)$ 称为 $f(t)$ 的频谱密度函数或频谱函数，而 $f(t)$ 称为 $F(\mathrm{j}\omega)$ 的原函数。

式（3－34）和式（3－35）也可用符号简记为

$$\left.\begin{aligned}F(\mathrm{j}\omega) &= \mathscr{F}\big[f(t)\big] \\ f(t) &= \mathscr{F}^{-1}\big[F(\mathrm{j}\omega)\big]\end{aligned}\right\} \tag{3－36}$$

$f(t)$ 与 $F(\mathrm{j}\omega)$ 的对应关系还可简记为

$$f(t)\leftrightarrow F(\mathrm{j}\omega) \tag{3－37}$$

如果上述变换中的自变量不用角频率 ω 而用频率 f，则由于 $\omega=2\pi f$，式（3－34）和式（3－35）可写为

$$\left.\begin{aligned}F(\mathrm{j}f) &\overset{\text{def}}{=} \int_{-\infty}^{\infty} f(t)\mathrm{e}^{-\mathrm{j}2\pi f t}\,\mathrm{d}t \\ f(t) &\overset{\text{def}}{=} \int_{-\infty}^{\infty} F(\mathrm{j}f)\mathrm{e}^{\mathrm{j}2\pi f t}\,\mathrm{d}f\end{aligned}\right\} \tag{3－38}$$

频谱密度函数 $F(j\omega)$ 是一个复函数，它可以写为

$$F(j\omega) = |F(j\omega)| e^{j\varphi(\omega)} = R(\omega) + jX(\omega) \tag{3-39}$$

式中，$|F(j\omega)|$ 和 $\varphi(\omega)$ 分别是频谱函数 $F(j\omega)$ 的模和相位；$R(\omega)$ 和 $X(\omega)$ 分别是它的实部和虚部。

3.3.2 典型非周期信号频谱

本节利用傅里叶变换求几种典型非周期信号的频谱。

1. 单边指数信号

单边指数信号可表示为

$$f(t) = \begin{cases} e^{-at}, & t \geqslant 0 \\ 0, & t < 0 \end{cases}$$

式中，a 为正实数。

由

$$F(j\omega) = \int_{-\infty}^{\infty} f(t) e^{-j\omega t} dt = \int_{0}^{\infty} e^{-at} e^{-j\omega t} dt = \int_{0}^{\infty} e^{-(a+j\omega)t} dt$$

得

$$\left. \begin{array}{l} F(j\omega) = \dfrac{1}{a + j\omega} \\[2mm] |F(j\omega)| = \dfrac{1}{\sqrt{a^2 + \omega^2}} \\[2mm] \varphi(\omega) = -\arctan\left(\dfrac{\omega}{a}\right) \end{array} \right\} \tag{3-40}$$

单边指数信号的波形 $f(t)$、幅度谱 $|F(j\omega)|$ 和相位谱 $\varphi(\omega)$ 如图 3-20 所示。

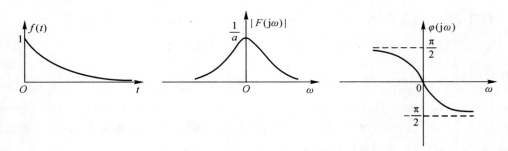

图 3-20　单边指数信号的波形及频谱

2. 双边指数信号

双边指数信号的表示式为

$$f(t) = e^{-a|t|} \quad , \quad -\infty < t < +\infty$$

式中，a 为正实数。

由

$$F(j\omega) = \int_{-\infty}^{\infty} f(t) e^{-j\omega t} dt = \int_{-\infty}^{\infty} e^{-a|t|} e^{-j\omega t} dt$$

得

$$F(j\omega) = \frac{2}{a^2 + \omega^2}$$

$$\left.|F(j\omega)| = \frac{2a}{a^2 + \omega^2}\right\} \qquad (3-41)$$

$$\varphi(\omega) = 0$$

双边指数信号的波形 $f(t)$、幅度谱 $|F(j\omega)|$ 如图 3-21 所示。

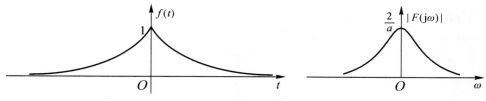

图 3-21　双边指数信号的波形及频谱

3. 矩形脉冲信号

矩形脉冲信号一般记为 $g(t)$，表示式为

$$g(t) = \begin{cases} E, & |t| \leqslant \dfrac{\tau}{2} \\ 0, & |t| > \dfrac{\tau}{2} \end{cases}$$

式中，E 为脉冲幅度；τ 为脉冲宽度。

由于
$$G(j\omega) = \int_{-\infty}^{\infty} g(t) e^{-j\omega t} \, dt = \int_{-\frac{\tau}{2}}^{\frac{\tau}{2}} E e^{-j\omega t} \, dt$$

得
$$G(j\omega) = \frac{2E}{\omega} \sin\left(\frac{\omega\tau}{2}\right) = E\tau \frac{\sin\left(\frac{\omega\tau}{2}\right)}{\frac{\omega\tau}{2}} = E\tau \operatorname{Sa}\left(\frac{\omega\tau}{2}\right) \qquad (3-42)$$

这样，矩形脉冲信号的幅度谱和相位谱分别为

$$|G(j\omega)| = E\tau \left| \operatorname{Sa}\left(\frac{\omega\tau}{2}\right) \right|$$

$$\varphi(\omega) = \begin{cases} 0 & \left(\dfrac{4n\pi}{\tau} < |\omega| < \dfrac{2(2n+1)\pi}{\tau}\right) \\ \pi & \left(\dfrac{2(2n+1)\pi}{\tau} < |\omega| < \dfrac{4(n+1)\pi}{\tau}\right) \end{cases}, n = 0, 1, 2, \cdots$$

矩形脉冲信号的波形 $g(t)$、频谱 $G(j\omega)$ 如图 3-22 所示。

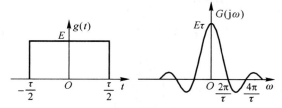

图 3-22　矩形脉冲信号的波形及频谱

由上述内容可见,矩形脉冲信号在时域上是有限的,但其频谱却分布在无限宽的频率范围上,以 $\mathrm{Sa}\left(\dfrac{\omega\tau}{2}\right)$ 的规律变化,信号的能量主要分布在 $f=0\sim\dfrac{1}{\tau}$ 范围内。因而,通常认为这种信号的频率范围(频带)B 近似为 $\dfrac{1}{\tau}$,即

$$B \approx \frac{1}{\tau} \tag{3-43}$$

4. 钟形脉冲信号

钟形脉冲即高斯脉冲,它的表示式为

$$f(t) = E\mathrm{e}^{-\left(\frac{t}{\tau}\right)^2}, \quad -\infty < t < \infty \tag{3-44}$$

因

$$F(\mathrm{j}\omega) = \int_{-\infty}^{\infty} E\mathrm{e}^{-\left(\frac{t}{\tau}\right)^2}\mathrm{e}^{-\mathrm{j}\omega t}\,\mathrm{d}t = \int_{-\infty}^{\infty} E\mathrm{e}^{-\left(\frac{t}{\tau}\right)^2}\left[\cos(\omega t) - \mathrm{j}\sin(\omega t)\right]\mathrm{d}t = 2E\int_{0}^{\infty}\mathrm{e}^{-\left(\frac{t}{\tau}\right)^2}\cos(\omega t)\,\mathrm{d}t$$

积分后得

$$F(\mathrm{j}\omega) = \sqrt{\pi}E\tau\,\mathrm{e}^{-\left(\frac{\omega\tau}{2}\right)^2} \tag{3-45}$$

钟形脉冲信号的波形和频谱如图 3-23 所示。

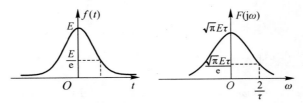

图 3-23　钟形脉冲信号的波形及频谱

5. 符号函数

符号函数(或称正负号函数)以符号 sgn 记,其表示式为

$$f(t) = \mathrm{sgn}(t) = \begin{cases} +1, & t > 0 \\ -1, & t < 0 \end{cases} \tag{3-46}$$

符号函数不满足狄利克雷条件,但却存在傅里叶变换。其傅里叶变换可借助符号函数与双边指数函数相乘,先求得此乘积信号 $f_1(t)$ 的频谱,然后取极限得到。

乘积信号 $f_1(t)$ 的频谱 $F_1(\mathrm{j}\omega)$ 可表示为

$$F_1(\mathrm{j}\omega) = \int_{-\infty}^{\infty} f_1(t)\mathrm{e}^{-\mathrm{j}\omega t}\,\mathrm{d}t = \int_{-\infty}^{0}(-\mathrm{e}^{at})\mathrm{e}^{-\mathrm{j}\omega t}\,\mathrm{d}t + \int_{0}^{\infty}\mathrm{e}^{-at}\mathrm{e}^{-\mathrm{j}\omega t}\,\mathrm{d}t, \quad a > 0$$

积分并简化,可得

$$\left.\begin{aligned} F_1(\mathrm{j}\omega) &= \frac{-2\mathrm{j}\omega}{a^2 + \omega^2} \\[2mm] |F_1(\mathrm{j}\omega)| &= \frac{2|\omega|}{a^2 + \omega^2} \\[2mm] \varphi_1(\omega) &= \begin{cases} +\dfrac{\pi}{2} & (\omega < 0) \\[2mm] -\dfrac{\pi}{2} & (\omega > 0) \end{cases} \end{aligned}\right\} \tag{3-47}$$

其波形和幅度谱如图 3-24 所示。

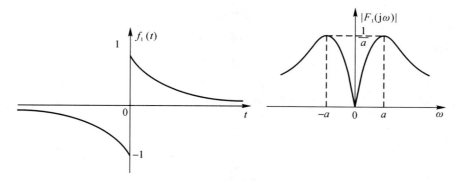

图 3-24 指数信号 $f_1(t)$ 的波形和频谱

符号函数 $\mathrm{sgn}(t)$ 的频谱 $F(\mathrm{j}\omega)$ 为

$$F(\mathrm{j}\omega) = \lim_{a \to 0} F_1(\mathrm{j}\omega) = \lim_{a \to 0} \frac{-2\mathrm{j}\omega}{a^2 + \omega^2}$$

所以

$$\left.\begin{array}{l} F(\mathrm{j}\omega) = \dfrac{2}{\mathrm{j}\omega} \\[2mm] |F(\mathrm{j}\omega)| = \dfrac{2}{|\omega|} \\[2mm] \varphi(\omega) = \begin{cases} +\dfrac{\pi}{2}, & \omega < 0 \\[2mm] -\dfrac{\pi}{2}, & \omega > 0 \end{cases} \end{array}\right\} \tag{3-48}$$

其波形和频谱如图 3-25 所示。

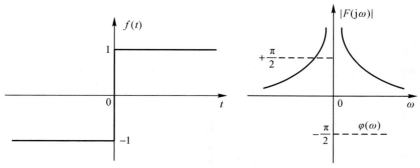

图 3-25　符号函数的波形和频谱

6. 升余弦脉冲信号

升余弦脉冲信号的表示式为

$$f(t) = \frac{E}{2}\left[1 + \cos\left(\frac{\pi t}{\tau}\right)\right], \quad 0 \leqslant |t| \leqslant \tau \tag{3-49}$$

其波形如图 3-26 所示。

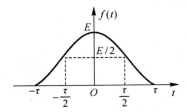

图 3-26　升余弦脉冲信号的波形

因为

$$F(\mathrm{j}\omega) = \int_{-\tau}^{\tau} \frac{E}{2}\Big[1 + \cos\Big(\frac{\pi t}{\tau}\Big)\Big]\mathrm{e}^{-\mathrm{j}\omega t}\,\mathrm{d}t = \frac{E}{2}\int_{-\tau}^{\tau}\mathrm{e}^{-\mathrm{j}\omega t}\,\mathrm{d}t + \frac{E}{4}\int_{-\tau}^{\tau}\mathrm{e}^{\mathrm{j}\frac{\pi t}{\tau}}\mathrm{e}^{-\mathrm{j}\omega t}\,\mathrm{d}t + \frac{E}{4}\int_{-\tau}^{\tau}\mathrm{e}^{-\mathrm{j}\frac{\pi t}{\tau}}\mathrm{e}^{-\mathrm{j}\omega t}\,\mathrm{d}t$$

$$= E\tau\,\mathrm{Sa}(\omega\tau) + \frac{E\tau}{2}\,\mathrm{Sa}\Big[\Big(\omega - \frac{\pi}{\tau}\Big)\tau\Big] + \frac{E\tau}{2}\,\mathrm{Sa}\Big[\Big(\omega + \frac{\pi}{\tau}\Big)\tau\Big]$$

显然升余弦脉冲信号的频谱 $F(\mathrm{j}\omega)$ 由三项构成，它们都是矩形脉冲的频谱，其中两项沿频率轴左、右平移了 $\omega = \dfrac{\pi}{\tau}$。把上式化简，则可以得到

$$F(\mathrm{j}\omega) = \frac{E\sin(\omega\tau)}{\omega\Big[1 - \Big(\dfrac{\omega\tau}{\pi}\Big)^2\Big]} = \frac{E\tau\,\mathrm{Sa}(\omega\tau)}{1 - \Big(\dfrac{\omega\tau}{\pi}\Big)^2} \tag{3-50}$$

其频谱如图 3-27 所示。

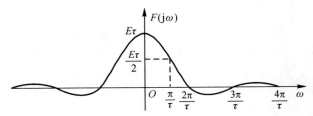

图 3-27　升余弦脉冲信号的频谱

7. 升余弦滚降信号

升余弦滚降信号的波形如图 3-28 所示，该信号在 $t_2 \sim t_3$ 时间范围内以"升余弦"的规律滚降变化。

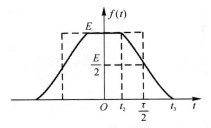

图 3-28　升余弦滚降信号的波形

设 $t_3 - \dfrac{\tau}{2} = \dfrac{\tau}{2} - t_2 = t_0$，升余弦滚降信号的表示式可以写为

$$f(t) = \begin{cases} E, & |t| < \dfrac{\tau}{2} - t_0 \\[3mm] \dfrac{E}{2}\left[1 + \cos\dfrac{\pi\left(t - \dfrac{\tau}{2} + t_0\right)}{2t_0}\right], & \dfrac{\tau}{2} - t_0 \leqslant |t| \leqslant \dfrac{\tau}{2} + t_0 \end{cases} \qquad (3-51)$$

或写作

$$f(t) = \begin{cases} E & , |t| < \dfrac{\tau}{2} - t_0 \\[3mm] \dfrac{E}{2}\left[1 - \sin\dfrac{\pi\left(t - \dfrac{\tau}{2}\right)}{k\tau}\right] & , \dfrac{\tau}{2} - t_0 \leqslant |t| \leqslant \dfrac{\tau}{2} + t_0 \end{cases}$$

其中,滚降系数 $k = \dfrac{2t_0}{\tau}$。

将升余弦滚降信号 $f(t)$ 分解为脉冲 $f_1(t)$ 和 $f_2(t)$ 之和,如图 3 - 29 所示。

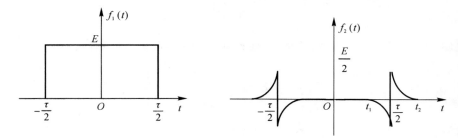

图 3 - 29　升余弦滚降信号的分解

由于

$$f(t) = f_1(t) + f_2(t)$$

这样升余弦滚降信号的频谱为

$$F(j\omega) = \int_{-\infty}^{\infty} f(t)\mathrm{e}^{-j\omega t}\,\mathrm{d}t = \int_{-\infty}^{\infty} f_1(t)\mathrm{e}^{-j\omega t}\,\mathrm{d}t + \int_{-\infty}^{\infty} f_2(t)\mathrm{e}^{-j\omega t}\,\mathrm{d}t$$

显然,上式右边第一项表示矩形脉冲 $f_1(t)$ 的频谱 $F_1(j\omega)$,由式(3 - 42)已知它等于

$$F_1(j\omega) = E\tau\,\mathrm{Sa}\left(\dfrac{\omega\tau}{2}\right) \qquad (3-52)$$

下面再来求解 $f_2(t)$ 的频谱 $F_2(j\omega)$。令 $x = t - \dfrac{\tau}{2}$,则图 3 - 29 所示的偶函数 $f_2(t)$ 变成如图 3 - 30 所示的奇函数 $f_2(x)$。不难写出 $f_2(x)$ 的表示式为

$$f_2(x) = \begin{cases} -\dfrac{E}{2}\left(1 + \sin\dfrac{\pi x}{k\tau}\right), & -t_0 \leqslant x < 0 \\[3mm] \dfrac{E}{2}\left(1 - \sin\dfrac{\pi x}{k\tau}\right), & 0 < x \leqslant t_0 \\[3mm] 0, & \text{其他} \end{cases}$$

由于 $f_2(t)$ 是偶函数,于是

$$F_2(j\omega) = \int_{-\infty}^{\infty} f_2(t)\mathrm{e}^{-j\omega t}\,\mathrm{d}t = 2\int_{0}^{\infty} f_2(t)\cos(\omega t)\,\mathrm{d}t = 2\int_{0}^{t_0} f_2(x)\cos\left[\omega\left(x + \dfrac{\tau}{2}\right)\right]\mathrm{d}x$$

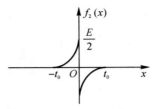

图 3-30 $f_2(x)$ 信号的波形

因为 $f_2(x)$ 是奇函数,所以

$$F_2(j\omega) = 4\int_0^{t_0} f_2(x)\left[-\sin(\omega x)\sin\left(\frac{\omega\tau}{2}\right)\right]dx$$

$$= -2E\sin\left(\frac{\omega\tau}{2}\right)\int_0^{t_0}\left[1-\sin\left(\frac{\pi x}{k\tau}\right)\right]\sin(\omega x)dx$$

$$= -E\tau Sa\left(\frac{\omega\tau}{2}\right)\left[1-\frac{\cos\left(\frac{\omega k\tau}{2}\right)}{1-\left(\frac{\omega k\tau}{\pi}\right)^2}\right] \tag{3-53}$$

将式(3-52)、式(3-53)相加并化简,便得到升余弦滚降信号的频谱:

$$F(j\omega) = E\tau Sa\left(\frac{\omega\tau}{2}\right)\frac{\cos\left(\frac{\omega k\tau}{2}\right)}{1-\left(\frac{\omega k\tau}{\pi}\right)^2} \tag{3-54}$$

因为 $\qquad\qquad\qquad F(0) = E\tau$

所以有

$$\frac{F(j\omega)}{F(0)} = Sa\left(\frac{\omega\tau}{2}\right)\frac{\cos\left(\frac{\omega k\tau}{2}\right)}{1-\left(\frac{\omega k\tau}{\pi}\right)^2}$$

当 $k=0$ 时,$f(t)$ 变成矩形脉冲信号,式(3-54)可简化为

$$F(j\omega) = E\tau Sa\left(\frac{\omega\tau}{2}\right)$$

结果与式(3-42)完全相同。

当 $k=1$ 时,$t_0 = \frac{\tau}{2}$,此时 $f(t)$ 变成升余弦信号,则式(3-51)、式(3-54)可简化为

$$f(t) = \frac{E}{2}\left(1+\cos\frac{\pi t}{\tau}\right), \quad 0\leqslant |t|\leqslant \tau$$

$$F(j\omega) = \frac{E\sin(\omega\tau)}{\omega\left[1-\left(\frac{\omega\tau}{\pi}\right)^2\right]} = E\tau\frac{Sa(\omega\tau)}{1-\left(\frac{\omega\tau}{\pi}\right)^2}$$

结果与式(3-50)完全相同。

升余弦滚降信号的大致波形和频谱如图 3-31 所示。

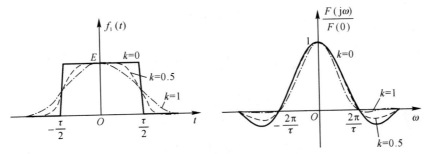

图 3-31 升余弦滚降信号的波形和频谱

8. 冲激函数

单位冲激函数 $\delta(t)$ 的傅里叶变换 $F(j\omega)$ 为

$$F(j\omega) = \int_{-\infty}^{\infty} \delta(t) e^{-j\omega t} dt$$

由冲激函数的性质可知上式右边的积分是 1,所以有

$$F(j\omega) = \mathscr{F}[\delta(t)] = 1 \tag{3-55}$$

可见,单位冲激函数的频谱等于常数,也就是说,在整个频率范围内频谱是均匀分布的。显然,在时域中变化异常剧烈的冲激函数包含幅度相等的所有频率分量。因此,这种频谱常常被叫作"均匀谱"或"白色频谱",如图 3-32 所示。

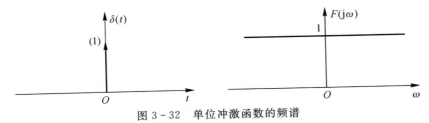

图 3-32 单位冲激函数的频谱

冲激函数的频谱等于常数,那么,哪种函数的频谱为冲激函数呢?求解此问题即求 $\delta(j\omega)$ 的傅里叶逆变换。由逆变换的定义容易求得

$$\mathscr{F}^{-1}[\delta(j\omega)] = \frac{1}{2\pi}$$

即

$$\mathscr{F}[E] = 2\pi E\delta(j\omega)$$
$$\mathscr{F}[1] = 2\pi\delta(j\omega) \tag{3-56}$$

此结果表明,直流信号的傅里叶变换是冲激函数。

根据定义,冲激函数的一阶导数 $\delta'(t)$ 的频谱函数为

$$\mathscr{F}[\delta'(t)] = \int_{-\infty}^{\infty} \delta'(t) e^{-j\omega t} dt$$

按冲激函数导数的定义式

$$\int_{-\infty}^{\infty} \delta^{(n)}(t) \varphi(t) dt = (-1)^n \varphi^{(n)}(0)$$

可知

$$\int_{-\infty}^{\infty} \delta'(t) e^{-j\omega t} dt = -\frac{d}{dt} e^{-j\omega t} \bigg|_{t=0} = j\omega$$

即 $\delta'(t)$ 的频谱函数为

$$\mathscr{F}[\delta'(t)] = j\omega \tag{3-57}$$

同理可得

$$\mathscr{F}[\delta^{(n)}(t)] = (j\omega)^n \tag{3-58}$$

9. 阶跃函数

从波形中容易看出阶跃函数 $u(t)$ 不满足狄利克雷条件,但它仍然存在傅里叶变换。

因为

$$u(t) = \frac{1}{2} + \frac{1}{2}\text{sgn}(t)$$

等式两边进行傅里叶变换,得

$$\mathscr{F}[u(t)] = \mathscr{F}\left(\frac{1}{2}\right) + \frac{1}{2}\mathscr{F}[\text{sgn}(t)]$$

由式(3-56)、式(3-48)可得 $u(t)$ 的傅里叶变换为

$$\mathscr{F}[u(t)] = \pi\delta(j\omega) + \frac{1}{j\omega} \tag{3-59}$$

单位阶跃函数 $u(t)$ 的频谱如图 3-33 所示。

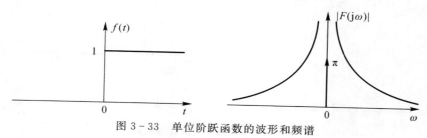

图 3-33　单位阶跃函数的波形和频谱

因 $u(t)$ 含有直流分量,单位阶跃函数 $u(t)$ 的频谱在 $\omega=0$ 点存在一个冲激函数。此外,由于 $u(t)$ 不是纯直流信号,它在 $t=0$ 点有跳变,所以在频谱中还出现其他频率分量。

3.3.3　傅里叶变换的性质

任意一信号可以有两种描述方法:时域的描述 $f(t)$ 和频域的描述 $F(j\omega)$。在实际的信号分析中,经常需要对信号的时域与频域之间的对应关系以及转换规律有一个清楚而深入的理解,即清楚在某一域中对函数进行的某种运算将引起另一域中的何种效应。这样就有必要讨论傅里叶变换的基本性质。

为简便起见,用式(3-37)的符号,即

$$f(t) \leftrightarrow F(j\omega)$$

表示时域与频域之间的对应关系,它们二者之间的关系为

$$F(j\omega) = \mathscr{F}[f(t)] = \int_{-\infty}^{\infty} f(t) e^{-j\omega t} dt \tag{3-60}$$

$$f(t) = \mathscr{F}^{-1}[F(j\omega)] = \frac{1}{2\pi} \int_{-\infty}^{\infty} F(j\omega) e^{j\omega t} d\omega \tag{3-61}$$

1. 线性(叠加性)

若
$$f_i(t) \leftrightarrow F_i(j\omega), \quad i=1,2,\cdots,n$$

则
$$\sum_{i=1}^{n} a_i f_i(t) \leftrightarrow \sum_{i=1}^{n} a_i F_i(j\omega)$$

式中，a_i 为常数；n 为有限正整数。

由傅里叶变换的定义式很容易证明上述结论。显然傅里叶变换是一种线性运算，它满足叠加定理。线性性质有两个含义：

(1)齐次性。它表明若信号 $f(t)$ 乘以常数 a(即信号增大 a 倍)则其频谱函数也乘以相同的常数 a(即其频谱函数也增大 a 倍)。

(2)可加性。它表明几个信号之和的频谱函数等于各个信号的频谱函数之和。

2. 对称性

若已知
$$f(t) \leftrightarrow F(j\omega)$$

则
$$F(jt) \leftrightarrow 2\pi f(-\omega)$$

上式表明，如果函数 $f(t)$ 的频谱函数为 $F(j\omega)$，那么时间函数 $F(jt)$ 的频谱函数是 $2\pi f(-\omega)$。该性质说明了傅里叶正变换与逆变换的对称关系。

证明：傅里叶逆变换式

$$f(t) = \frac{1}{2\pi} \int_{-\infty}^{\infty} F(j\omega) e^{j\omega t} d\omega$$

将上式中的自变量 t 换为 $-t$，得

$$f(-t) = \frac{1}{2\pi} \int_{-\infty}^{\infty} F(j\omega) e^{-j\omega t} d\omega$$

将上式中的 t 换为 ω，将原有的 ω 换为 t，整理得

$$2\pi f(-\omega) = \int_{-\infty}^{\infty} F(jt) e^{-j\omega t} dt$$

所以

$$\mathscr{F}[F(jt)] = 2\pi f(-\omega) \tag{3-62}$$

证毕。

若 $f(t)$ 是偶函数，则式(3-62)可变为

$$\mathscr{F}[F(jt)] = 2\pi f(\omega)$$

例 3.5　求抽样函数 $\mathrm{Sa}(t) = \dfrac{\sin t}{t}$ 的频谱函数。

解：由式(3-42)知，宽度为 τ，幅度为 1 的矩形脉冲信号 $f(t)$[门函数 $g_\tau(t)$]的频谱函数为 $\tau \mathrm{Sa}(\dfrac{\omega\tau}{2})$，即

$$g_\tau(t) \leftrightarrow \tau \mathrm{Sa}\left(\frac{\omega\tau}{2}\right)$$

取 $\dfrac{\tau}{2}=1$，即 $\tau=2$，且幅度为 $\dfrac{1}{2}$。根据傅里叶变换的线性性质，脉宽为 2，幅度为 $\dfrac{1}{2}$ 的门函数的傅里叶变换为

$$\frac{1}{2} g_2(t) \leftrightarrow \mathrm{Sa}(\omega)$$

由于 $g_2(t)$ 是偶函数,根据对称性可得

$$\mathrm{Sa}(t) \leftrightarrow 2\pi \times \frac{1}{2}g_2(\omega) = \pi g_2(\omega) \qquad (3-63)$$

即

$$\mathscr{F}[\mathrm{Sa}(t)] = \pi g_2(\omega) = \begin{cases} \pi, & |\omega| < 1 \\ 0, & |\omega| > 1 \end{cases}$$

其波形如图 3-34 所示。

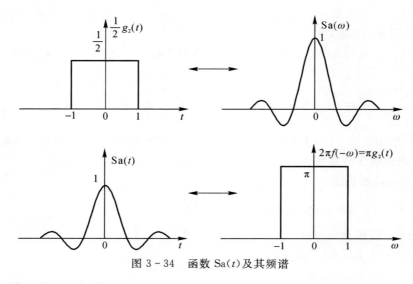

图 3-34 函数 Sa(t)及其频谱

例 3.6 求函数 t 的频谱函数。

解: 由式(3-57)知

$$\delta'(t) \leftrightarrow \mathrm{j}\omega$$

由对称性并考虑到 $\delta'(\omega)$ 是 ω 的奇函数,即 $\delta'(-\omega) = -\delta'(\omega)$,可得

$$\mathrm{j}t \leftrightarrow 2\pi\delta'(-\omega) = -2\pi\delta'(\omega)$$

根据线性性质,在时域乘以(-j),相应的频域也乘以(-j),得

$$t \leftrightarrow \mathrm{j}2\pi\delta'(\omega) \qquad (3-64)$$

3. 奇偶虚实性

$f(t)$ 的傅里叶变换式为

$$F(\mathrm{j}\omega) = \mathscr{F}[f(t)] = \int_{-\infty}^{\infty} f(t)\mathrm{e}^{-\mathrm{j}\omega t}\,\mathrm{d}t \qquad (3-65)$$

在一般情况下,$F(\mathrm{j}\omega)$ 是复函数,因而可以把它表示成模和相位或者实部与虚部两部分,即

$$F(\mathrm{j}\omega) = |F(\mathrm{j}\omega)|\mathrm{e}^{\mathrm{j}\varphi(\omega)} = R(\omega) + \mathrm{j}X(\omega)$$

显然,频谱函数的实部、虚部、模、相位之间有如下关系:

$$\begin{cases} |F(\mathrm{j}\omega)| = \sqrt{R(\omega)^2 + X(\omega)^2} \\ \varphi(\omega) = \arctan\left(\dfrac{X(\omega)}{R(\omega)}\right) \end{cases}$$

由式(3-65)可以知道 $f(-t)$ 的傅里叶变换等于

$$\mathscr{F}[f(-t)] = \int_{-\infty}^{\infty} f(-t)\mathrm{e}^{-\mathrm{j}\omega t}\,\mathrm{d}t$$

令 $x=-t$,则

$$\mathscr{F}[f(-t)] = \int_{-\infty}^{\infty} f(x)\mathrm{e}^{\mathrm{j}\omega x}\,\mathrm{d}x = F(-\mathrm{j}\omega)$$

同理可以证明

$$\left.\begin{aligned}\mathscr{F}[f^*(-t)] &= F^*(\mathrm{j}\omega)\\ \mathscr{F}[f^*(t)] &= F^*(-\mathrm{j}\omega)\end{aligned}\right\} \tag{3-66}$$

无论 $f(t)$ 是实函数还是复函数,式(3-66)都是成立的。

如果 $f(t)$ 是 t 的实函数,且设

$$f(t) \leftrightarrow F(\mathrm{j}\omega) = |F(\mathrm{j}\omega)|\,\mathrm{e}^{\mathrm{j}\varphi(\omega)} = R(\omega) + \mathrm{j}X(\omega)$$

则有

1) $$\left.\begin{aligned}R(\omega) &= R(-\omega),\ X(\omega) = -X(-\omega)\\ |F(\mathrm{j}\omega)| &= |F(-\mathrm{j}\omega)|,\ \varphi(\omega) = -\varphi(-\omega)\end{aligned}\right\} \tag{3-67}$$

2) $$f(-t) \leftrightarrow F(-\mathrm{j}\omega) = F^*(\mathrm{j}\omega) \tag{3-68}$$

3) 若 $f(t)=f(-t)$,则

$$X(\omega) = 0,\ F(\mathrm{j}\omega) = R(\omega) \tag{3-69}$$

若 $f(t)=-f(-t)$,则

$$R(\omega) = 0,\ F(\mathrm{j}\omega) = \mathrm{j}X(\omega) \tag{3-70}$$

如果 $f(t)$ 是 t 的虚函数,则有

1) $$\left.\begin{aligned}R(\omega) &= -R(-\omega),\ X(\omega) = X(-\omega)\\ |F(\mathrm{j}\omega)| &= |F(-\mathrm{j}\omega)|,\ \varphi(\omega) = -\varphi(-\omega)\end{aligned}\right\} \tag{3-71}$$

2) $$f(-t) \leftrightarrow F(-\mathrm{j}\omega) = -F^*(\mathrm{j}\omega) \tag{3-72}$$

4. 尺度变换特性

某信号 $f(t)$ 的波形如图 3-35(a)所示,若将该信号波形沿时间轴压缩到原来的 $1/a$,就成为图 3-35(c)所示的波形,它可表示为 $f(at)$。这里 a 是实常数。如果 $a>1$,则波形压缩;如果 $1>a>0$,则波形展宽。如果 $a<0$,则波形反转并压缩或展宽。

尺度变换特性如下:

若　　　　　　　　　　　$f(t) \leftrightarrow F(\mathrm{j}\omega)$

则对于非零实常数 a,有

$$f(at) \leftrightarrow \frac{1}{|a|}F\left(\mathrm{j}\,\frac{\omega}{a}\right) \tag{3-73}$$

证明:由傅里叶变换的定义式可知,展缩后的信号 $f(at)$ 的傅里叶变换为

$$\mathscr{F}[f(at)] = \int_{-\infty}^{\infty} f(at)\mathrm{e}^{-\mathrm{j}\omega t}\,\mathrm{d}t$$

令 $x=at$,则

$$t = \frac{x}{a}, \quad \mathrm{d}t = \frac{1}{a}\mathrm{d}x$$

当 $a>0$ 时,

$$\mathscr{F}[f(at)] = \frac{1}{a}\int_{-\infty}^{\infty} f(x)\mathrm{e}^{-\mathrm{j}\omega\frac{x}{a}}\,\mathrm{d}x = \frac{1}{a}F\left(\mathrm{j}\frac{\omega}{a}\right)$$

当 $a < 0$ 时，

$$\mathscr{F}[f(at)] = \frac{1}{a}\int_{+\infty}^{-\infty} f(x)\mathrm{e}^{-\mathrm{j}\omega\frac{x}{a}}\,\mathrm{d}x = -\frac{1}{a}\int_{-\infty}^{\infty} f(x)\mathrm{e}^{-\mathrm{j}\omega\frac{x}{a}}\,\mathrm{d}x = -\frac{1}{a}F\left(\mathrm{j}\frac{\omega}{a}\right)$$

综上，即可得到尺度变换特性式(3-73)，证毕。

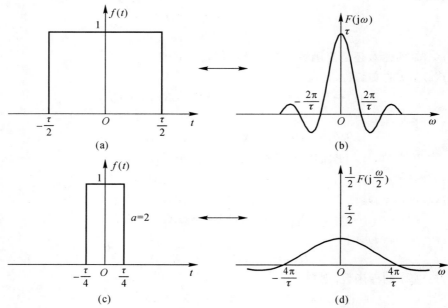

图 3-35　尺度变换

式(3-73)表明，若信号 $f(t)$ 在时间坐标上压缩到原来的 $\frac{1}{a}$，那么其频谱函数在频率坐标上将展宽 a 倍，同时其幅度减小到原来的 $\frac{1}{|a|}$。也就是说，在时域中信号占据时间的压缩对应于其频谱在频域中信号频带的扩展，或者反之，信号在时域中的扩展对应于其频谱在频域中压缩。

5. 时移特性

时移特性表述如下：

若
$$f(t) \leftrightarrow F(\mathrm{j}\omega)$$
则
$$f(t \pm t_0) \leftrightarrow \mathrm{e}^{\pm\mathrm{j}\omega t_0} F(\mathrm{j}\omega) \tag{3-74}$$

式中，t_0 为常数。

式(3-74)表示，信号 $f(t)$ 在时域中沿时间轴右移(延时) t_0，等效于在频域中频谱乘以因子 $\mathrm{e}^{-\mathrm{j}\omega t_0}$，也就是说信号在右移后，其幅度谱不变，而相位谱产生附加变化 $(-\omega t_0)$。

证明：若 $f(t) \leftrightarrow F(\mathrm{j}\omega)$，则延迟信号 $f(t-t_0)$ 的傅里叶变换为

$$\mathscr{F}[f(t-t_0)] = \int_{-\infty}^{\infty} f(t-t_0)\mathrm{e}^{-\mathrm{j}\omega t}\,\mathrm{d}t$$

令 $x = t - t_0$，则上式可以写为

$$\mathscr{F}\left[f(t-t_0)\right] = \int_{-\infty}^{\infty} f(x)\mathrm{e}^{-\mathrm{j}\omega(x+t_0)}\,\mathrm{d}x = \mathrm{e}^{-\mathrm{j}\omega t_0}\int_{-\infty}^{\infty} f(x)\mathrm{e}^{-\mathrm{j}\omega x}\,\mathrm{d}x = \mathrm{e}^{-\mathrm{j}\omega t_0}F(\mathrm{j}\omega)$$

同理可得

$$\mathscr{F}\left[f(t+t_0)\right] = \mathrm{e}^{\mathrm{j}\omega t_0}F(\mathrm{j}\omega)$$

不难证明,如果信号既有时移又有尺度变换时,有如下关系式:

$$f(at-b) \leftrightarrow \frac{1}{|a|}\mathrm{e}^{-\mathrm{j}\frac{b}{a}\omega}F\left(\mathrm{j}\frac{\omega}{a}\right) \tag{3-75}$$

式中,a 和 b 为实常数,且 $a \neq 0$。

例 3.7　已知图 3-36(a)的函数是宽度为 2 的门函数,即 $f_1(t) = g_2(t)$,其傅里叶变换 $F_1(\mathrm{j}\omega) = 2\mathrm{Sa}(\omega) = \dfrac{2\sin(\omega)}{\omega}$,求图 3-36(b)和 3-36(c)中函数 $f_2(t)$,$f_3(t)$ 的傅里叶变换。

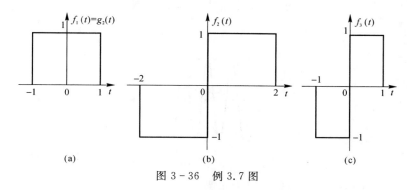

图 3-36　例 3.7 图

解:(1)图 3-36(b)中函数 $f_2(t)$ 可写为时移信号 $f_1(t-1)$ 与 $f_1(t+1)$ 之差,即

$$f_2(t) = f_1(t-1) - f_1(t+1)$$

由傅里叶变换的线性和时移特性可得 $f_2(t)$ 的傅里叶变换:

$$F_2(\mathrm{j}\omega) = F_1(\mathrm{j}\omega)\mathrm{e}^{-\mathrm{j}\omega} - F_1(\mathrm{j}\omega)\mathrm{e}^{\mathrm{j}\omega} = \frac{2\sin(\omega)}{\omega}(\mathrm{e}^{-\mathrm{j}\omega} - \mathrm{e}^{\mathrm{j}\omega}) = -\mathrm{j}4\,\frac{\sin^2(\omega)}{\omega}$$

(2)图 3-36(c)中函数 $f_3(t)$ 是 $f_2(t)$ 的压缩,可写为

$$f_3(t) = f_2(2t)$$

由尺度变换可得

$$F_3(\mathrm{j}\omega) = \frac{1}{2}F_2\left(\mathrm{j}\frac{\omega}{2}\right) = -\frac{1}{2}\mathrm{j}4\,\frac{\sin^2\left(\dfrac{\omega}{2}\right)}{\dfrac{\omega}{2}} = -\mathrm{j}4\,\frac{\sin^2\left(\dfrac{\omega}{2}\right)}{\omega}$$

显然 $f_3(t)$ 也可写为

$$f_3(t) = f_1(2t-1) - f_1(2t+1)$$

由式(3-75)也可得到相同的结果。

6. 频移特性

频移特性也称为调制特性,可表述如下:

若

$$f(t) \leftrightarrow F(\mathrm{j}\omega)$$

则有

$$f(t)\mathrm{e}^{\pm\mathrm{j}\omega_0 t} \leftrightarrow F\left[\mathrm{j}(\omega \mp \omega_0)\right] \tag{3-76}$$

式中，ω_0 为常数。

证明：

因为
$$\mathscr{F}\left[f(t)\mathrm{e}^{\mathrm{j}\omega_0 t}\right]=\int_{-\infty}^{\infty}f(t)\mathrm{e}^{\mathrm{j}\omega_0 t}\mathrm{e}^{-\mathrm{j}\omega t}\mathrm{d}t=\int_{-\infty}^{\infty}f(t)\mathrm{e}^{-\mathrm{j}(\omega-\omega_0)t}\mathrm{d}t$$

所以
$$\mathscr{F}\left[f(t)\mathrm{e}^{\mathrm{j}\omega_0 t}\right]=F\left[\mathrm{j}(\omega-\omega_0)\right]$$

同理
$$\mathscr{F}\left[f(t)\mathrm{e}^{-\mathrm{j}\omega_0 t}\right]=F\left[\mathrm{j}(\omega+\omega_0)\right]$$

证毕。

式(3-76)表明，将信号 $f(t)$ 乘以因子 $\mathrm{e}^{\mathrm{j}\omega_0 t}$，对应于将频谱函数沿 ω 轴右移 ω_0；将信号 $f(t)$ 乘以因子 $\mathrm{e}^{-\mathrm{j}\omega_0 t}$，对应于将频谱函数沿 ω 轴左移 ω_0。

例 3.8　求如图 3-37 所示的矩形调幅信号的频谱函数。

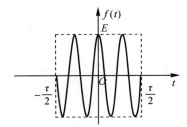

图 3-37　矩形调幅信号的波形

解： 图 3-37 所示的矩形调幅信号可表示为
$$f(t)=g(t)\cos(\omega_0 t)$$

式中，$g(t)$ 为矩形脉冲，脉冲幅度为 E，脉宽为 τ。

由式(3-42)可知矩形脉冲 $g(t)$ 的频谱 $G(\mathrm{j}\omega)$ 为
$$G(\mathrm{j}\omega)=E\tau\mathrm{Sa}\left(\frac{\omega\tau}{2}\right)$$

因为
$$f(t)=\frac{1}{2}g(t)(\mathrm{e}^{\mathrm{j}\omega_0 t}+\mathrm{e}^{-\mathrm{j}\omega_0 t})$$

所以根据频移特性，可得 $f(t)$ 的频谱 $F(\mathrm{j}\omega)$ 为
$$F(\mathrm{j}\omega)=\frac{1}{2}G\left[\mathrm{j}(\omega-\omega_0)\right]+\frac{1}{2}G\left[\mathrm{j}(\omega+\omega_0)\right]=\frac{E\tau}{2}\left\{\mathrm{Sa}\left[\frac{(\omega-\omega_0)\tau}{2}\right]+\mathrm{Sa}\left[\frac{(\omega+\omega_0)\tau}{2}\right]\right\}$$

可见，调幅信号的频谱等于将包络线的频谱一分为二，各向左、向右移动载频 ω_0。矩形调幅信号的频谱 $F(\mathrm{j}\omega)$ 如图 3-38 所示。

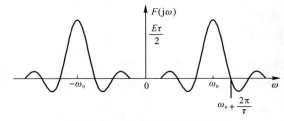

图 3-38　矩形调幅信号的频谱

例 3.9　已知信号 $f(t)$ 的傅里叶变换 $F(j\omega)$，求信号 $e^{j2t}f(5-3t)$ 的傅里叶变换。

解：由已知 $f(t) \leftrightarrow F(j\omega)$，利用时移特性有

$$f(t+5) \leftrightarrow F(j\omega)e^{j5\omega}$$

根据尺度变换，令 $a=-3$，得

$$f(-3t+5) \leftrightarrow \frac{1}{|-3|}F\left(-j\frac{\omega}{3}\right)e^{j5\left(\frac{-\omega}{3}\right)} = \frac{1}{3}F\left(-j\frac{\omega}{3}\right)e^{-j\frac{5\omega}{3}}$$

由频移特性，得

$$e^{j2t}f(-3t+5) \leftrightarrow \frac{1}{3}F\left(-j\frac{\omega-2}{3}\right)e^{-j\frac{5(\omega-2)}{3}}$$

7. 微分特性

用下述符号表示 $f(t)$ 和 $F(j\omega)$ 的导数：

$$f^{(n)}(t) = \frac{d^n f(t)}{dt^n} \tag{3-77}$$

$$F^{(n)}(j\omega) = \frac{d^n F(j\omega)}{d\omega^n} \tag{3-78}$$

（1）时域微分（定理）。

若

$$f(t) \leftrightarrow F(j\omega)$$

则

$$f'(t) \leftrightarrow j\omega F(j\omega) \tag{3-79}$$

$$f^{(n)}(t) \leftrightarrow (j\omega)^n F(j\omega) \tag{3-80}$$

证明：由傅里叶逆变换的定义可知

$$f(t) = \frac{1}{2\pi}\int_{-\infty}^{\infty}F(j\omega)e^{j\omega t}d\omega$$

等式两边对 t 求导数，得

$$\frac{df(t)}{dt} = \frac{1}{2\pi}\int_{-\infty}^{\infty}[j\omega F(j\omega)]e^{j\omega t}d\omega$$

所以

$$f'(t) \leftrightarrow j\omega F(j\omega)$$

同理，可推出

$$f^{(n)}(t) \leftrightarrow (j\omega)^n F(j\omega)$$

证毕。

（2）频域微分（定理）。

若

$$f(t) \leftrightarrow F(j\omega)$$

则

$$(-jt)f(t) \leftrightarrow F'(j\omega) \tag{3-81}$$

$$(-jt)^n f(t) \leftrightarrow F^{(n)}(j\omega) \tag{3-82}$$

证明：由傅里叶变换的定义可知

$$F(j\omega) = \int_{-\infty}^{\infty}f(t)e^{-j\omega t}dt$$

等式两边对 ω 求导数，得

$$\frac{\mathrm{d}F(\mathrm{j}\omega)}{\mathrm{d}\omega} = \frac{1}{2\pi}\int_{-\infty}^{\infty}[-\mathrm{j}tf(t)]\mathrm{e}^{-\mathrm{j}\omega t}\,\mathrm{d}t$$

所以

$$(-\mathrm{j}t)f(t) \leftrightarrow F'(\mathrm{j}\omega)$$

同理，可推出

$$(-\mathrm{j}t)^n f(t) \leftrightarrow F^{(n)}(\mathrm{j}\omega)$$

证毕。

例 3.10　求三角脉冲信号

$$f(t) = \begin{cases} E\left(1 - \dfrac{2}{\tau}\mid t\mid\right), & \mid t\mid < \dfrac{\tau}{2} \\ 0, & \mid t\mid > \dfrac{\tau}{2} \end{cases}$$

的频谱 $F(\mathrm{j}\omega)$。

解：对 $f(t)$ 取一阶与二阶导数，得到

$$f'(t) = \begin{cases} \dfrac{2E}{\tau}, & -\dfrac{\tau}{2} < t < 0 \\ -\dfrac{2E}{\tau}, & 0 < t < \dfrac{\tau}{2} \\ 0, & \mid t\mid > \dfrac{\tau}{2} \end{cases}$$

及

$$f^{(2)}(t) = \frac{\mathrm{d}^2 f(t)}{\mathrm{d}t^2} = \frac{2E}{\tau}\left[\delta\left(t + \frac{\tau}{2}\right) + \delta\left(t - \frac{\tau}{2}\right) - 2\delta(t)\right] \tag{3-83}$$

对式（3-83）的两边进行傅里叶变换，根据微分特性，可以得到

$$(\mathrm{j}\omega)^2 F(\mathrm{j}\omega) = \frac{2E}{\tau}\left(\mathrm{e}^{\mathrm{j}\omega\frac{\tau}{2}} + \mathrm{e}^{-\mathrm{j}\omega\frac{\tau}{2}} - 2\right)$$

化简后变成

$$(\mathrm{j}\omega)^2 F(\mathrm{j}\omega) = -\frac{8E}{\tau}\sin^2\left(\frac{\omega\tau}{4}\right) = -\frac{\omega^2 E\tau}{2}\mathrm{Sa}^2\left(\frac{\omega\tau}{4}\right) \tag{3-84}$$

即

$$F(\mathrm{j}\omega) = \frac{E\tau}{2}\mathrm{Sa}^2\left(\frac{\omega\tau}{4}\right)$$

8. 积分特性

用下述符号表示 $f(t)$ 和 $F(\mathrm{j}\omega)$ 的积分：

$$f^{(-1)}(t) = \int_{-\infty}^{t} f(x)\,\mathrm{d}x \tag{3-85}$$

$$F^{(-1)}(\mathrm{j}\omega) = \int_{-\infty}^{\omega} F(\mathrm{j}\eta)\,\mathrm{d}\eta \tag{3-86}$$

（1）时域积分（定理）。

若

$$f(t) \leftrightarrow F(\mathrm{j}\omega)$$

则

$$f^{(-1)}(t) \leftrightarrow \pi F(0)\delta(\omega) + \frac{F(\mathrm{j}\omega)}{\mathrm{j}\omega} \tag{3-87}$$

其中,$F(0) = F(j\omega)|_{\omega=0}$,它也可以由傅里叶变换定义式中令 $\omega=0$ 得到,即

$$F(0) = F(j\omega)|_{\omega=0} = \int_{-\infty}^{\infty} f(t)\mathrm{d}t \qquad (3-88)$$

如果 $F(0)=0$,则式(3-87)变为

$$f^{(-1)}(t) \leftrightarrow \frac{F(j\omega)}{j\omega} \qquad (3-89)$$

证明:令

$$y(t) = \int_{-\infty}^{t} f(\tau)\mathrm{d}\tau$$

$$Y(j\omega) = \mathscr{F}[y(t)]$$

对 $y(t)$ 取导数,得

$$\frac{\mathrm{d}y(t)}{\mathrm{d}t} = f(t)$$

由时域微分定理可知

$$j\omega Y(j\omega) = F(j\omega)$$

若 $\dfrac{F(j\omega)}{\omega}$ 在 $\omega=0$ 处是有界的,或者满足 $F(0)=0$ 的条件,此时 $Y(j\omega)$ 中不包含冲激函数 $\delta(\omega)$,这样上式可以表示成

$$Y(j\omega) = \frac{F(j\omega)}{j\omega}$$

即

$$f^{(-1)}(t) \leftrightarrow \frac{F(j\omega)}{j\omega} \qquad (3-90)$$

如果不满足上述条件,$Y(j\omega)$ 中必定包含冲激函数 $\delta(\omega)$。在这种情况下,式(3-90)不再成立,利用后面的时域卷积定理,很容易证明式(3-90)应改写成一般形式:

$$f^{(-1)}(t) \leftrightarrow \pi F(0)\delta(\omega) + \frac{F(j\omega)}{j\omega}$$

证毕。

(2)频域积分(定理)。

若　　　　　　　　　　　　$f(t) \leftrightarrow F(j\omega)$

则

$$\pi f(0)\delta(t) + \frac{1}{-jt}f(t) \leftrightarrow F^{(-1)}(j\omega) \qquad (3-91)$$

式中

$$f(0) = \frac{1}{2\pi}\int_{-\infty}^{\infty} F(j\omega)\mathrm{d}\omega \qquad (3-92)$$

如果 $f(0)=0$,则有

$$\frac{1}{-jt}f(t) \leftrightarrow F^{(-1)}(j\omega) \qquad (3-93)$$

例 3.11　已知 $f(t) = \dfrac{\sin t}{t}$,求 $F(j\omega)$。

解:因为

$$\sin t = \frac{1}{2j}(e^{jt} - e^{-jt}) \leftrightarrow \frac{2\pi}{2j}[\delta(\omega-1) - \delta(\omega+1)] = j\pi[\delta(\omega+1) - \delta(\omega-1)]$$

根据频域积分特性,有

$$\frac{\sin t}{t} \leftrightarrow \frac{1}{j} \int_{-\infty}^{\omega} j\pi[\delta(x+1) - \delta(x-1)]dx = \begin{cases} \pi, & |\omega| < 1 \\ 0, & |\omega| > 1 \end{cases}$$

9. 卷积定理

卷积定理说明的是两个函数在时域(或频域)中的卷积积分,对应于频域(或时域)中二者的傅里叶变换(或逆变换)应具有的关系,在信号与系统分析中占有重要地位。

(1)时域卷积定理。

给定两个时间函数 $f_1(t)$ 和 $f_2(t)$,若

$$f_1(t) \leftrightarrow F_1(j\omega)$$
$$f_2(t) \leftrightarrow F_2(j\omega)$$

则

$$f_1(t) * f_2(t) \leftrightarrow F_1(j\omega)F_2(j\omega) \qquad (3-94)$$

式(3-94)表明,在时域中两个函数的卷积积分对应于在频域中二者频谱的乘积。

证明:根据卷积的定义,已知

$$f_1(t) * f_2(t) = \int_{-\infty}^{\infty} f_1(\tau) f_2(t-\tau)d\tau \qquad (3-95)$$

因此

$$\begin{aligned} \mathscr{F}[f_1(t) * f_2(t)] &= \int_{-\infty}^{\infty} \left[\int_{-\infty}^{\infty} f_1(\tau) f_2(t-\tau)d\tau \right] e^{-j\omega t} dt \\ &= \int_{-\infty}^{\infty} f_1(\tau) \left[\int_{-\infty}^{\infty} f_2(t-\tau) e^{-j\omega t} dt \right] d\tau \\ &= \int_{-\infty}^{\infty} f_1(\tau) F_2(j\omega) e^{-j\omega\tau} d\tau \\ &= F_2(j\omega) \int_{-\infty}^{\infty} f_1(\tau) e^{-j\omega\tau} d\tau \end{aligned}$$

所以

$$f_1(t) * f_2(t) \leftrightarrow F_1(j\omega)F_2(j\omega) \qquad (3-96)$$

(2)频域卷积定理。

若

$$f_1(t) \leftrightarrow F_1(j\omega)$$
$$f_2(t) \leftrightarrow F_2(j\omega)$$

则

$$f_1(t)f_2(t) \leftrightarrow \frac{1}{2\pi} F_1(j\omega) * F_2(j\omega) \qquad (3-97)$$

其中

$$F_1(j\omega) * F_2(j\omega) = \int_{-\infty}^{\infty} F_1(ju) F_2(j\omega - ju)du$$

式(3-97)表明,在时域中两个函数的乘积,对应于在频域中二者频谱函数之卷积积分的 $\frac{1}{2\pi}$ 倍。显然,时域与频域卷积定理是对称的,这由傅里叶变换的对称性决定。

例3.12 求图3-39所示信号的频谱函数。

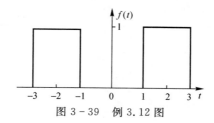

图 3 - 39　例 3.12 图

解：可以把信号 $f(t)$ 看作矩形脉冲 $g(t)$ 与冲激函数 $\delta(t+2)$，$\delta(t-2)$ 的卷积之和，即

$$f(t) = g(t) * \delta(t+2) + g(t) * \delta(t-2)$$

由式（3 - 42）知，矩形脉冲信号的频谱为

$$g(t) \leftrightarrow 2\mathrm{Sa}(\omega)$$

由式（3 - 55）知，冲激函数的频谱为

$$\delta(t) \leftrightarrow 1$$

根据傅里叶变换的时移特性，可知

$$\delta(t+2) \leftrightarrow \mathrm{e}^{\mathrm{j}2\omega}$$
$$\delta(t-2) \leftrightarrow \mathrm{e}^{-\mathrm{j}2\omega}$$

则图 3 - 39 所示信号的频谱函数可由时域卷积定理和傅里叶变换的线性性质得到：

$$\begin{aligned}
F(\mathrm{j}\omega) &= 2\mathrm{Sa}(\omega)\mathrm{e}^{\mathrm{j}2\omega} + 2\mathrm{Sa}(\omega)\mathrm{e}^{-\mathrm{j}2\omega} \\
&= 2\mathrm{Sa}(\omega)(\mathrm{e}^{\mathrm{j}2\omega} + \mathrm{e}^{-\mathrm{j}2\omega}) \\
&= 4\mathrm{Sa}(\omega)\left(\frac{\mathrm{e}^{\mathrm{j}2\omega} + \mathrm{e}^{-\mathrm{j}2\omega}}{2}\right) \\
&= 4\frac{\sin(\omega)\cos(2\omega)}{\omega}
\end{aligned}$$

表 3 - 1 对傅里叶变换的性质进行了总结。

表 3 - 1　傅里叶变换的性质

名　称	时　域	$f(t) \leftrightarrow F(\mathrm{j}\omega)$　　频　域		
定义	$f(t) = \dfrac{1}{2\pi}\int_{-\infty}^{\infty} F(\mathrm{j}\omega)\mathrm{e}^{\mathrm{j}\omega t}\,\mathrm{d}\omega$	$F(\mathrm{j}\omega) = \int_{-\infty}^{\infty} f(t)\mathrm{e}^{-\mathrm{j}\omega t}\,\mathrm{d}t$ $F(\mathrm{j}\omega) = \lvert F(\mathrm{j}\omega)\rvert\,\mathrm{e}^{\mathrm{j}\varphi(\omega)} = R(\omega) + \mathrm{j}X(\omega)$		
线性	$a_1 f_1(t) + a_2 f_2(t) + \cdots$	$a_1 F_1(\mathrm{j}\omega) + a_2 F_2(\mathrm{j}\omega) + \cdots$		
对称性	$F(\mathrm{j}t)$	$2\pi f(-\omega)$		
奇偶虚实性	$f(t)$ 为实函数		$\lvert F(\mathrm{j}\omega)\rvert = \lvert F(-\mathrm{j}\omega)\rvert,\ \varphi(\omega) = -\varphi(-\omega)$ $R(\omega) = R(-\omega),\ X(\omega) = -X(-\omega)$ $F(-\mathrm{j}\omega) = F^*(\mathrm{j}\omega)$	
		$f(t) = f(-t)$ $f(t) = -f(-t)$	$X(\omega) = 0,\ F(\mathrm{j}\omega) = R(\omega)$ $R(\omega) = 0,\ F(\mathrm{j}\omega) = \mathrm{j}X(\omega)$	
	$f(t)$ 为虚函数		$\lvert F(\mathrm{j}\omega)\rvert = \lvert F(-\mathrm{j}\omega)\rvert,\ \varphi(\omega) = -\varphi(-\omega)$ $X(\omega) = X(-\omega),\ R(\omega) = -R(-\omega)$ $F(-\mathrm{j}\omega) = -F^*(\mathrm{j}\omega)$	

续表

名　称		时　域　　$f(t) \leftrightarrow F(j\omega)$　　频　域	
反转		$f(-t)$	$F(-j\omega)$
尺度变换特性		$f(at) \quad a \neq 0$	$\dfrac{1}{\lvert a \rvert} F\left(j\dfrac{\omega}{a} \right)$
时移特性		$f(t \pm t_0)$	$e^{\pm j\omega t_0} F(j\omega)$
		$f(at-b) \quad a \neq 0$	$\dfrac{1}{\lvert a \rvert} e^{-j\frac{b}{a}\omega} F\left(j\dfrac{\omega}{a} \right)$
频移特性		$f(t) e^{\pm j\omega_0 t}$	$F[j(\omega \mp \omega_0)]$
微分特性	时域	$f^{(n)}(t)$	$(j\omega)^n F(j\omega)$
	频域	$(-jt)^n f(t)$	$F^{(n)}(j\omega)$
积分特性	时域	$f^{(-1)}(t)$	$\pi F(0)\delta(\omega) + \dfrac{F(j\omega)}{j\omega}$
	频域	$\pi f(0)\delta(t) + \dfrac{1}{-jt} f(t)$	$F^{(-1)}(j\omega)$
卷积定理	时域	$f_1(t) * f_2(t)$	$F_1(j\omega) F_2(j\omega)$
	频域	$f_1(t) f_2(t)$	$\dfrac{1}{2\pi} F_1(j\omega) * F_2(j\omega)$

3.4　周期信号的傅里叶变换

　　周期信号可分解为傅里叶级数，其频谱是离散的。当周期信号的周期趋于无穷大时，周期信号就变成了非周期信号，其傅里叶级数就演变成傅里叶变换，频谱也由周期信号的离散谱过渡为连续谱。本节将研究周期信号是否存在傅里叶变换，如果存在，它与傅里叶级数之间又有怎样的联系？

3.4.1　典型周期信号的傅里叶变换

　　由于常数 1（即幅值为 1 的直流信号）的傅里叶变换为

$$\mathscr{F}[1] = 2\pi\delta(\omega) \tag{3-98}$$

根据频移特性可得

$$\mathscr{F}[e^{j\omega_0 t}] = 2\pi\delta(\omega - \omega_0) \tag{3-99}$$

$$\mathscr{F}[e^{-j\omega_0 t}] = 2\pi\delta(\omega + \omega_0) \tag{3-100}$$

利用式（3-99）、式（3-100）和欧拉公式，可得正、余弦函数的傅里叶变换为

$$\mathscr{F}[\cos(\omega_0 t)] = \mathscr{F}\left[\frac{1}{2}(e^{j\omega_0 t} + e^{-j\omega_0 t})\right] = \pi[\delta(\omega - \omega_0) + \delta(\omega + \omega_0)] \tag{3-101}$$

$$\mathscr{F}[\sin(\omega_0 t)] = \mathscr{F}\left[\frac{1}{2j}(e^{j\omega_0 t} - e^{-j\omega_0 t})\right] = j\pi[\delta(\omega + \omega_0) - \delta(\omega - \omega_0)] \tag{3-102}$$

这类信号的频谱只包含位于 $\pm\omega_0$ 处的冲激函数，其波形及频谱如图 3-40 所示。

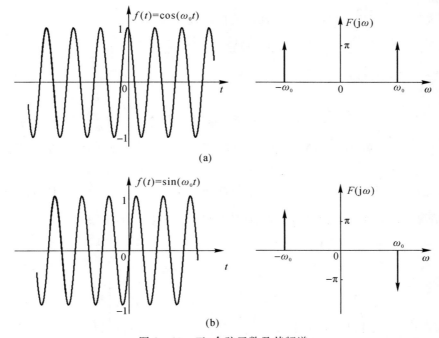

图 3 - 40　正、余弦函数及其频谱

（a）余弦函数及其频谱；（b）正弦函数及其频谱

3.4.1　一般周期信号的傅里叶变换

令周期信号 $f_T(t)$ 的周期为 T，角频率为 $\Omega(\Omega=\dfrac{2\pi}{T})$，可以将 $f_T(t)$ 展开成指数形式的傅里叶级数

$$f_T(t) = \sum_{n=-\infty}^{\infty} F_n \mathrm{e}^{jn\Omega t} \tag{3-103}$$

式中，F_n 是傅里叶系数

$$F_n = \frac{1}{T} \int_{-\frac{T}{2}}^{\frac{T}{2}} f_T(t) \mathrm{e}^{-jn\Omega t}\, \mathrm{d}t \tag{3-104}$$

对式（3 - 103）的等号两端取傅里叶变换，应用傅里叶变换的线性性质，并考虑到 F_n 不是时间 t 的函数，以及式（3 - 99），可得

$$\mathscr{F}\big[f_T(t)\big] = \mathscr{F}\Big[\sum_{n=-\infty}^{\infty} F_n \mathrm{e}^{jn\Omega t}\Big] = \sum_{n=-\infty}^{\infty} F_n \mathscr{F}\big[\mathrm{e}^{jn\Omega t}\big] = 2\pi \sum_{n=-\infty}^{\infty} F_n \delta(\omega - n\Omega) \tag{3-105}$$

式（3 - 105）表明：周期信号 $f_T(t)$ 的傅里叶变换是由一些冲激函数所组成，这些冲激位于信号的谐频（$0,\pm\Omega,\pm 2\Omega,\cdots$）处，每个冲激的强度等于 $f_T(t)$ 的傅里叶级数相应系数 F_n 的 2π 倍。显然，周期信号的频谱是离散的，这一点与 3.2 节所得结论一致。然而，由于傅里叶变换是反映频谱密度的概念，所以周期信号的傅里叶变换不同于傅里叶级数，这里不是有限值，而是冲激函数，它表明在无穷小的频带范围内（即谐频点）取得了无限大的频谱值。

例 3.13　图 3 - 41(a)所示为一周期矩形脉冲信号 $y(t)$，其周期为 T，脉冲宽度为 τ，幅度

为 E,求其频谱函数。

解:由式(3-23)可知,周期矩形脉冲的傅里叶级数为

$$F_n = \frac{E\tau}{T}\mathrm{Sa}\left(\frac{n\Omega\tau}{2}\right)$$

将它代入式(3-105),得

$$\mathscr{F}[f(t)] = \frac{2\pi E\tau}{T}\sum_{n=-\infty}^{\infty}\mathrm{Sa}\left(\frac{n\Omega\tau}{2}\right)\delta(\omega-n\Omega) = E\sum_{n=-\infty}^{\infty}\frac{2\sin\left(\frac{n\Omega\tau}{2}\right)}{n}\delta(\omega-n\Omega) \quad (3-106)$$

由式(3-106)可知,周期矩形脉冲信号 $f(t)$ 的傅里叶变换(频谱密度)由位于 $\omega=0,\pm\Omega$,

$\pm2\Omega,\cdots$ 等处的冲激函数所组成,其在 $\omega=\pm n\Omega$ 处的强度为 $\dfrac{2E\sin\left(\dfrac{n\Omega\tau}{2}\right)}{n}$。图 3-41(b)中画出

了 $T=5\tau$ 情况下的频谱图。由图可见,周期信号的频谱密度是离散的。

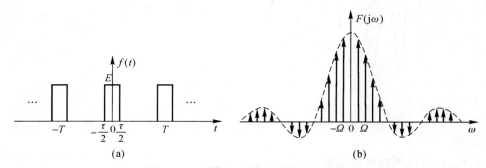

图 3-41 周期矩形脉冲的傅里叶变换

(a)周期矩形脉冲信号的波形;(b)周期矩形脉冲信号的频谱

从频谱上看,周期矩形脉冲信号的频谱密度 $F(\mathrm{j}\omega)$ 与第 3.2 节中周期矩形脉冲信号的傅里叶系数 F_n 相似,但二者含义不同。当对周期函数进行傅里叶变换时,得到的是频谱密度;而将该函数展开为傅里叶级数时,得到的是傅里叶系数,它代表虚指数分量的幅度和相位。

下面讨论周期脉冲序列的傅里叶级数与单脉冲的傅里叶变换之间的关系。已知周期信号 $f_T(t)$ 的傅里叶级数为

$$f_T(t) = \sum_{n=-\infty}^{\infty}F_n\mathrm{e}^{\mathrm{j}n\Omega t} \quad (3-107)$$

其中,傅里叶系数

$$F_n = \frac{1}{T}\int_{-\frac{T}{2}}^{\frac{T}{2}}f_T(t)\mathrm{e}^{-\mathrm{j}n\Omega t}\mathrm{d}t \quad (3-108)$$

从周期信号 $f_T(t)$ 中截取一个周期$\left(例如-\dfrac{T}{2}\sim\dfrac{T}{2}\right)$,就得到单脉冲信号,令其为 $f_0(t)$,它的傅里叶变换 $F_0(\mathrm{j}\omega)$ 为

$$F_0(\mathrm{j}\omega) = \int_{-\infty}^{\infty}f_0(t)\mathrm{e}^{-\mathrm{j}\omega t}\mathrm{d}t \quad (3-109)$$

而周期信号 $f_T(t)$ 可看成 $f_0(t)$ 与周期为 T 的冲激序列 $\delta_T(t)$ 的卷积,即

$$f_T(t) = f_0(t) * \delta_T(t) \quad (3-110)$$

式中，$\delta_T(t) = \sum\limits_{n=-\infty}^{\infty} \delta(t - nT)$。根据时域卷积定理可得周期信号 $f_T(t)$ 的傅里叶变换为

$$\mathscr{F}[f_T(t)] = F_0(j\omega)\Omega\delta_\Omega(\omega) = F_0(j\omega)\Omega\sum_{n=-\infty}^{\infty}\delta(\omega - n\Omega) = \Omega\sum_{n=-\infty}^{\infty}F_0(jn\Omega)\delta(\omega - n\Omega)$$

$$(3-111)$$

式(3-111)表明，利用信号 $f_0(t)$ 的傅里叶变换 $F_0(j\omega)$，可以很容易求得相应周期信号 $f_T(t)$ 的傅里叶变换。

例 3.14　求例 3.13 中周期矩形脉冲 $f(t)$ 的频谱函数。

解： 由图 3-41(a)容易看出，$f_T(t)$ 在 $\left(-\dfrac{T}{2}, \dfrac{T}{2}\right)$ 内的信号 $f_0(t)$ 是幅度为 E，宽度为 τ 的矩形脉冲信号。因此有

$$\mathscr{F}[f_0(t)] = \frac{2E\sin\left(\dfrac{\omega\tau}{2}\right)}{\omega}$$

将上式代入式(3-111)得

$$\mathscr{F}[f_T(t)] = \Omega\sum_{n=-\infty}^{\infty}\frac{2E\sin\left(\dfrac{n\Omega\tau}{2}\right)}{n\Omega}\delta(\omega - n\Omega) = \sum_{n=-\infty}^{\infty}\frac{2E\sin\left(\dfrac{n\Omega\tau}{2}\right)}{n}\delta(\omega - n\Omega)$$

与式(3-106)的结果相同。

3.4.2　周期信号傅里叶级数与傅里叶变换的关系

式(3-105)和式(3-111)都是周期信号 $f_T(t)$ 的傅里叶变换表示式。比较两式可得，周期信号 $f_T(t)$ 的傅里叶系数 F_n 与其第一个周期的单脉冲信号频谱 $F_0(j\omega)$ 的关系为

$$F_n = \frac{1}{T}F_0(jn\Omega) = \frac{1}{T}F_0(j\omega)\big|_{\omega = n\Omega} \tag{3-112}$$

式(3-112)表明：周期信号的傅里叶系数 F_n 等于 $F_0(j\omega)$ 在频率为 $n\Omega$ 处的值乘以 $\dfrac{1}{T}$。

3.5　能量谱和功率谱

频谱(幅度谱与相位谱)是在频域中描述信号特征的方法之一，它反映了信号所含分量的幅度和相位随频率的分布情况。除此之外，也可以用能量谱或功率谱来描述信号。能量谱和功率谱是表示信号的能量或功率密度在频域中随频率的变化情况的物理量，它对研究信号的能量(或功率)的分布，决定信号所占有的频带等问题有着重要的作用，特别是不能用确定的时间函数来表示的随机信号。

3.5.1　能量谱

信号(电压或电流) $f(t)$ 在 1Ω 电阻上的瞬时功率为 $|f(t)|^2$，在区间 $-T < t < T$ 的能量为

$$\int_{-T}^{T}|f(t)|^2\mathrm{d}t$$

信号能量定义为在时间 $(-\infty, \infty)$ 区间上信号的能量，用 E 表示，即

$$E \overset{\text{def}}{=} \lim_{T \to \infty} \int_{-T}^{T} |f(t)|^2 \, dt \tag{3-113}$$

如果信号 $f(t)$ 是实函数，则式 $(3-113)$ 可写为

$$E = \lim_{T \to \infty} \int_{-T}^{T} f^2(t) \, dt$$

或

$$E = \int_{-\infty}^{\infty} f^2(t) \, dt \tag{3-114}$$

若信号能量有限，即 $0 < E < \infty$，称信号为能量有限信号，简称能量信号，如门函数、三角形脉冲、单边或双边指数衰减信号等。

现在研究信号能量与频谱函数 $F(j\omega)$ 的关系。将式 $(3-61)$ 代入式 $(3-113)$，得

$$E = \int_{-\infty}^{\infty} f^2(t) \, dt = \int_{-\infty}^{\infty} f(t) \left[\frac{1}{2\pi} \int_{-\infty}^{\infty} F(j\omega) e^{j\omega t} \, d\omega \right] dt$$

交换积分次序，得

$$E = \frac{1}{2\pi} \int_{-\infty}^{\infty} F(j\omega) \left[\int_{-\infty}^{\infty} f(t) e^{j\omega t} \, dt \right] d\omega = \frac{1}{2\pi} \int_{-\infty}^{\infty} F(j\omega) F(-j\omega) \, d\omega$$

由式 $(3-68)$ 知 $F(-j\omega) = F^*(j\omega)$，所以上式积分号内的 $F(j\omega)F(-j\omega) = F(j\omega)F^*(j\omega) = |F(j\omega)|^2$。最后得

$$E = \int_{-\infty}^{\infty} f^2(t) \, dt = \frac{1}{2\pi} \int_{-\infty}^{\infty} |F(j\omega)|^2 \, d\omega \tag{3-115}$$

式 $(3-115)$ 即为帕赛瓦尔方程。它表明：对能量有限信号，时域内 $f^2(t)$ 曲线所覆盖的面积等于频域内 $|F(j\omega)|^2$ 所覆盖的面积。也就是说，时域内信号的能量等于频域内信号的能量，即信号经傅里叶变换，其总能量保持不变，这是符合能量守恒定律的。因此，式 $(3-115)$ 也常称为能量等式。

也可以从频域的角度来研究信号能量。为了表征能量在频域中的分布状况，可以借助密度的概念，定义一个能量密度函数，简称为能量频谱或能量谱。能量频谱 $\mathscr{E}(\omega)$ 定义为单位频率的信号能量，在频带 df 内信号的能量为 $\mathscr{E}(\omega)df$，因而信号在整个频谱区间 $(-\infty, \infty)$ 的总能量

$$E = \int_{-\infty}^{\infty} \mathscr{E}(\omega) \, df = \frac{1}{2\pi} \int_{-\infty}^{\infty} \mathscr{E}(\omega) \, d\omega \tag{3-116}$$

根据能量守恒原理，对于同一信号 $f(t)$，式 $(3-114)$ 与式 $(3-116)$ 应该相等。即

$$E = \int_{-\infty}^{\infty} f^2(t) \, dt = \frac{1}{2\pi} \int_{-\infty}^{\infty} \mathscr{E}(\omega) \, d\omega \tag{3-117}$$

比较式 $(3-115)$ 和式 $(3-117)$ 可知，能量密度谱

$$\mathscr{E}(\omega) = |F(j\omega)|^2 \tag{3-118}$$

由式 $(3-118)$ 可见，信号的能量谱 $\mathscr{E}(\omega)$ 是 ω 的偶函数，它只决定于频谱函数的模量，而与相位无关。

能量谱 $\mathscr{E}(\omega)$ 是单位频率的信号能量，它的单位是 J·s。

3.5.2 功率谱

信号功率定义为在时间区间 $(-\infty, \infty)$ 信号 $f(t)$ 的平均功率，用 P 表示，即

$$P \stackrel{\text{def}}{=} \lim_{T \to \infty} \frac{1}{2T} \int_{-T}^{T} |f(t)|^2 \mathrm{d}t \qquad (3-119)$$

如果 $f(t)$ 是实函数，则平均功率可写为

$$P = \lim_{T \to \infty} \frac{1}{T} \int_{-\frac{T}{2}}^{\frac{T}{2}} f^2(t) \mathrm{d}t \qquad (3-120)$$

如果信号 $f(t)$ 的功率有限，即 $0 < P < \infty$，则称信号 $f(t)$ 为功率有限信号或称功率信号，如阶跃信号、周期信号等。

将式(3-115)代入式(3-120)，得

$$P = \lim_{T \to \infty} \frac{1}{T} \int_{-\frac{T}{2}}^{\frac{T}{2}} f^2(t) \mathrm{d}t = \frac{1}{2\pi} \int_{-\infty}^{\infty} \lim_{T \to \infty} \frac{|F(j\omega)|^2}{T} \mathrm{d}\omega \qquad (3-121)$$

类似于能量密度函数，可定义功率密度函数 $\mathscr{P}(\omega)$ 为单位频率的信号功率，从而信号总功率为

$$P = \int_{-\infty}^{\infty} \mathscr{P}(\omega) \mathrm{d}f = \frac{1}{2\pi} \int_{-\infty}^{\infty} \mathscr{P}(\omega) \mathrm{d}\omega \qquad (3-122)$$

由式(3-122)可见，功率谱 $\mathscr{P}(\omega)$ 表示单位频带内信号功率随频率的变化情况，也就是说它反映了信号功率在频域内的分布状况。显然，功率谱曲线 $\mathscr{P}(\omega)$ 所覆盖的面积在数值上等于信号的总功率。比较式(3-121)和式(3-122)，得信号的功率谱为

$$\mathscr{P}(\omega) = \lim_{T \to \infty} \frac{|F(j\omega)|^2}{T} \qquad (3-123)$$

由上式可见，功率谱 $\mathscr{P}(\omega)$ 是 ω 的偶函数，它保留了频谱 $F(j\omega)$ 的幅度信息而丢掉了相位信息，因此，凡是具有同样幅度谱而相位谱不同的信号都有相同的功率谱。功率谱的单位是 $\text{W} \cdot \text{s}$。

例 3.15　已知周期信号 $f(t)$ 的周期为 T，且 $F(j\omega) = \mathscr{F}[f(t)]$。求周期信号 $f(t)$ 的功率谱。

解:将 $f(t)$ 展开为傅里叶级数

$$f(t) = \sum_{n=-\infty}^{\infty} F_n \mathrm{e}^{jn\Omega t}$$

其中，$\Omega = \frac{2\pi}{T}$。由式(3-105)给出的 $f(t)$ 的傅里叶变换为

$$F(j\omega) = 2\pi \sum_{n=-\infty}^{\infty} F_n \delta(\omega - n\Omega)$$

截短函数 $f_T(t)$ 可以由 $f(t)$ 乘以矩形脉冲信号 $g_T(t)$ 得到，即

$$f_T(t) = f(t) g_T(t)$$

根据频域卷积定理，得到

$$\begin{aligned}
F_T(j\omega) &= \frac{1}{2\pi} T \mathrm{Sa}\left(\frac{\omega T}{2}\right) * F(j\omega) \\
&= T \mathrm{Sa}\left(\frac{\omega T}{2}\right) * \sum_{n=-\infty}^{\infty} F_n \delta(\omega - n\Omega) \\
&= T \sum_{n=-\infty}^{\infty} F_n \mathrm{Sa}\left[\frac{(\omega - n\Omega)T}{2}\right]
\end{aligned}$$

因为当 $T \to \infty$ 时，函数 $\mathrm{Sa}\left[\frac{(\omega - n\Omega)T}{2}\right]$ 趋向于集中在 $\omega = n\Omega$ 处，所以，每个频率分量存在

的地方其他频率分量均为零。这样有

$$\mathscr{P}(\omega) = \lim_{T\to\infty} \frac{|F_T(j\omega)|^2}{T}$$

$$= \lim_{T\to\infty} T \sum_{n=-\infty}^{\infty} |F_n|^2 \operatorname{Sa}^2\left[\frac{(\omega-n\Omega)T}{2}\right]$$

由于

$$\delta(t) = \lim_{k\to\infty} \frac{k}{\pi} \operatorname{Sa}^2(kt)$$

所以

$$\mathscr{P}(\omega) = 2\pi \sum_{n=-\infty}^{\infty} |F_n|^2 \delta(\omega-n\Omega) \tag{3-124}$$

可见,周期信号的功率谱是由分布在离散频率 $n\Omega$ 上的冲激所构成,冲激的强度等于 $2\pi|F_n|^2$。

3.6 抽 样 定 理

由于离散时间信号(数字信号)的处理更为灵活、方便,所以在许多实际应用中(如数字通信系统等),会先将连续信号转换为相应的离散信号,对离散信号进行加工处理,再将处理后的离散信号转换为连续信号。抽样定理为连续时间信号与离散时间信号的相互转换提供了理论依据。

3.6.1 信号抽样

利用抽样脉冲序列 $s(t)$ 从连续时间信号 $f(t)$ 中"抽取"一系列离散样本值的过程就是"抽样"。这样得到的离散信号称为抽样信号。如图 3-42 所示的抽样信号 $f_s(t)$ 可写为

$$f_s(t) = f(t)s(t) \tag{3-125}$$

式中,抽样脉冲序列 $s(t)$ 也称为开关函数。如果抽样脉冲序列各脉冲之间的时间间隔相同,均为 T_s,就称为均匀抽样。T_s 称为抽样周期,$f_s = \dfrac{1}{T_s}$ 称为抽样频率或抽样率,$\omega_s = 2\pi f_s = \dfrac{2\pi}{T_s}$ 为抽样角频率。

令 $f(t)\leftrightarrow F(j\omega), s(t)\leftrightarrow S(j\omega)$,则由频域卷积定理,可得抽样信号 $f_s(t)$ 的频谱函数为

$$F_s(j\omega) = \frac{1}{2\pi}F(j\omega) * S(j\omega) \tag{3-126}$$

因为 $s(t)$ 是周期信号,那么由式(3-105)可知 $s(t)$ 的傅里叶变换为

$$S(j\omega) = 2\pi \sum_{n=-\infty}^{\infty} S_n\delta(\omega-n\omega_s) \tag{3-127}$$

其中

$$S_n = \frac{1}{T_s}\int_{-\frac{T_s}{2}}^{\frac{T_s}{2}} s(t)e^{-jn\omega_s t}dt \tag{3-128}$$

是 $s(t)$ 的傅里叶系数。

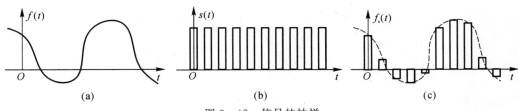

图 3 - 42　信号的抽样

(a)连续时间信号；(b)抽样脉冲序列；(c)抽样信号

将式(3 - 128)代入式(3 - 126)，化简后可得抽样信号 $f_s(t)$ 的傅里叶变换为

$$F_s(j\omega) = \sum_{n=-\infty}^{\infty} S_n F(\omega - n\omega_s) \tag{3-129}$$

式(3 - 129)表明：信号在时域被抽样后，它的频谱 $F_s(j\omega)$ 是连续信号频谱 $F(j\omega)$ 的形状以抽样频率 ω_s 为间隔周期地重复而得到的，在重复的过程中幅度被 $s(t)$ 的傅里叶系数 S_n 加权。因为 S_n 不是 ω 的函数，所以 $F(j\omega)$ 的重复过程中不会发生形状变化。

因抽样信号 $f_s(t) = f(t)s(t)$，故随抽样脉冲序列 $s(t)$ 不同，$f_s(t)$ 也不尽相同。

1. 冲激抽样

如果抽样脉冲序列 $s(t)$ 是周期为 T_s 的冲激函数序列 $\delta_{T_s}(t)$，则称为冲激抽样或理想抽样。

因为

$$s(t) = \delta_{T_s}(t) = \sum_{n=-\infty}^{\infty} \delta(t - nT_s) \tag{3-130}$$

$$f_s(t) = f(t)\delta_{T_s}(t) \tag{3-131}$$

所以，在这种情况下抽样信号 $f_s(t)$ 是由一系列冲激函数构成的，每个冲激的间隔为 T_s，而强度等于连续信号的抽样值 $f(nT_s)$，如图 3 - 43 所示。

由式(3 - 128)可以求出 $\delta_{T_s}(t)$ 的傅里叶系数

$$S_n = \frac{1}{T_s} \int_{-\frac{T_s}{2}}^{\frac{T_s}{2}} \delta_{T_s}(t) e^{-jn\omega_s t} dt = \frac{1}{T_s} \int_{-\frac{T_s}{2}}^{\frac{T_s}{2}} \delta(t) e^{-jn\omega_s t} dt = \frac{1}{T_s} \tag{3-132}$$

将式(3 - 132)代入式(3 - 129)，可得冲激抽样信号的频谱为

$$F_s(j\omega) = \frac{1}{T_s} \sum_{n=-\infty}^{\infty} F(\omega - n\omega_s) \tag{3-133}$$

式(3 - 133)表明，由于冲激序列的傅里叶系数 S_n 为常数，所以 $F(j\omega)$ 以 ω_s 为周期等幅重复，如图 3 - 43 所示。

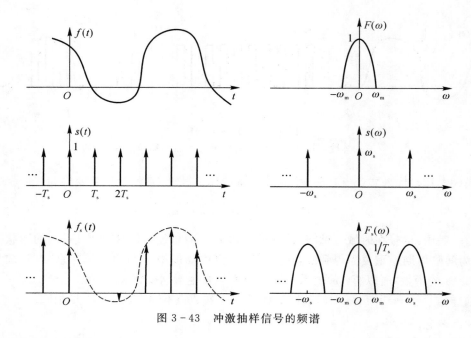

图 3-43　冲激抽样信号的频谱

2.矩形脉冲抽样

若抽样脉冲序列 $s(t)$ 是矩形脉冲序列,这种抽样称为"自然抽样"。令矩形脉冲序列的脉冲幅度为 E,脉宽为 τ,抽样角频率为 ω_s(抽样间隔为 T_s)。由于 $f_s(t)=f(t)s(t)$,所以抽样信号 $f_s(t)$ 在抽样期间顶部不是平的,而随 $f(t)$ 的变化而变化,如图 3-44 所示。

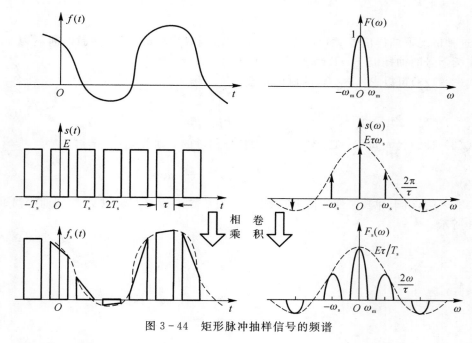

图 3-44　矩形脉冲抽样信号的频谱

由式(3-128)可求出

$$S_n = \frac{1}{T_s} \int_{-\frac{T_s}{2}}^{\frac{T_s}{2}} s(t) \mathrm{e}^{-jn\omega_s t} \mathrm{d}t = \frac{1}{T_s} \int_{-\frac{T_s}{2}}^{\frac{T_s}{2}} E \mathrm{e}^{-jn\omega_s t} \mathrm{d}t = \frac{E\tau}{T_s} \mathrm{Sa}\left(\frac{n\omega_s \tau}{2}\right) \tag{3-134}$$

将式(3-134)代入式(3-129),便可得到矩形抽样信号的频谱为

$$F_s(j\omega) = \frac{E\tau}{T_s} \sum_{n=-\infty}^{\infty} \mathrm{Sa}\left(\frac{n\omega_s \tau}{2}\right) F(\omega - n\omega_s) \tag{3-135}$$

在这种情况下,$F(j\omega)$在以 ω_s 为周期的重复过程中幅度以 $\mathrm{Sa}\left(\dfrac{n\omega_s \tau}{2}\right)$ 的规律变化,如图 3-44 所示。

显然,冲激抽样和矩形脉冲抽样是式(3-127)的两种特定情况,而前者又是后者的一种极限情况(脉宽 $\tau \to 0$)。在实际中通常采用矩形脉冲抽样,但是为了方便分析问题,当脉宽 τ 相对较窄时,往往近似为冲激抽样。

3.6.2　抽样定理

1. 时域抽样定理

前面分析了均匀冲激抽样信号与脉冲抽样信号的频谱,可以看到:一个最高频率 f_m(角频率 ω_m)的限带信号 $f(t)$ 可以用均匀等间隔 $T_s \leqslant \dfrac{1}{2f_m}$ 的抽样信号 $f_s(t) = f(nT_s)$ 值唯一确定。这就是时域抽样定理。

抽样定理给出了连续信号离散化时的最大允许抽样间隔 $T_s = \dfrac{1}{2f_m}$,此间隔称为奈奎斯特(Nyquist)间隔。对应的抽样频率 $f_s = 2f_m$ 称为奈奎斯特频率(或 $\omega_s = 2\omega_m$),即最低允许的抽样频率。同时该定理说明,在满足 $\omega_s \geqslant 2\omega_m$ 条件下所得到的离散信号 $f(nT_s)$ 包含原连续信号 $f(t)$ 的全部信息。

2. 频域抽样定理

根据时域与频域的对偶性,可得频域抽样定理:

一个在时域区间 $(-t_m, t_m)$ 以外为零的有限时间信号 $f(t)$ 的频谱函数 $F(j\omega)$,可唯一地由其在均匀间隔 $\omega_s(\omega_s \leqslant \dfrac{1}{2t_m})$ 上的样点值 $F(jn\omega_s)$ 所确定,即

$$F(j\omega) = \sum_{n=-\infty}^{\infty} \mathrm{Sa}(\omega t_m - n\pi) F\left(j\frac{n\pi}{t_m}\right) \tag{3-136}$$

3.6.3　信号重建

若使均匀冲激抽样信号 $f_s(t)$ 通过一个系统函数为

$$H(j\omega) = \begin{cases} T_s, & |\omega| < \omega_m \\ 0, & |\omega| > \omega_m \end{cases} \tag{3-137}$$

的理想低通滤波器,则可恢复出原信号 $f(t)$,其中 $T_s \leqslant \dfrac{1}{2f_m} = \dfrac{\pi}{\omega_m}$。$f(t)$ 的恢复式为

$$f(t) = \sum_{n=-\infty}^{\infty} f(nT_s) \frac{\sin\left[\frac{\pi}{T_s}(t - nT_s)\right]}{\frac{\pi}{T_s}(t - nT_s)} = \sum_{n=-\infty}^{\infty} f(nT_s) \mathrm{Sa}\left[\frac{\pi}{T_s}(t - nT_s)\right] \tag{3-138}$$

证明:对于图 3-45(a)所示的理想低通滤波器,其幅频、相频特性如图 3-45(b)所示。

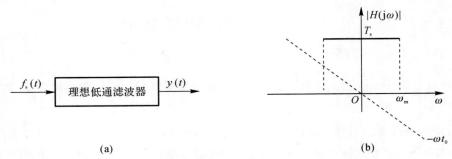

(a)   (b)

图 3-45   某理想低通滤波器

由频域分析可知

$$Y(\mathrm{j}\omega) = F_s(\mathrm{j}\omega)H(\mathrm{j}\omega)$$

从图 3-43 中的 $F_s(\mathrm{j}\omega)$ 和图 3-45(b)可以看出

$$Y(\mathrm{j}\omega) = F(\mathrm{j}\omega)$$

所以

$$y(t) = f(t)$$

即在满足抽样定理的条件下,均匀冲激抽样信号 $f_s(t)$ 通过图 3-45 描述的理想低通滤波器后可完全恢复信号 $f(t)$。

由时域分析可知,图 3-45 所示理想低通滤波器的冲激响应可表示为

$$h(t) = \mathrm{Sa}\left(\frac{\pi}{T_s}t\right) \tag{3-139}$$

又

$$f_s(t) = \sum_{n=-\infty}^{\infty} f(nT_s)\delta(t - nT_s)$$

故

$$y(t) = f(t) = h(t) * f_s(t) = \sum_{n=-\infty}^{\infty} f(nT_s)\mathrm{Sa}\left[\frac{\pi}{T_s}(t - nT_s)\right]$$

3.6.4   仿真示例

1. 信号抽样

离散时间信号大多由连续时间信号(模拟信号)抽样获得。在模拟信号进行数字化处理的过程中,主要经过 A/D 转换、数字信号处理、D/A 转换和低通滤波等过程。其中,A/D 转换的作用是将模拟信号进行抽样、量化和编码,变成数字信号。经过处理后的数字信号则由 D/A 转换重新恢复成模拟信号。

例 3.16   已知信号 $f(t) = \sin(2\pi f_0 t) + \dfrac{1}{2}\sin(4\pi f_0 t)$,$f_0 = 1\ \mathrm{Hz}$,取信号的截止频率 $f_m = 5f_0$。分别显示信号 $f(t)$ 的波形和采样频率 $f_s > 2f_m$,$f_s = 2f_m$,$f_s < 2f_m$ 三种情况下抽样信号的波形。

解:MATLAB 程序如下:

```
f0 = 1;
fm = 5 * f0;
t = 0:0.1:4;
```

```
f_t = sin(2 * pi * f0 * t)＋1/2 * sin(4 * pi * f0 * t);
subplot(411); plot(t, f_t); ylabel('f(t)'); grid on;
for i = 1:3
        fs = i * fm;
        Ts = 1/fs；
        tn = 0:Ts:4;
        f_tn = sin(2 * pi * f0 * tn)＋1/2 * sin(4 * pi * f0 * tn);
        subplot(4,1,i+1); stem(tn, f_tn); ylabel(['fs=',num2str(i),' * fm']); grid on; hold on;
        plot(tn, f_tn)
end
```

程序运行结果如图 3－46 所示。

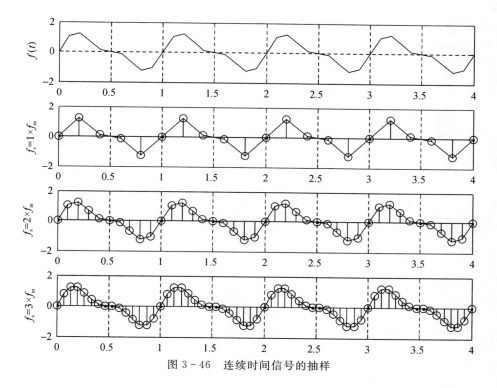

图 3－46　连续时间信号的抽样

例 3.17　已知三角脉冲信号为 $f(t)=4-|t|,0\leqslant t\leqslant 4$,试用 MATLAB 实现该信号经冲激脉冲抽样后得到的抽样信号 $f_s(t)$ 及其频谱。

解: 采用抽样间隔为 $T_s=1$ 时,MATLAB 程序如下:

```
Ts = 1;
dt = 0.01;
t1 = －4:dt:4;
ft = (4－abs(t1)). * (heaviside(t1＋8)－heaviside(t1－8));
subplot(221); plot(t1, ft); grid on; axis([－4.2 4.2 －0.1 4.1]); xlabel('t'); title('三角脉冲信号');
Wmax = 10; K = 500; k = 0:K; W = k * Wmax/K;
Fw = ft * exp(－j * t1' * W) * dt; Fw = real(Fw);
```

W = [−fliplr(W)，W(2:(K+1))];

Fw = [fliplr(Fw)，Fw(2:(K+1))];

subplot(222)；plot(W，Fw)；grid on；

xlabel('\omega')；title('三角脉冲信号频谱')；axis([−10 10 −0.1 18]);

t2 = −4:Ts:4；

fst = (4−abs(t2))．* (heaviside(t2+8)−heaviside(t2−8));

subplot(223)；plot(t1, ft)；hold on；stem(t2, fst)；grid on；

axis([−4.2 4.2 −0.1 4.1])；xlabel('t')；title('经过冲激抽样后的信号')；hold off；

W = k * Wmax/K；

Fw = fst * exp(−j * t2' * W) * Ts；Fw = abs(Fw);

W = [−fliplr(W)，W(2:(K+1))];

Fw = [fliplr(Fw)，Fw(2:(K+1))];

subplot(224)；plot(W，Fw)；grid on；

xlabel('\omega')；title('抽样后的信号的频谱')；axis([−10 10 −0.1 18]);

程序运行结果如图 3−47 所示。

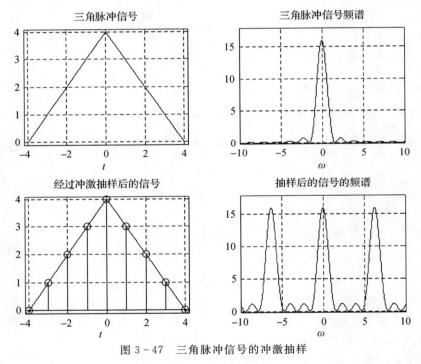

图 3−47　三角脉冲信号的冲激抽样

2.抽样定理

时域抽样定理:若信号 $f(t)$ 的频谱有限,在 $-\omega_m \sim \omega_m$ 的范围,则 $f(t)$ 可以用等间隔的抽样值唯一地表示,最低抽样频率为 $2f_m\left(或\dfrac{\omega_m}{\pi}\right)$。

例 3.18　试用三角脉冲信号来验证抽样定理。

解:例 3.17 中三角脉冲信号的截止频率为 $\omega_m = \dfrac{2\pi}{\tau} = \dfrac{\pi}{2}$,故奈奎斯特间隔 $T_s = \dfrac{\pi}{\omega_m} = 2$。在

例 3.17 的程序中，可以通过修改 T_s 的值得到不同的结果。例如，当分别取 $T_s=2$ 和 $T_s=3$ 时，抽样信号的频谱如图 3-48 所示。

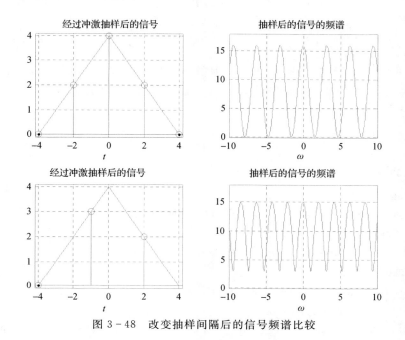

图 3-48　改变抽样间隔后的信号频谱比较

观察图 3-48 可以发现，抽样间隔大于奈奎斯特间隔时，信号的频谱会产生十分严重的混叠现象。

3. 信号重建

在满足抽样定理的条件下，为了从频谱 $F_s(j\omega)$ 中无失真地选出 $F(j\omega)$，可以用矩形函数 $H(j\omega)$ 与 $F_s(j\omega)$ 相乘，即

$$F(j\omega) = F_s(j\omega)H(j\omega) \tag{3-140}$$

式中，

$$H(j\omega) = \begin{cases} T_s, & |\omega| < \omega_m \\ 0, & |\omega| \geqslant \omega_m \end{cases}$$

根据时域卷积定理，式(3-140)对应于时域为

$$f(t) = f_s(t) * h(t) \tag{3-141}$$

又由于

$$f_s(t) = \sum_{n=-\infty}^{\infty} f(nT_s)\delta(t-nT_s) \tag{3-142}$$

$$h(t) = \mathscr{F}^{-1}\big[H(j\omega)\big] = T_s \frac{\omega_c}{\pi} \mathrm{Sa}(\omega_c t) \tag{3-143}$$

式中，ω_c 为 $H(j\omega)$ 的截止频率。

因此，信号重建过程可以看作是一个两步过程：

(1)将样本转换为一个加权的冲激串：

$$\sum_{n=-\infty}^{\infty} f(nT_s)\delta(t-nT_s) = \cdots + f(-T_s)\delta(t+T_s) + f(0)\delta(t) + f(T_s)\delta(t-T_s) + \cdots$$

（2）然后将该冲激串经一带宽在$[-\omega_c,\omega_c]$的理想低通滤波器过滤：

$$f(t) = \frac{\omega_c T_s}{\pi} \sum_{n=-\infty}^{\infty} f(nT_s) \mathrm{Sa}[\omega_c(t-nT_s)] \qquad (3-144)$$

例 3.19 对于三角脉冲信号 $f(t)=4-|t|$，$0 \leqslant t \leqslant 4$，假设截止频率为 $\omega_c = \frac{\pi}{2}$，抽样间隔为 $T_s=1$，试用 MATLAB 恢复抽样信号，并计算恢复后的信号与原信号的绝对误差。

解：取低通滤波器的截止频率为 $\omega_c = 1.2\omega_m$，则 MATLAB 程序如下：

```
wm = pi/2;
wc = 1.2 * wm;
Ts = 1;
n = -50:50;
nTs = n * Ts;
fs = ((4-abs(nTs)). * (heaviside(nTs+8)-heaviside(nTs-8)));
t = -4:0.01:4;
ft = fs * Ts * wc/pi * sinc((wc/pi) * (ones(length(nTs),1) * t-nTs' * ones(1,length(t))));
t1 = -4:0.01:4;
f1 = ((4-abs(t1)). * (heaviside(t1+8)-heaviside(t1-8)));
subplot(311); stem(nTs,fs); hold on;
plot(t1, f1); grid on; axis([-4.1 4.1 -0.1 4.1]); title('Ts = 1 时的抽样信号'); hold off;
subplot(312); plot(t, ft); grid on; axis([-4.1 4.1 -0.1 4.1]); title('恢复后所得的三角脉冲信号');
error = abs(ft-f1);
subplot(313); plot(t,error); grid on; title('恢复信号与原信号的绝对误差');
```

程序运行结果如图 3-49 所示。

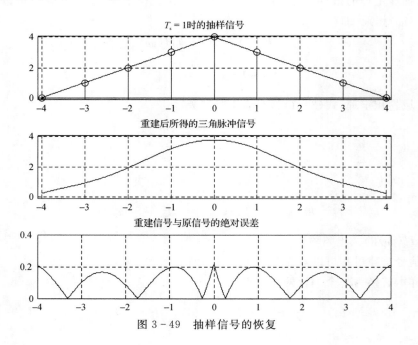

图 3-49 抽样信号的恢复

本 章 小 结

本章从信号的傅里叶级数展开问题入手,引出傅里叶变换,建立了信号频谱的概念。通过对典型信号频谱及傅里叶变换性质的研究,对信号的傅里叶分析方法进行重点介绍。给出了信号能量谱和功率谱的基本概念及其含义,并在 3.6 节介绍了傅里叶变换的最重要应用之一——抽样定理。部分内容给出了 MATLAB 软件的仿真示例,以帮助读者理解和吸收。

习　题　3

3-1　求题图 3-1 所示周期矩形信号的三角型傅里叶级数与指数型傅里叶级数(提示:计算傅里叶系数时,积分区间可取为 $0 \sim T$)。

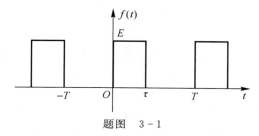

题图　3-1

3-2　求题图 3-2 所示周期锯齿波信号的傅里叶级数(提示:在计算傅里叶系数时,积分区间可取为 $0 \sim T$)。

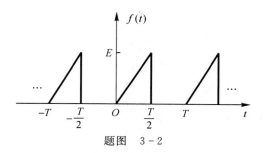

题图　3-2

3-3　求下列周期信号的基波角频率 Ω 和周期 T。

(1) e^{j250t};

(2) $\cos\left[\dfrac{\pi}{4}(t-5)\right]$;

(3) $\sin(2t)+\cos(4t)$;

(4) $\sin\left(\dfrac{\pi}{2}t\right)+\cos\left(\dfrac{\pi}{4}t\right)$。

3-4　求题图 3-3 所示各信号的傅里叶变换。

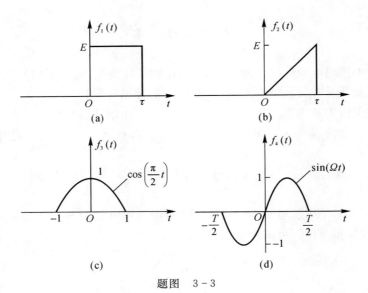

题图 3－3

3－5 依据题图3－3(a)(b)的结果,利用傅里叶变换的性质,求题图3－4所示各信号的傅里叶变换。

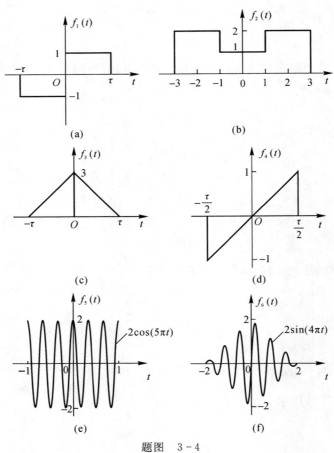

题图 3－4

3-6 复数函数 $f(t)$ 可表示为 $f(t)=f_R(t)+jf_I(t)$，且已知 $f(t)\leftrightarrow F(j\omega)$。证明：

(1) $f^*(t)\leftrightarrow F^*(-j\omega)$；

(2) $f_R(t)\leftrightarrow\dfrac{1}{2}[F(j\omega)+F^*(-j\omega)]$；

(3) $f_I(t)\leftrightarrow\dfrac{1}{2j}[F(j\omega)-F^*(-j\omega)]$。

3-7 题图 3-5 所示波形，若已知 $f_1(t)\leftrightarrow F_1(j\omega)$，利用傅里叶变换的性质求 $f_1(t)$ 以 $\dfrac{t_0}{2}$ 为轴反褶后所得 $f_2(t)$ 的傅里叶变换。

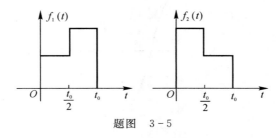

题图 3-5

3-8 已知 $f(t)\leftrightarrow F(j\omega)$，求下列信号的傅里叶变换。

(1) $tf(2t)$；

(2) $(t-3)f(t)$；

(3) $(t-4)f(-2t)$；

(4) $t\dfrac{df(t)}{dt}$；

(5) $f(2-t)$；

(6) $(2-t)f(2-t)$；

(7) $f(5t-2)$。

3-9 求下列函数的傅里叶逆变换。

(1) $F(j\omega)=\begin{cases}1, & |\omega|<\omega_0 \\ 0, & |\omega|>\omega_0\end{cases}$；

(2) $F(j\omega)=\delta(\omega+\omega_0)-\delta(\omega-\omega_0)$；

(3) $F(j\omega)=3\cos(3\omega)$；

(4) $F(j\omega)=[u(\omega)-u(\omega-1)]e^{-j2\omega}$。

3-10 利用时域与频域的对称性，求下列傅里叶变换的时间函数。

(1) $F(j\omega)=\delta(\omega-\omega_0)$；

(2) $F(j\omega)=u(\omega+\omega_0)-u(\omega-\omega_0)$；

(3) $F(j\omega)=\begin{cases}\dfrac{\omega_0}{\pi}, & |\omega|\leqslant\omega_0 \\ 0, & |\omega|>\omega_0\end{cases}$。

3-11 利用时域与频域的对称性，求下列时间函数的傅里叶变换。

(1) $f(t)=\dfrac{\sin[2\pi(t-3)]}{\pi(t-3)}$，$-\infty<t<\infty$；

(2)$f(t) = \dfrac{2\alpha}{\alpha^2 + t^2}$, $-\infty < t < \infty$;

(3)$f(t) = \left[\dfrac{\sin(2\pi t)}{2\pi t}\right]^2$, $-\infty < t < \infty$。

3-12 求题图 3-6 所示半波余弦脉冲 $f(t)$ 的频谱，并利用微分定理求其二阶导数 $\dfrac{\mathrm{d}^2 f(t)}{\mathrm{d}t^2}$ 的频谱。

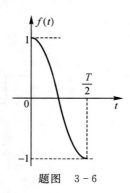

题图　3-6

3-13 利用信号的能量公式 $E = \displaystyle\int_{-\infty}^{\infty} f^2(t)\mathrm{d}t = \dfrac{1}{2\pi}\int_{-\infty}^{\infty} |F(\mathrm{j}\omega)|^2 \mathrm{d}\omega$，求下列各积分。

(1)$f(t) = \displaystyle\int_{-\infty}^{\infty} \mathrm{Sa}^2(at)\mathrm{d}t$;

(2)$f(t) = \displaystyle\int_{-\infty}^{\infty} \mathrm{Sa}^4(at)\mathrm{d}t$;

(3)$f(t) = \displaystyle\int_{-\infty}^{\infty} \dfrac{1}{(a^2 + t^2)^2}\mathrm{d}t$。

3-14 求信号 $f(t) = \dfrac{2\sin 5t}{\pi t}\cos 10^2 t$ 的能量 E。

3-15 求信号 $f(t) = \dfrac{2\sin 4t}{\pi t}\cos 978t$ 的能量 E。

3-16 有限频带信号 $f(t)$ 的最高频率为 $50\,\mathrm{Hz}$，若对下列信号进行时域抽样，求最小抽样频率 f_s。

(1)$f(2t)$;

(2)$f^2(t)$;

(3)$f(t) * f(3t)$;

(4)$f(t) + f^2(t)$。

第4章 连续信号与系统的 s 域分析

连续信号与系统的频域分析解释了信号的频谱特性和系统的频率特性,为信号处理和系统的分析与设计提供了重要基础。但是,频域分析法也有一定的局限性。例如,一些信号的傅里叶变换不存在,如指数信号 $e^{\alpha t}(\alpha>0)$;一些信号的傅里叶变换虽然存在,但不能直接由定义式计算,如单位阶跃信号 $\varepsilon(t)$。此外,频域法也不便处理含初始状态系统的响应分析问题。

根据 LTI 系统分析的统一观点,本章引入复指数基本信号 e^{st},其中,$s=\alpha+j\omega(\alpha,\omega$ 为实数),称为**复频率**。将激励信号分解为众多不同复频率的复指数分量,则 LTI 系统的零状态响应是所有复指数分量分别作用产生响应的叠加。这种方法称为**复频率分析法**或 **s 域分析法**。与频域分析法相比,s 域分析法不仅扩展了激励信号的适用范围,而且也使系统零输入、零状态和全响应的求解更为简便与灵活。

4.1 拉普拉斯变换

4.1.1 从傅里叶变换到拉普拉斯变换

一个信号 $f(t)$ 没有满足绝对可积条件,其原因往往是由于当 $t\to\infty$(或 $t\to-\infty$)时信号幅度不衰减甚至增长所致。如果用一个衰减因子 $e^{-\sigma t}$(σ 为实常数)去乘 $f(t)$,且 σ 取足够大的正值,使得乘积信号 $f(t)e^{-\sigma t}$ 满足绝对可积要求,那么该乘积信号的傅里叶变换可表示为

$$\mathscr{F}[f(t)e^{-\sigma t}] = \int_{-\infty}^{\infty}[f(t)e^{-\sigma t}]e^{-j\omega t}\,dt = \int_{-\infty}^{\infty}f(t)e^{-(\sigma+j\omega)t}\,dt \qquad (4-1)$$

积分结果是 $(\sigma+j\omega)$ 的函数,记为 $F(\sigma+j\omega)$,有

$$F(\sigma+j\omega) = \int_{-\infty}^{\infty}f(t)e^{-(\sigma+j\omega)t}\,dt \qquad (4-2)$$

相应的傅里叶逆变换为

$$f(t)e^{-\sigma t} = \frac{1}{2\pi}\int_{-\infty}^{\infty}F(\sigma+j\omega)e^{j\omega t}\,d\omega \qquad (4-3)$$

式(4-3)两边乘以 $e^{\sigma t}$,得

$$f(t) = \frac{1}{2\pi}\int_{-\infty}^{\infty}F(\sigma+j\omega)e^{(\sigma+j\omega)t}\,d\omega \qquad (4-4)$$

令 $s=\sigma+j\omega$,则 $j\,d\omega=ds$,代入式(4-2)和式(4-4)得

$$F(s) = \int_{-\infty}^{\infty} f(t) e^{-st} \, dt \qquad (4-5)$$

$$f(t) = \frac{1}{2\pi j} \int_{\sigma-j\omega}^{\sigma+j\omega} F(s) e^{st} \, ds \qquad (4-6)$$

式(4-5)称为信号 $f(t)$ 的**双边拉普拉斯变换**,记为 $F(s) = \mathscr{L}[f(t)]$。式(4-6)称为 $F(s)$ 的**双边拉普拉斯逆变换**,记为 $f(t) = \mathscr{L}^{-1}[F(s)]$。$F(s)$ 又称为 $f(t)$ 的**象函数**,$f(t)$ 又称为 $F(s)$ 的原函数。双边拉普拉斯变换简称为**双边拉氏变换**。

4.1.2 拉普拉斯变换的收敛域

任意一信号 $f(t)$ 的双边拉普拉斯变换不一定存在。由于 $f(t)$ 的双边拉普拉斯变换是信号 $f(t)e^{-\sigma t}$ 的傅里叶变换,因此,若 $f(t)e^{-\sigma t}$ 绝对可积,即

$$\int_{-\infty}^{\infty} |f(t)| e^{-\sigma t} \, dt < \infty \qquad (4-7)$$

则 $f(t)$ 的双边拉普拉斯变换一定存在。式(4-7)表明,$F(s)$ 是否存在,取决于能否选取适当的 σ。由于 $\sigma = \text{Re}[s]$,所以,$F(s)$ 是否存在,取决于能否选取适当的 s。在复平面上,使 $f(t)$ 的双边拉普拉斯变换 $F(s)$ 存在的 s 取值的范围称为 $F(s)$ 的**收敛域**(Regin Of Convergence, ROC)。由于 $F(s)$ 的 ROC 由 s 的实部 σ 决定,与 s 的虚部 $j\omega$ 无关,所以,$F(s)$ 的 ROC 的边界是平行于 $j\omega$ 轴的直线,其值 σ 称为收敛坐标。下面举例说明双边拉普拉斯变换 ROC 的特点及双边拉普拉斯变换的计算。

例 4.1 求因果信号 $f_1(t) = e^{-\alpha t} \varepsilon(t) (\alpha > 0)$ 的双边拉普拉斯变换及其 ROC。

解:设 $f_1(t)$ 的双边拉普拉斯变换为 $F_1(s)$,由式(4-5)得

$$F_1(s) = \int_{-\infty}^{\infty} [e^{-\alpha t} \varepsilon(t)] e^{-st} \, dt = \int_{0}^{\infty} e^{-\alpha t} e^{-st} \, dt = -\frac{1}{s+\alpha} e^{-(s+\alpha)t} \Big|_{0}^{\infty}$$

$$= \frac{1}{s+\alpha} [1 - \lim_{t \to \infty} e^{-(\sigma+\alpha)t} e^{-j\omega t}] = \begin{cases} \dfrac{1}{s+\alpha}, & \text{Re}[s] = \sigma > -\alpha \\ \text{无界或不定}, & \sigma \leqslant -\alpha \end{cases} \qquad (4-8)$$

可见,因果信号 $f_1(t)$ 的双边拉普拉斯变换 $F_1(s) = \dfrac{1}{s+\alpha}$,其 ROC 为 s 平面上 $\text{Re}[s] = \sigma > -\alpha$,即位于收敛坐标 $\sigma = -\alpha$ 的右边区域,如图 4-1(a)所示。

实际上,可以证明上述结论对任一因果信号都是适用的。设因果信号 $f(t)$ 的双边拉普拉斯变换为 $F(s)$,且 $F(s)$ 对某一 $\text{Re}[s] = \sigma_1$ 收敛。根据式(4-7),有

$$\int_{0}^{\infty} |f(t)| e^{-\sigma_1 t} \, dt < \infty \qquad (4-9)$$

而对于任意 $\sigma > \sigma_1$,则有

$$\int_{0}^{\infty} |f(t)| e^{-\sigma t} \, dt < \int_{0}^{\infty} |f(t)| e^{-\sigma_1 t} \, dt < \infty \qquad (4-10)$$

可见,如果 σ_1 位于收敛域内,则 $\sigma > \sigma_1$ 也位于收敛域内。也就是说,因果信号的双边拉普拉斯变换,其 ROC 总是位于某一收敛坐标的右边区域。

例 4.2 求反因果信号 $f_2(t) = -e^{-\beta t} \varepsilon(-t) (\beta > 0)$ 的双边拉普拉斯变换及其 ROC。

解:设 $f_2(t)$ 的双边拉普拉斯变换为 $F_2(s)$,由式(4-3)得

$$F_2(s) = \int_{-\infty}^{\infty} [-e^{-\beta t} \varepsilon(-t)] e^{-st} \, dt = \int_{-\infty}^{0} -e^{-(s+\beta)t} \, dt = \frac{1}{s+\beta} e^{-(s+\beta)t} \Big|_{-\infty}^{0}$$

$$= \frac{1}{s+\beta}[1 - \lim_{t \to -\infty} e^{(\sigma+\beta)t} e^{-j\omega t}] = \begin{cases} \dfrac{1}{s+\beta}, & \mathrm{Re}[s] = \sigma < -\beta \\ \text{无界或不定}, & \sigma \geqslant -\beta \end{cases} \quad (4-11)$$

可见,反因果信号 $f_2(t)$ 的双边拉普拉斯变换 $F_2(s) = \dfrac{1}{s+\beta}$,其 ROC 为 s 平面上 $\mathrm{Re}[s] = \sigma < -\beta$,即位于收敛坐标 $\sigma = -\beta$ 的左边区域,如图 4-1(b)所示。容易证明,任意反因果信号的双边拉普拉斯变换,其 ROC 总是位于某一收敛坐标的左边区域。

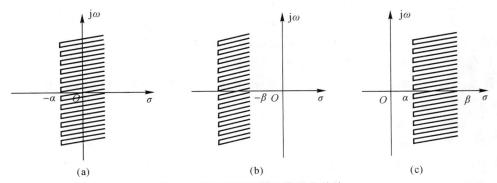

(a)   (b)   (c)

图 4-1 双边拉普拉斯变换的收敛域

(a)$F_1(s)$ 的收敛域;(b)$F_2(s)$ 的收敛域;(c)$F_3(s)$ 的收敛域

例 4.3　求双边信号 $f_3(t) = e^{\alpha t}\varepsilon(t) - e^{\beta t}\varepsilon(-t)$ 的双边拉普拉斯变换及其 ROC。式中,$\alpha > 0, \beta > 0$。

解:设 $f_3(t)$ 的双边拉普拉斯变换为 $F_3(s)$,则有

$$F_3(s) = \int_{-\infty}^{\infty} [e^{\alpha t}\varepsilon(t) - e^{\beta t}\varepsilon(-t)] e^{-st} \, dt = \int_{0}^{\infty} e^{-(s-\alpha)t} \, dt - \int_{-\infty}^{0} e^{-(s-\beta)t} \, dt$$

$$= -\frac{1}{s-\alpha} e^{-(s-\alpha)t} \Big|_{0}^{\infty} + \frac{1}{s-\beta} e^{-(s-\beta)t} \Big|_{-\infty}^{0}$$

$$= \begin{cases} \dfrac{1}{s-\alpha}, & \mathrm{Re}[s] = \sigma > \alpha \\ \text{无界或不定}, & \sigma \leqslant \alpha \end{cases} + \begin{cases} \dfrac{1}{s-\beta}, & \mathrm{Re}[s] = \sigma < \beta \\ \text{无界或不定}, & \sigma \geqslant \beta \end{cases} \quad (4-12)$$

可见,式(4-12)中第一项积分在 $\sigma > \alpha$ 时收敛,第二项积分在 $\sigma < \beta$ 时收敛,因此,若 $\alpha \geqslant \beta$,式中两次积分的 ROC 无公共区域,此时,$f_3(t)$ 的双边拉普拉斯变换不存在。只有在 $\alpha < \beta$ 时,其双边拉普拉斯变换存在,且为

$$F_3(s) = \frac{1}{s-\alpha} + \frac{1}{s-\beta} = \frac{2s-\alpha-\beta}{(s-\alpha)(s-\beta)}, \quad \alpha < \mathrm{Re}[s] < \beta \quad (4-13)$$

$F_3(s)$ 的收敛域如图 4-1(c)所示,是位于收敛坐标 $\sigma = \alpha$ 与 $\sigma = \beta$ 之间的带状区域。

如前所述,双边拉普拉斯变换的 ROC 比较复杂。一般情况下,对于原函数 $f(t)$ 的双边拉普拉斯变换,除给定象函数 $F(s)$ 外,还必须指出相应的 ROC。否则,往往不能保证 $f(t)$ 与 $F(s)$ 之间的一一对应关系。因此,双边拉普拉斯变换的应用受到一定限制。实际中的信号都是有起始时刻的[$t < t_0$ 时 $f(t) = 0$],若起始时刻 $t_0 = 0$,则 $f(t)$ 为因果信号。因果信号的双边拉普拉斯变换的积分下限为"0^-",该变换称为**单边拉普拉斯变换**。单边拉普拉斯变换的 ROC 简单,计算方便,线性连续系统的 s 域分析主要使用单边拉普拉斯变换。本章主要讨论单边拉

普拉斯变换。

4.1.3 单边拉普拉斯变换

信号 $f(t)$ 的单边拉普拉斯变换和单边拉普拉斯逆变换分别为

$$F(s) = \int_{0^-}^{\infty} f(t) e^{-st} dt \tag{4-14}$$

$$f(t) = \begin{cases} 0, & t < 0 \\ \dfrac{1}{2\pi j} \int_{\sigma-jw}^{\sigma+jw} F(s) e^{st} ds, & t \geqslant 0 \end{cases} \tag{4-15}$$

式(4-10)称为 $f(t)$ 的**单边拉普拉斯变换**,简称单边拉氏变换,记为 $F(s) = \mathscr{L}[f(t)]$。式(4-11)称为 $f(t)$ 的**单边拉普拉斯逆变换**,简称单边拉氏逆变换,记为 $f(t) = \mathscr{L}^{-1}[F(s)]$。$\mathscr{F}(s)$ 又称为 $f(t)$ 的**象函数**,$f(t)$ 又称为 $F(s)$ 的**原函数**。为了方便,单边拉普拉斯变换对的对应关系常表示

$$f(t) \leftrightarrow F(s) \tag{4-16}$$

式(4-14)的积分下限取为"0^-",是考虑到 $f(t)$ 中可能包含冲激函数及其各阶导数。若 $f(t)$ 中不包含冲激函数及其各阶导数,积分下限也可取为"0^+"或"0"。

与双边拉普拉斯变换存在的条件类似,若 $f(t)$ 满足

$$\int_{0^-}^{\infty} | f(t) | e^{-\sigma t} dt < \infty \tag{4-17}$$

则 $f(t)$ 的单边拉普拉斯变换 $F(s)$ 存在。因为 $f(t)$ 的单边拉普拉斯变换等于 $f(t)\varepsilon(t)$ 的双边拉普拉斯变换,所以单边拉普拉斯变换的 ROC 与因果信号双边拉普拉斯变换的 ROC 相同,即单边拉普拉斯变换的 ROC 位于收敛坐标的右边区域,可表示为

$$\sigma = \text{Re}[s] > \sigma_0 \tag{4-18}$$

根据单边拉普拉斯变换 ROC 的特点,不同信号单边拉普拉斯变换的 ROC 在右半平面必有公共部分,因此,它们的单边拉普拉斯变换必不相同,即信号 $f(t)$ 与其单边拉普拉斯变换 $F(s)$ 必一一对应。因为这一特点,在实际应用中常常不再强调单边拉普拉斯变换的 ROC 问题。

4.1.4 常用信号的单边拉普拉斯变换

1. $f(t) = \delta(t)$

$$F(s) = \mathscr{L}[\delta(t)] = \int_{0^-}^{\infty} \delta(t) e^{-st} dt = 1, \quad \text{Re}[s] > -\infty \tag{4-19}$$

2. $f(t) = \delta^{(n)}(t)$

$$F(s) = \mathscr{L}[\delta^{(n)}(t)] = \int_{0^-}^{\infty} \delta^{(n)}(t) e^{-st} dt = (-1)n \frac{d^n}{dt^n}(e^{-st})\Big|_{t=0}$$
$$= s^n, \quad \text{Re}[s] > -\infty \tag{4-20}$$

3. $f(t) = \varepsilon(t)$

$$F(s) = \mathscr{L}[\varepsilon(t)] = \int_{0^-}^{\infty} \varepsilon(t) e^{-st} dt \tag{4-21}$$

根据式(4-18),当 $\sigma = \text{Re}[s] > 0$ 时,式(4-21)积分收敛。于是得

$$F(s) = \int_{0^-}^{\infty} \varepsilon(t) e^{-st} dt = -\frac{1}{s} e^{-st} \Big|_{0^-}^{\infty} = \frac{1}{s}, \quad \mathrm{Re}[s] > 0 \tag{4-22}$$

4. $f(t) = e^{-\alpha t} \varepsilon(t), \alpha > 0$

$$F(s) = \mathscr{L}[e^{-\alpha t} \varepsilon(t)] = \int_{0^-}^{\infty} e^{-\alpha t} \varepsilon(t) e^{-st} dt \tag{4-23}$$

根据式(4-18)，当 $\sigma = \mathrm{Re}[s] > -\alpha$ 时，式(4-23)积分收敛，于是得

$$F(s) = \int_{0^-}^{\infty} e^{-(s+\alpha)t} dt = \frac{1}{s+\alpha} e^{-(s+\alpha)t} \Big|_{0^-}^{\infty} = \frac{1}{s+\alpha}, \quad \mathrm{Re}[s] > -\alpha \tag{4-24}$$

5. $f(t) = e^{\alpha t} \varepsilon(t), \alpha > 0$

$$F(s) = \mathscr{L}[e^{\alpha t} \varepsilon(t)] = \int_{0^-}^{\infty} e^{\alpha t} \varepsilon(t) e^{-st} dt \tag{4-25}$$

根据式(4-12)，当 $\sigma = \mathrm{Re}[s] > \alpha$ 时，式(4-20)积分收敛，于是得

$$F(s) = \int_{0^-}^{\infty} e^{-(s-\alpha)t} dt = -\frac{1}{s-\alpha} e^{-(s-\alpha)t} \Big|_{0^-}^{\infty} = \frac{1}{s-\alpha}, \quad \mathrm{Re}[s] > \alpha \tag{4-26}$$

4.2　单边拉普拉斯变换的性质

单边拉普拉斯变换有一些重要的性质，这些性质进一步反映了不同形式的信号与其单边拉普拉斯变换的对应规律。应用这些性质并结合常用变换对是求解单边拉普拉斯变换和逆变换的重要方法，也是进行线性连续系统 s 域分析的重要基础。

4.2.1　线性

若

$$f_1(t) \leftrightarrow F_1(s), \quad \mathrm{Re}[s] > \sigma_1$$
$$f_2(t) \leftrightarrow F_2(s), \quad \mathrm{Re}[s] > \sigma_2$$

则

$$a_1 f(t) + a_2 f(t) \leftrightarrow a_1 F_1(s) + a_2 F_2(s), \quad \mathrm{Re}[s] > \max(\sigma_1, \sigma_2) \tag{4-27}$$

式中，a_1 和 a_2 为复常数。该性质可直接根据定义式(4-10)证明，这里从略。

线性性质表明，时域中对原函数的线性运算，反映到 s 域中是对象函数作相同的线性运算。

4.2.2　时移性

若

$$f(t)\varepsilon(t) \leftrightarrow F(s), \quad \mathrm{Re}[s] > \sigma_0$$

则

$$f(t-t_0)\varepsilon(t-t_0) \leftrightarrow e^{-st_0} F(s), \quad \mathrm{Re}[s] > \sigma_0 \tag{4-28}$$

式中，t_0 为正实常数。

证明：根据单边拉普拉斯变换的定义，

$$\mathscr{L}[f(t-t_0)\varepsilon(t-t_0)] = \int_{0^-}^{\infty} f(t-t_0)\varepsilon(t-t_0) e^{-st} dt = \int_{0^-}^{\infty} f(t-t_0) e^{-st} dt$$

令 $t-t_0=\tau$ 则 $\qquad\qquad t=t_0+\tau$

$$\mathscr{L}\big[f(t-t_0)\varepsilon(t-t_0)\big]=\int_{0^-}^{\infty}f(\tau)\mathrm{e}^{-s(t_0+\tau)}\mathrm{d}\tau=\mathrm{e}^{-st_0}\int_{0^-}^{\infty}f(\tau)\mathrm{e}^{-s\tau}\mathrm{d}\tau=\mathrm{e}^{-st_0}F(s),\quad\mathrm{Re}[s]>\sigma_0$$

时移性表明,时域中原函数时移 t_0,体现在 s 域中对象函数乘一因子 e^{-st_0}(常称时移因子)。

例 4.4 已知 $f_1(t)=\mathrm{e}^{-2(t-1)}\varepsilon(t-1)$, $f_2(t)=\mathrm{e}^{-2(t-1)}\varepsilon(t)$,求 $f_1(t)+f_2(t)$ 的象函数。

解:因为

$$\mathrm{e}^{-2t}\varepsilon(t)\leftrightarrow\frac{1}{s+2},\quad\mathrm{Re}[s]>-2$$

故根据时移性质,得

$$F_1(s)=\mathscr{L}\big[\mathrm{e}^{-2(t-1)}\varepsilon(t-1)\big]=\frac{\mathrm{e}^{-s}}{s+2},\quad\mathrm{Re}[s]>-2$$

将 $f_2(t)$ 表示为

$$f_2(t)=\mathrm{e}^{-2(t-1)}\varepsilon(t)=\mathrm{e}^{2}\mathrm{e}^{-2t}\varepsilon(t)$$

根据线性,得

$$F_2(s)=\frac{\mathrm{e}^{2}}{s+2},\quad\mathrm{Re}[s]>-2$$

$$\mathscr{L}\big[f_1(t)+f_2(t)\big]=F_1(s)+F_2(s)=\frac{\mathrm{e}^{2}+\mathrm{e}^{-s}}{s+2},\quad\mathrm{Re}[s]>-2$$

例 4.5 已知 $f(t)=\displaystyle\sum_{n=0}^{\infty}\delta(t-nT)$ 为从 $t=0^-$ 起始的周期性冲击序列,T 为周期。求 $f(t)$ 的单边拉普拉斯变换。

解:因为

$$\delta(t)\leftrightarrow1,\quad\mathrm{Re}[s]>-\infty$$

故由时移性质得

$$\delta(t-nT)\leftrightarrow\mathrm{e}^{-nTs},\quad\mathrm{Re}[s]>-\infty$$

由线性得 $f(t)$ 的单边拉普拉斯变换为

$$F(s)=\sum_{n=0}^{\infty}\mathrm{e}^{-nTs}=1+\mathrm{e}^{-Ts}+\mathrm{e}^{-2Ts}+\cdots$$

当 $\mathrm{Re}[s]>0$ 时,$|\mathrm{e}^{-sT}|<1$,该等比级数收敛,因此得

$$F(s)=\frac{1}{1-\mathrm{e}^{-sT}},\quad\mathrm{Re}[s]>0$$

也就是

$$\sum_{n=0}^{\infty}\delta(t-nT)\leftrightarrow\frac{1}{1-\mathrm{e}^{-sT}}$$

同理,若已知 $f_1(t)=\begin{cases}f_1(t),&0\leqslant t<T\\0,&\text{其他}\end{cases}$,且 $f_1(t)\leftrightarrow F_1(s)$,则可由时移性求得一般单边周期信号

$$f_T(t)=\sum_{n=0}^{\infty}f_1(t-nT)$$

的单边拉普拉斯变换为

$$F_T(s) = F_1(s) \frac{1}{1 - e^{-sT}} \tag{4-29}$$

式中,因子 $\dfrac{1}{1 - e^{-sT}}$ 体现了时移中原函数的周期性变换,常称为**周期因子**。这样,单边周期信号的拉普拉斯变换等于第一周期中信号的拉普拉斯变换与周期因子的乘积。

4.2.3　复频移

若 $f(t) \leftrightarrow F(s)$,$\mathrm{Re}[s] > \sigma_1$,则

$$e^{s_0 t} f(t) \leftrightarrow F(s - s_0), \quad \mathrm{Re}[s] > \sigma_1 + \sigma_0 \tag{4-30}$$

式中,s_0 为复常数,$\sigma_0 = \mathrm{Re}[s_0]$。

证　由单边拉普拉斯变换的定义

$$\mathscr{L}[e^{s_0 t} f(t)] = \int_{0^-}^{\infty} e^{s_0 t} f(t) e^{-st} \, dt = \int_{0^-}^{\infty} f(t) e^{-(s - s_0)t} \, dt$$

令 $s - s_0 = s_p$,则

$$\mathscr{L}[e^{s_0 t} f(t)] = \int_{0^-}^{\infty} f(t) e^{-s_p t} \, dt = \left[\int_{0^-}^{\infty} f(t) e^{-st} \, dt \right]\bigg|_{s = s_p} = F(s_p)$$
$$= F(s - s_0)$$

由于 $F(s - s_0)$ 是 $F(s)$ 在 s 域右移 s_0,所以 $F(s - s_0)$ 的 ROC 是 $F(s)$ 的 ROC 在复平面右移 $\mathrm{Re}[s_0] = \sigma_0$ 后的区域,其 ROC 应为 $\mathrm{Re}[s] > \sigma_1 + \sigma_0$。

复频移性质表明,s 域对象函数复频移 s_0,体现在时域中对原函数乘一因子 $e^{s_0 t}$,常称该因子为**复频移因子**。

例 4.6　已知 $f_1(t) = \cos(\omega_0 t)\varepsilon(t)$,$f_2(t) = \sin(\omega_0 t)\varepsilon(t)$,求 $f_1(t)$ 和 $f_2(t)$ 的象函数。

解:$f_1(t)$ 可以表示为

$$f_1(t) = \frac{1}{2}(e^{j\omega_0 t} + e^{-j\omega_0 t})\varepsilon(t)$$

由于 $\varepsilon(t) \leftrightarrow \dfrac{1}{s}$,$\mathrm{Re}[s] > 0$,根据复频移性质,则有

$$e^{j\omega_0 t}\varepsilon(t) \leftrightarrow \frac{1}{s - j\omega_0}, \quad \mathrm{Re}[s] > 0$$

$$e^{-j\omega_0 t}\varepsilon(t) \leftrightarrow \frac{1}{s + j\omega_0}, \quad \mathrm{Re}[s] > 0$$

根据线性,得

$$F_1(s) = \mathscr{L}[\cos(\omega_0 t)\varepsilon(t)] = \frac{1}{2}\left(\frac{1}{s - j\omega_0} + \frac{1}{s + j\omega_0} \right)$$

$$= \frac{\omega_0}{s^2 + \omega_0^2}, \quad \mathrm{Re}[s] > 0 \tag{4-31}$$

同理可得

$$F_2(s) = \mathscr{L}[\sin(\omega_0 t)\varepsilon(t)] = \frac{\omega_0}{s^2 + \omega_0^2}, \quad \mathrm{Re}[s] > 0 \tag{4-32}$$

例 4.7　已知 $f(t) = e^{-\alpha t}\cos(\omega_0 t)\varepsilon(t)$,$\alpha$ 为实数。求 $f(t)$ 的象函数。

解:令 $s_0 = -\alpha$,则 $f(t)$ 可以表示为

$$f(t) = e^{s_0 t}\cos(\omega_0 t)\varepsilon(t)$$

由式(4-31)得

$$\cos(\omega_0 t)\varepsilon(t) \leftrightarrow \frac{s}{s^2 + \omega_0^2}, \quad \mathrm{Re}[s] > 0$$

根据复频移性质,得

$$F(s) = \mathscr{L}[f(t)] = \frac{s - s_0}{(s - s_0)^2 + \omega_0^2} = \frac{s + \alpha}{(s + \alpha)^2 + \omega_0^2}, \quad \mathrm{Re}[s] > -\alpha$$

4.2.4 尺度变换

若 $f(t) \leftrightarrow F(s), \mathrm{Re}[s] > \sigma_0$,则

$$f(at) \leftrightarrow \frac{1}{a} F\left(\frac{s}{a}\right), \quad \mathrm{Re}[s] > a\sigma_0 \qquad (4-33)$$

式中,a 为实常数,$a > 0$。

证明:根据单边拉普拉斯变换的定义,将 $f(at)$ 代入式(4-10),并进行变量代换,就可证明式(4-33)。具体证明过程从略。

因 $F(s)$ 的 ROC 为 $\mathrm{Re}[s] > \sigma_0$,故 $F\left(\dfrac{s}{a}\right)$ 的 ROC 应为 $\mathrm{Re}\left[\dfrac{s}{a}\right] > \sigma_0$,即为 $\mathrm{Re}[s] > a\sigma_0$。

例 4.8 已知 $f(t) \leftrightarrow F(s)$,$f_1(t) = f(at - b)\varepsilon(at - b)$,$a > 0$,$b > 0$,求 $f_1(t)$ 的象函数。

解:因为

$$\mathscr{L}[f(t)] = \mathscr{L}[f(t)\varepsilon(t)] = F(s), \quad \mathrm{Re}[s] > \sigma_0$$

根据尺度变换性质,则

$$\mathscr{L}[f(at)\varepsilon(at)] = \frac{1}{a} F\left(\frac{s}{a}\right), \quad \mathrm{Re}[s] > a\sigma_0$$

$f_1(t)$ 又可以表示为

$$f_1(t) = f\left[a\left(t - \frac{b}{a}\right)\right]\varepsilon\left[a\left(t - \frac{b}{a}\right)\right]$$

根据时移性质,则

$$F_1(s) = \mathscr{L}[f_1(t)] = \frac{1}{a} F\left(\frac{s}{a}\right) e^{-\frac{b}{a}s}, \quad \mathrm{Re}[s] > a\sigma_0$$

4.2.5 时域卷积

若 $f_1(t)$,$f_2(t)$ 为因果信号,并且

$$f_1(t) \leftrightarrow F_1(s), \quad \mathrm{Re}[s] > \sigma_1$$
$$f_2(t) \leftrightarrow F_2(s), \quad \mathrm{Re}[s] > \sigma_2$$

则

$$f_1(t) * f_2(t) \leftrightarrow F_1(s)F_2(s), \quad \mathrm{Re}[s] > \sigma_0 \qquad (4-34)$$

式中,$\mathrm{Re}[s] > \sigma_0$ 至少是 $F_1(s)$ 和 $F_2(s)$ 收敛域的公共部分。

证明:根据信号卷积的定义,并且 $f_1(t)$ 和 $f_2(t)$ 是因果信号,则

$$f_1(t) * f_2(t) = \int_{0^-}^{\infty} f_1(\tau) f_2(t - \tau) \mathrm{d}\tau$$

$f_1(t) * f_2(t)$ 仍为因果信号。根据单边拉普拉斯变换的定义,得

$$\mathscr{L}[f_1(t) * f_2(t)] = \int_{0^-}^{\infty} \left[\int_{0^-}^{\infty} f_1(\tau) f_2(t-\tau) \mathrm{d}\tau \right] \mathrm{e}^{-st} \mathrm{d}t$$

交换积分次序,得

$$\mathscr{L}[f_1(t) * f_2(t)] = \int_{0^-}^{\infty} f_1(\tau) \left[\int_{0^-}^{\infty} f_2(t-\tau) \mathrm{e}^{-st} \mathrm{d}t \right] \mathrm{d}\tau$$

上式方括号中的积分是 $f_2(t-\tau)$ 的单边拉普拉斯变换。由于 $f_2(t)$ 为因果信号,根据时移性质,则

$$\int_{0^-}^{\infty} f_2(t-\tau) \mathrm{e}^{-st} \mathrm{d}t = \mathrm{e}^{-s\tau} F_2(s)$$

于是得

$$\mathscr{L}[f_1(t) * f_2(t)] = \int_{0^-}^{\infty} f_1(\tau) F_2(s) \mathrm{e}^{-s\tau} \mathrm{d}\tau = F_2(s) \int_{0^-}^{\infty} f_1(\tau) \mathrm{e}^{-s\tau} \mathrm{d}\tau$$
$$= F_1(s) F_2(s), \quad \mathrm{Re}[s] > \sigma_0$$

应用时域卷积性质,可将时域原函数的卷积运算转换为 s 域象函数的乘积运算,以避免繁复的时域卷积运算。

例 4.9 已知图 4.2(a)所示信号 $f(t)$ 与图(b)所示信号 $f_\tau(t)$ 的关系为 $f(t) = f_\tau(t) * f_\tau(t)$,求 $f(t)$ 的单边拉普拉斯变换。

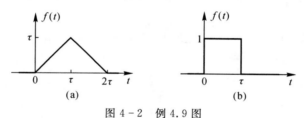

图 4 - 2 例 4.9 图

(a)$f(t)$ 的波形;(b)$f_\tau(t)$ 的波形

解: $f_\tau(t)$ 可以表示为

$$f_\tau(t) = \varepsilon(t) - \varepsilon(t-\tau)$$

由时移性质和线性得

$$\mathscr{L}[f_\tau(t)] = \mathscr{L}[\varepsilon(t)] - \mathscr{L}[\varepsilon(t-\tau)] = \frac{1 - \mathrm{e}^{-s\tau}}{s}, \quad \mathrm{Re}[s] > -\infty$$

由于 $f_\tau(t)$ 是因果信号,所以根据时域卷积性质得

$$F(s) = \mathscr{L}[f(t)] = \mathscr{L}[f_\tau(t)]\mathscr{L}[f_\tau(t)] = \frac{(1 - \mathrm{e}^{-s\tau})^2}{s^2}, \quad \mathrm{Re}[s] > -\infty$$

时域卷积性质主要用于线性连续系统分析中卷积的计算,是 s 域分析的依据之一。

4.2.6 时域微分

若 $f(t) \leftrightarrow F(s), \mathrm{Re}[s] > \sigma_0$,则有

$$f^{(1)}(t) \leftrightarrow sF(s) - f(0^-), \quad \mathrm{Re}[s] > \sigma_0 \tag{4-35}$$

$$f^{(2)}(t) \leftrightarrow s^2 F(s) - sf(0^-) - f^{(1)}(0^-), \quad \mathrm{Re}[s] > \sigma_0 \tag{4-36}$$

$$f^{(n)}(t) \leftrightarrow s^n F(s) - \sum_{i=0}^{n-1} s^{n-1-i} f^{(i)}(0^-), \quad \mathrm{Re}[s] > \sigma_0 \tag{4-37}$$

式中，$f^{(1)}(t),f^{(2)}(t),\cdots,f^{(n)}(t)$ 分别表示 $f(t)$ 的一次、二次、n 次导数；$f(0^-),f^{(1)}(0^-),f^{(i)}(0^-)$ 分别表示 $f(t)、f^{(1)}(t),\cdots,f^{(i)}(t)$ 在 $t=0^-$ 时的值。

证明：先证明式(4-35)和式(4-36)。根据单边拉普拉斯变换的定义，则有

$$\mathscr{L}[f^{(1)}(t)] = \int_{0^-}^{\infty}\frac{\mathrm{d}f(t)}{\mathrm{d}t}\mathrm{e}^{-st}\mathrm{d}t = \int_{0^-}^{\infty}\mathrm{e}^{-st}\mathrm{d}f(t)$$

$$= \mathrm{e}^{-st}f(t)\Big|_{0^-}^{\infty} + s\int_{0^-}^{\infty}f(t)\mathrm{e}^{-st}\mathrm{d}t$$

由于 $f(t)$ 的单边拉普拉斯变换 $F(s)$ 在 $\mathrm{Re}[s]>\sigma_0$ 收敛，所以，当 $t\to\infty$ 时 $\mathrm{e}^{-st}f(t)$ 的值为零，并且和式的第二项在 $\mathrm{Re}[s]>\sigma_0$ 时也收敛。因此得

$$\mathscr{L}[f^{(1)}(t)] = sF(s)-f(0^-), \quad \mathrm{Re}[s]>\sigma_0$$

因为 $f^{(2)}(t)=\dfrac{\mathrm{d}}{\mathrm{d}t}f^{(1)}(t)$，所以，应用式(4-35)得

$$\mathscr{L}[f^{(2)}(t)] = s[sF(s)-f(0^-)]-f^{(1)}(0^-)$$

$$= s^2F(s)-sf(0^-)-f^{(1)}(0^-), \quad \mathrm{Re}[s]>\sigma_0$$

反复应用式(4-35)，就可得到 $f^{(n)}(t)$ 的单边拉普拉斯变换如式(4-37)所示。$f^{(1)}(t)$ 的单边拉普拉斯变换的收敛域至少是 $\mathrm{Re}[s]>\sigma_0$。若 $F(s)$ 在 $s=0$ 处有一阶极点，则 $sF(s)$ 中的这种极点被消去，$f^{(1)}(t)$ 的单边拉普拉斯变换的收敛域可能扩大。$f^{(n)}(t)$ 的单边拉普拉斯变换的收敛域也有类似情况。

若 $f(t)$ 为因果信号，则 $f^{(n)}(0^-)=0$，此时，时域微分性质表示为

$$\mathscr{L}[f^{(n)}(t)]\leftrightarrow s^nF(s), \quad n=1,2,\cdots; \quad \mathrm{Re}[s]>\sigma_0$$

例4.10 已知 $f_1(t)=\dfrac{\mathrm{d}}{\mathrm{d}t}[\mathrm{e}^{-2t}\varepsilon(t)]$，$f_2(t)=\left(\dfrac{\mathrm{d}}{\mathrm{d}t}\mathrm{e}^{-2t}\right)\varepsilon(t)$，求 $f_1(t)$ 和 $f_2(t)$ 的单边拉普拉斯变换。

解：(1)求 $f_1(t)$ 的单边拉普拉斯变换。由于

$$f_1(t) = \frac{\mathrm{d}}{\mathrm{d}t}[\mathrm{e}^{-2t}\varepsilon(t)] = \delta(t)-2\mathrm{e}^{-2t}\varepsilon(t)$$

故根据系统线性得

$$F_1(s) = \mathscr{L}[f_1(t)] = 1-\frac{2}{s+2} = \frac{s}{s+2}$$

若应用时域微分性质求解，则有

$$F_1(s) = s\mathscr{L}[\mathrm{e}^{-2t}\varepsilon(t)]-\mathrm{e}^{-2t}\varepsilon(t)\Big|_{t=0^-} = \frac{s}{s+2}$$

(2)求 $f_2(t)$ 的单边拉普拉斯变换。由于

$$f_2(t) = \left(\frac{\mathrm{d}}{\mathrm{d}t}\mathrm{e}^{-2t}\right)\varepsilon(t) = -2\mathrm{e}^{-2t}\varepsilon(t)$$

因此得

$$F_2(s) = \mathscr{L}[f_2(t)] = \frac{-2}{s+2}$$

4.2.7 时域积分

若 $f(t)\leftrightarrow F(s)$，$\mathrm{Re}[s]>\sigma_0$，则有

$$\left.\begin{array}{l} f^{(-1)}(t) = \int_{0^-}^{t} f(\tau)\mathrm{d}\tau \leftrightarrow \dfrac{F(s)}{s} \\[3mm] f^{(-n)}(t) \leftrightarrow \dfrac{F(s)}{s^n}, \quad n = 1,2,\cdots \end{array}\right\} \tag{4-38}$$

式中，$f^{(-n)}(t)$ 表示从 0^- 到 t 对 $f(t)$ 的 n 重积分。若 $f^{(-n)}(t)$ 表示从 $-\infty$ 到 t 对 $f(t)$ 的 n 重积分，则有

$$\left.\begin{array}{l} f^{(-1)}(t) = \int_{-\infty}^{t} f(\tau)\mathrm{d}\tau \leftrightarrow \dfrac{f^{(-1)}(0^-)}{s} + \dfrac{F(s)}{s} \\[3mm] f^{(-n)}(t) \leftrightarrow \sum_{m=1}^{n} \dfrac{1}{s^{n-m+1}} f^{(-m)}(0^-) + \dfrac{F(s)}{s^n} \end{array}\right\} \tag{4-39}$$

在式(4-38)和式(4-39)中，$f^{(-n)}(t)$ 的单边拉普拉斯变换的收敛域至少是 $\mathrm{Re}[s] > 0$ 和 $\mathrm{Re}[s] > \sigma_0$ 的公共部分。

证明式(4-38)：因为

$$\int_{0^-}^{t} f(\tau)\mathrm{d}\tau = \int_{-\infty}^{\infty} f(\tau)\varepsilon(\tau)\varepsilon(t-\tau)\mathrm{d}\tau = f(t)\varepsilon(t) * \varepsilon(t)$$

根据时域卷积性质，则有

$$\mathscr{L}\Big[\int_{0^-}^{t} f(\tau)\mathrm{d}\tau\Big] = \mathscr{L}[f(t)\varepsilon(t) * \varepsilon(t)] = \frac{F(s)}{s} \tag{4-40}$$

因为 $f^{(-2)}(t) = \int_{0^-}^{t} f^{(-1)}(\tau)\mathrm{d}\tau$，根据式(4-40)，则有

$$\mathscr{L}[f^{(-2)}(t)] = \mathscr{L}\Big[\int_{0^-}^{t} f^{(-1)}(\tau)\mathrm{d}\tau\Big] = \frac{\mathscr{L}[f^{(-1)}(t)]}{s} = \frac{F(s)}{s^2}$$

反复应用式(4-40)，就可得到 $f^{(-n)}(t)$ 的单边拉普拉斯变换如式(4-40)所示。

证明式(4-39)：因为

$$f^{(-1)}(t) = \int_{-\infty}^{t} f(\tau)\mathrm{d}\tau = \int_{-\infty}^{0^-} f(\tau)\mathrm{d}\tau + \int_{0^-}^{t} f(\tau)\mathrm{d}\tau = f^{(-1)}(0^-) + \int_{0^-}^{t} f(\tau)\mathrm{d}\tau$$

$f^{(-1)}(0^-)$ 为实常数，其单边拉普拉斯变换为

$$\mathscr{L}[f^{(-1)}(0^-)] = \mathscr{L}[f^{(-1)}(0^-)\varepsilon(t)] = \frac{f^{(-1)}(0^-)}{s}$$

根据式(4-38)，有

$$\int_{0^-}^{t} f(\tau)\mathrm{d}\tau \leftrightarrow \frac{L[f(t)]}{s} = \frac{F(s)}{s} \tag{4-41}$$

所以，根据系统线性得

$$f^{(-1)}(t) = \int_{-\infty}^{t} f(\tau)\mathrm{d}\tau \leftrightarrow \frac{f^{(-1)}(0^-)}{s} + \frac{F(s)}{s} \tag{4-42}$$

反复使用式(4-42)，就可得到 $f^{(-n)}(t)$ 的单边拉普拉斯变换如式(4-39)所示。

利用时域积分的性质可以使一些复杂信号的单边拉普拉斯变换的求解变得简单易行。下面简述应用方法和应注意的问题。

若 $f(t)$ 是因果信号，$f^{(n)}(t)$ 是 $f(t)$ 的 n 次导数，则 $f(t)$ 等于从 0^- 到 t 的 n 重积分。若 $f^{(n)}(t)$ 的单边拉普拉斯变换用 $F_n(s)$ 表示，根据时域积分性质式(4-38)，则 $f(t)$ 的单边拉普拉斯变换为

$$F(s) = \mathscr{L}[f(t)] = \frac{F_n(s)}{s^n} \qquad (4-43)$$

若 $f(t)$ 为非因果信号,则单边拉普拉斯变换 $\mathscr{L}[f(t)] = \mathscr{L}[f(t)\varepsilon(t)]$。因此,若 $f(t)\varepsilon(t)$ 的 n 次导数 $\dfrac{\mathrm{d}^n}{\mathrm{d}t^n}[f(t)\varepsilon(t)]$ 的单边拉普拉斯变换用 $F_n(s)$ 表示,则 $f(t)$ 的单边拉普拉斯变换 $F(s)$ 也可由式(4-43)得到。

非因果信号 $f(t)$ 的单边拉普拉斯变换也可根据式(4-39)求解。若 $f(t)$ 在 $t \to -\infty$ 的值 $f(-\infty) = 0$,$f^{(1)}(t)$ 是 $f(t)$ 的一阶导数,则

$$f(t) = \int_{-\infty}^{t} f^{(1)}(\tau)\mathrm{d}\tau, \quad t > -\infty$$

根据式(4-39),若 $f^{(1)}(t)$ 的单边拉普拉斯变换用 $F_1(s)$ 表示,则 $f(t)$ 的单边拉普拉斯变换为

$$F(s) = \mathscr{L}[f(t)] = \frac{f(0^-)}{s} + \frac{F_1(s)}{s} \qquad (4-44)$$

若 $f(-\infty) \neq 0$,则

$$f(t) = \int_{-\infty}^{t} f^{(1)}(\tau)\mathrm{d}\tau + f(-\infty), \quad t > -\infty$$

对于 $t > 0^-$,有

$$f(t) = \int_{-\infty}^{0^-} f^{(1)}(\tau)\mathrm{d}\tau + \int_{0^-}^{t} f^{(1)}(\tau)\mathrm{d}\tau + f(-\infty) = f(0^-) + \int_{0^-}^{t} f^{(1)}(\tau)\mathrm{d}\tau$$

根据线性和式(4-38),则 $f(t)$ 的单边拉普拉斯变换为

$$F(s) = \mathscr{L}[f(t)] = \frac{f(0^-)}{s} + \frac{F_1(s)}{s} \qquad (4-45)$$

或者

$$F(s) = \mathscr{L}[f(t)] = \frac{f(0^-)}{s} + \frac{F_n(s)}{s^n} \qquad (4-46)$$

式中,$F_n(s)$ 为 $f(t)$ 的 n 阶导数 $f^{(n)}(t)$ 的单边拉普拉斯变换。因此,对于 $f(-\infty) = 0$ 或 $f(-\infty) \neq 0$,非因果信号 $f(t)$ 的单边拉普拉斯变换都可根据式(4-45)或式(4-46)得到。

时域积分的性质主要应用于线性连续系统 s 域分析中的微分、积分运算和系统微分方程的求解,是线性连续系统 s 域分析的依据之一。

例 4.11 求图 4-3(a)所示因果信号 $f(t)$ 的单边拉普拉斯变换。

解: $f(t)$ 的一阶、二阶导数如图 4-2(b)(c)所示。其中,$f(t)$ 的二阶导数为

$$f^{(2)}(t) = 2\delta(t) - 2\delta(t-1) - 2\delta(t-2) + 2\delta(t-3)$$

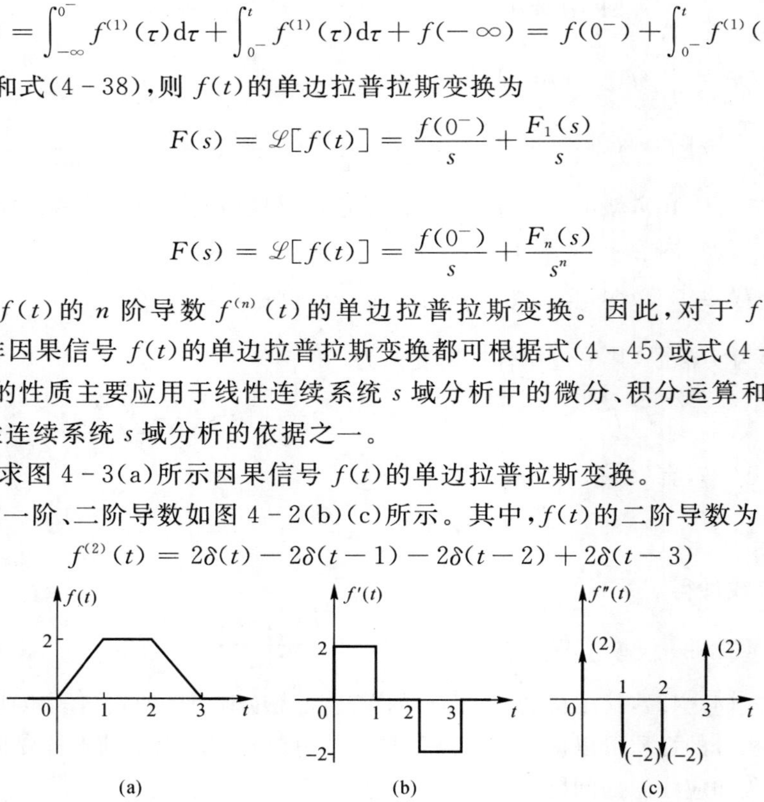

图 4-3 例 4.11 图

(a)$f(t)$ 的波形;(b)$f'(t)$ 的波形;(c)$f''(t)$ 的波形

由于 $\delta(t) \leftrightarrow 1$,由时移和线性性质得

$$F_2(s) = \mathscr{L}[f^{(2)}(t)] = 2 - 2e^{-s} - 2e^{-2s} + 2e^{-3s}$$

由时域积分性质式(4-38)或式(4-43)得

$$F(s) = \mathscr{L}[f(t)] = \frac{F_2(s)}{s^2} = \frac{2(1 - e^{-s} - e^{-2s} + e^{-3s})}{s^2}$$

例 4.12　求图 4-4(a)所示信号 $f(t)$ 的单边拉普拉斯变换。

解: $f(t)\varepsilon(t)$ 如图 4-4(b)所示，$f(t)$ 的一阶导数如图 4-4(c)所示。

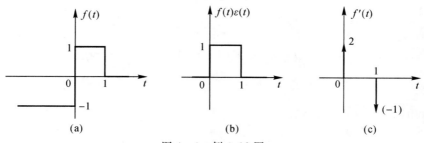

图 4-4　例 4.12 图

(a)$f(t)$ 的波形；(b)$f(t)\varepsilon(t)$ 的波形；(c)$f'(t)$ 的波形

方法一　由于

$$f(t)\varepsilon(t) = \varepsilon(t) - \varepsilon(t-1)$$

根据单边拉普拉斯变换的定义，得

$$F(s) = \mathscr{L}[f(t)] = \mathscr{L}[f(t)\varepsilon(t)] = \frac{1 - e^{-s}}{s}$$

方法二　$f(0^-) = -1$，$f(t)$ 的一阶导数为

$$f^{(1)}(t) = 2\delta(t) - \delta(t-1)$$

$f^{(1)}(t)$ 的单边拉普拉斯变换为

$$F_1(s) = \mathscr{L}[f^{(1)}(t)] = 2 - e^{-s}, \quad \mathrm{Re}[s] > -\infty$$

根据式(4-46)，得

$$F(s) = \mathscr{L}[f(t)] = \frac{f(0^-)}{s} + \frac{F_1(s)}{s}$$

$$= \frac{-1}{s} + \frac{2 - e^{-s}}{s} = \frac{1 - e^{-s}}{s}, \quad \mathrm{Re}[s] > 0$$

4.2.8　s 域微分

若 $f(t) \leftrightarrow F(s)$，$\mathrm{Re}[s] > \sigma_0$，则有

$$\left. \begin{aligned} (-t)f(t) &\leftrightarrow \frac{\mathrm{d}F(s)}{\mathrm{d}s}, \quad \mathrm{Re}[s] > \sigma_0 \\ (-t)^n f(t) &\leftrightarrow \frac{\mathrm{d}^n F(s)}{\mathrm{d}s^n}, \quad n = 1,2,\cdots, \quad \mathrm{Re}[s] > \sigma_0 \end{aligned} \right\} \tag{4-47}$$

证明: 根据单边拉普拉斯变换的定义

$$F(s) = \int_{0^-}^\infty f(t)e^{-st}\mathrm{d}t, \quad \mathrm{Re}[s] > \sigma_0 \tag{4-48}$$

对式(4-48)两边关于 s 分别求一次导数和 n 次导数，并交换微分和积分次序，就可证明

式(4-47)。具体证明过程从略。

例 4.13 求 $f(t) = t^n \varepsilon(t)$ 的单边拉普拉斯变换。

解：由于 $\varepsilon(t) \leftrightarrow \dfrac{1}{s}$，$\mathrm{Re}[s] > 0$，根据式(4-47)，得

$$\mathscr{L}[(-t)\varepsilon(t)] = \frac{\mathrm{d}}{\mathrm{d}s}\left(\frac{1}{s}\right) = -\frac{1}{s^2}, \quad \mathrm{Re}[s] > 0$$

于是得

$$\mathscr{L}[t\varepsilon(t)] = \frac{1}{s^2}, \quad \mathrm{Re}[s] > 0$$

由于 $t^2\varepsilon(t) = (-t)[(-t)\varepsilon(t)]$，根据式(4-47)得

$$\mathscr{L}[t^2\varepsilon(t)] = \frac{\mathrm{d}}{\mathrm{d}s}\left(-\frac{1}{s^2}\right) = \frac{2}{s^3}, \quad \mathrm{Re}[s] > \sigma_0$$

重复应用以上方法可以得到

$$\mathscr{L}[t^n\varepsilon(t)] = \frac{n!}{s^{n+1}}, \quad \mathrm{Re}[s] > \sigma_0$$

4.2.9 s 域积分

若 $f(t) \leftrightarrow F(s)$，$\mathrm{Re}[s] > \sigma_0$，则有

$$\frac{f(t)}{t} \leftrightarrow \int_s^\infty F(\lambda)\,\mathrm{d}\lambda \tag{4-49}$$

式中，$\lim\limits_{t\to 0}\dfrac{f(t)}{t}$ 存在，$\dfrac{f(t)}{t}$ 的单边拉普拉斯变换的 ROC 为 $\mathrm{Re}[s] > 0$ 和 $\mathrm{Re}[s] > \sigma_0$ 的公共部分。

证明：根据单边拉普拉斯变换的定义

$$F(s) = \int_{0^-}^\infty f(t)\mathrm{e}^{-st}\,\mathrm{d}t, \quad \mathrm{Re}[s] > \sigma_0$$

对上式两边从 s 到 ∞ 积分，并交换积分次序得

$$\int_s^\infty F(\lambda)\,\mathrm{d}\lambda = \int_s^\infty\left[\int_{0^-}^\infty f(t)\mathrm{e}^{-\lambda t}\,\mathrm{d}t\right]\mathrm{d}\lambda = \int_{0^-}^\infty f(t)\left(\int_s^\infty \mathrm{e}^{-\lambda t}\,\mathrm{d}\lambda\right)\mathrm{d}t$$

因为 $t > 0$，所以上式方括号中的积分 $\int_s^\infty \mathrm{e}^{-\lambda t}\,\mathrm{d}\lambda$ 在 $\mathrm{Re}[s] > 0$ 时收敛。因此得

$$\int_s^\infty F(\lambda)\,\mathrm{d}\lambda = \int_{0^-}^\infty f(t)\left(\frac{\mathrm{e}^{-st}}{t}\right)\mathrm{d}t = \int_{0^-}^\infty \frac{f(t)}{t}\mathrm{e}^{-st}\,\mathrm{d}t$$

$$= \mathscr{L}\left[\frac{f(t)}{t}\right]$$

例 4.14 已知 $f(t) = \dfrac{\sin t}{t}\varepsilon(t)$，求 $f(t)$ 的单边拉普拉斯变换。

解：由于 $\sin t\,\varepsilon(t) \leftrightarrow \dfrac{1}{s^2+1}$，根据 s 域积分性质，得

$$F(s) = \mathscr{L}\left[\frac{\sin t\,\varepsilon(t)}{t}\right] = \int_s^\infty \frac{1}{\lambda^2+1}\,\mathrm{d}\lambda = \arctan\lambda\,\Big|_s^\infty$$

$$= \arctan\frac{1}{s}$$

4.2.10　初值和终值定理

(1)初值定理。若信号 $f(t)$ 不包含冲激函数 $\delta(t)$ 及其各阶导数,并且有
$$f(t) \leftrightarrow F(s), \quad \mathrm{Re}[s] > \sigma_0$$
则信号 $f(t)$ 的初值为
$$f(0^+) = \lim_{t \to 0^+} f(t) = \lim_{s \to \infty} sF(s) \tag{4-50}$$

(2)终值定理。若 $f(t)$ 在 $t \to \infty$ 时极限 $f(\infty)$ 存在,并且有
$$f(t) \leftrightarrow F(s), \quad \mathrm{Re}[s] > \sigma_0; -\infty < \sigma_0 < 0$$
则 $f(t)$ 的终值为
$$f(\infty) = \lim_{t \to \infty} f(t) = \lim_{s \to 0} sF(s) \tag{4-51}$$

初值定理和终值定理可以根据单边拉普拉斯变换的定义和时域微分性质证明。这里从略。

例 4.15　$f(t) = \mathrm{e}^{-t}\cos t \varepsilon(t)$,求 $f(0^+)$ 和 $f(\infty)$。

解:由于 $\cos t \varepsilon(t) \leftrightarrow \dfrac{s}{s^2+1}$,根据复频移性质,则有
$$F(s) = \mathscr{L}[f(t)] = \frac{s+1}{(s+1)^2+1}, \quad \mathrm{Re}[s] > -1$$

由初值定理得
$$f(0^+) = \lim_{s \to \infty} sF(s) = \lim_{s \to \infty} \frac{s(s+1)}{(s+1)^2+1} = 1$$

由终值定理得
$$f(\infty) = \lim_{s \to 0} sF(s) = \lim_{s \to 0} \frac{s(s+1)}{(s+1)^2+1} = 0$$

为了便于查阅和应用,最后,将单边拉普拉斯变换的性质和常用单边拉普拉斯变换分别列于表 4-1 和表 4-2 中。

表 4-1　单边拉普拉斯变换的性质

序　号	性质名称	信　号	拉普拉斯变换
0	定义	$f(t) = \dfrac{1}{2\pi j}\displaystyle\int_{\sigma-j\infty}^{\sigma+j\infty} F(s)\mathrm{e}^{st}\,\mathrm{d}s, t \geqslant 0$	$F(s) = \displaystyle\int_{0^-}^{\infty} f(t)\mathrm{e}^{-st}\,\mathrm{d}t, \sigma > \sigma_0$
1	线性	$a_1 f_1(t) + a_2 f_2(t)$	$a_1 F_1(s) + a_2 F_2(s), \sigma > \max(\sigma_1, \sigma_2)$
2	尺度变换	$f(at), a > 0$	$\dfrac{1}{a}F\left(\dfrac{s}{a}\right), \sigma > a\sigma_0$
3	时移	$f(t-t_0)\varepsilon(t-t_0), t_0 > 0$	$\mathrm{e}^{-st_0}F(s), \sigma > \sigma_0$
4	复频移	$\mathrm{e}^{s_a t}f(t)$	$F(s-s_a), \sigma > \sigma_a + \sigma_0$
5	时域微分	$f^{(1)}(t) = \dfrac{\mathrm{d}f(t)}{\mathrm{d}t}$	$sF(s) - f(0^-), \sigma > \sigma_0$
6	时域积分	$f^{(n)}(t) = \dfrac{\mathrm{d}^n f(t)}{\mathrm{d}t^n}$	$s^n F(s) - \displaystyle\sum_{m=0}^{n-1} s^{n-1-m} f^{(m)}(0^-)$

续表

序 号	性质名称	信 号	拉普拉斯变换
7	时域卷积	$f_1(t) * f_2(t)$ $f_1(t)$,$f_2(t)$为因果信号	$F_1(s)F_2(s)$, $\sigma > \max(\sigma_0, 0)$
8	时域相乘	$f_1(t)f_2(t)$	$\dfrac{1}{2\pi j}\displaystyle\int_{c-j\infty}^{c+j\infty} F_1(\lambda)F_2(s-\lambda)\,d\lambda$ $\sigma > \sigma_1 + \sigma_2$, $\sigma_1 < c < \sigma - \sigma_2$
9	s 域微分	$(-t)^n f(t)$	$F^{(n)}(s)$,$\sigma > \sigma_0$
10	s 域积分	$\dfrac{f(t)}{t}$	$\displaystyle\int_s^\infty F(\lambda)\,d\lambda$, $\sigma > \sigma_0$
11	初值定理	$f(0^+) = \lim\limits_{s \to \infty} sF(s)$	
12	终值定理	$f(\infty) = \lim\limits_{s \to 0} sF(s)$,$s = 0$ 在收敛域内	

表 4-2 常用信号的单边拉普拉斯变换

序 号	信 号	拉普拉斯变换	收敛域
1	$\delta(t)$	1	$\sigma > -\infty$
2	$\delta^{(n)}(t)$	s^n	$\sigma > -\infty$
3	$\varepsilon(t)$	$\dfrac{1}{s}$	$\sigma > 0$
4	$e^{-\alpha t}\varepsilon(t)$	$\dfrac{1}{s+\alpha}$	$\sigma > -\alpha$
5	$\sin(\omega_0 t)\varepsilon(t)$	$\dfrac{\omega_0}{s^2 + \omega_0{}^2}$	$\sigma > 0$
6	$\cos(\omega_0 t)\varepsilon(t)$	$\dfrac{s}{s^2 + \omega_0{}^2}$	$\sigma > 0$
7	$e^{-\alpha t}\sin(\omega_0 t)\varepsilon(t)$	$\dfrac{\omega_0}{(s+\alpha)^2 + \omega_0{}^2}$	$\sigma > -\alpha$
8	$e^{-\alpha t}\cos(\omega_0 t)\varepsilon(t)$	$\dfrac{s+\alpha}{(s+\alpha)^2 + \omega_0{}^2}$	$\sigma > -\alpha$
9	$\dfrac{1}{(n-1)!}t^{n-1}\varepsilon(t)$	$\dfrac{1}{s^n}$	$\sigma > 0$
10	$\dfrac{1}{(n-1)!}t^{n-1}e^{-\alpha t}\varepsilon(t)$	$\dfrac{1}{(s+\alpha)^n}$	$\sigma > -\alpha$
11	$\displaystyle\sum_{n=0}^\infty \delta(t - nT)$	$\dfrac{1}{1 - e^{-sT}}$	$\sigma > 0$

4.3　单边拉普拉斯逆变换

概括地说,线性连续系统的 s 域分析法就是先求系统响应的单边拉普拉斯变换,然后求其逆变换而得到时域响应。因此,求单边拉普拉斯逆变换是 s 域分析法的基本问题。求 $F(s)$ 的逆变换就是求式(4-6)的积分,这是一个复变函数的积分,称为反演积分,求解比较困难。实际问题中,$F(s)$ 一般为 s 的有理分式,可以将 $F(s)$ 展开为部分分式,然后利用单边拉普拉斯的性质并结合常用变换对求逆变换。此外,还可利用拉普拉斯变换表求逆变换。

4.3.1　直接法

对于简单象函数 $F(s)$,直接应用拉普拉斯变换表或拉普拉斯变换性质求得原函数 $f(t)$。

例 4.16　已知 $F(s) = \dfrac{s+1}{s^2+4s+4}$,求 $F(s)$ 的原函数 $f(t)$。

解:$F(s)$ 可以表示为

$$F(s) = \frac{s+1}{s^2+4s+4} = \frac{s+1}{(s+2)^2}$$

由附录 F 查得编号为 15 的象函数与本例中 $F(s)$ 的形式相同。编号 15 的变换对为

$$\frac{b_1 s + b_0}{(s+\alpha)^2} \leftrightarrow \left[(b_0 - b_1\alpha)t + b_1\right] \mathrm{e}^{-\alpha t} \varepsilon(t)$$

与本例中 $F(s)$ 的表示式对比,则 $b_1 = 1, b_0 = 1, \alpha = 2$,代入变换对得

$$f(t) = \mathscr{L}^{-1}[F(s)] = (1-t)\mathrm{e}^{-2t}\varepsilon(t)$$

4.3.2　部分分式展开法

若 $F(s)$ 为 s 的有理分式,则可表示为

$$F(s) = \frac{B(s)}{A(s)} = \frac{b_m s^m + b_{m-1} s^{m-1} + \cdots + b_1 s + b_0}{s^n + a_{n-1} s^{n-1} + \cdots + a_1 s + a_0} \tag{4-52}$$

式中,$a_i (i=0,1,2,\cdots,n-1)$,$b_i (i=0,1,2,\cdots,m)$ 均为实数。若 $m \geqslant n$,则 $\dfrac{B(s)}{A(s)}$ 为假分式,若 $m < n$,则 $\dfrac{B(s)}{A(s)}$ 为真分式。

若 $F(s)$ 为假分式,可用多项式除法将 $F(s)$ 分解为有理多项式与有理真分式之和,即

$$F(s) = c_0 + c_1 s + \cdots + c_{n-1} s^{m-n} + \frac{D(s)}{A(s)} = N(s) + \frac{D(s)}{A(s)}$$

$$N(s) = c_0 + c_1 s + \cdots + c_{n-1} s^{m-n} \tag{4-53}$$

式中,$c_i (i=0,1,2,\cdots,n-1)$ 为实数;$N(s)$ 为有理多项式,其逆变换为冲激函数及其一阶到 $m-n$ 阶导数之和;$\dfrac{D(s)}{A(S)}$ 为有理真分式,可展开为部分分式后求逆变换,例如,

$$F(s) = \frac{2s^3 + 7s^2 + 10s + 6}{s^2 + 3s + 2} = (1+2s) + \frac{3s+4}{(s+1)(s+2)}$$

$$= (1+2s) + \frac{1}{s+1} + \frac{2}{s+2}$$

则

$$f(t) = \mathscr{L}^{-1}[F(s)] = \delta(t) + 2\delta'(t) + (e^{-t} + 2e^{-2t})\varepsilon(t)$$

若 $F(s) = \dfrac{B(s)}{A(s)}$ 为有理真分式,可直接展开为部分分式后求逆变换。要把 $F(s)$ 展开为部分分式,必须先求出 $A(s) = 0$ 的根。因为 $A(s)$ 为 s 的 n 次多项式,所以 $A(s) = 0$ 有 n 个根 $s_i(i=1,2,\cdots,n)$。s_i 可能为单根,也可能为重根;可能为实根,也可能为复根。s_i 又称为 $F(s)$ 的**极点**。$F(s)$ 展开为部分分式的具体形式取决于 s_i 的上述性质。

附录 A 中介绍了关于有理真分式的部分分式展开方法,下面将应用部分分式展开法求拉普拉斯逆变换的几种情况归纳如下。

1. $F(s)$ 仅含一阶极点

若 $A(s) = 0$ 仅有 n 个单根 s_i,则根据附录 A 中式(A-2),无论 s_i 是实根还是复根,都可将 $F(s)$ 展开为

$$F(s) = \frac{B(s)}{A(s)} = \frac{B(s)}{(s-s_1)(s-s_2)\cdots(s-s_n)} = \sum_{i=1}^{n} \frac{K_i}{s-s_i} \tag{4-54}$$

式中,各部分分式项的系数 K_i 为

$$K_i = (s-s_i)F(s)\big|_{s=s_i} \tag{4-55}$$

由于

$$e^{s_i t}\varepsilon(t) \leftrightarrow \frac{1}{s-s_i}$$

所以 $F(s)$ 的单边拉普拉斯逆变换可表示为

$$f(t) = \mathscr{L}^{-1}[F(s)] = \sum_{i=1}^{n} K_i e^{s_i t}\varepsilon(t) \tag{4-56}$$

例 4.17 已知 $F(s) = \dfrac{s+5}{s^2+5s+6}$,求 $F(s)$ 的单边拉氏逆变换(原函数)$f(t)$。

解:$F(s)$ 的分母多项式 $A(s) = 0$ 的两个根分别为 $s_1 = -2$,$s_2 = -3$。因此,$F(s)$ 的部分分式展开式为

$$F(s) = \frac{s+5}{(s+2)(s+3)} = \frac{K_1}{s+2} + \frac{K_2}{s+3}$$

由式(4-53)求 K_1 和 K_2,得

$$K_1 = (s+2)\frac{s+5}{(s+2)(s+3)}\bigg|_{s=-2} = 3$$

$$K_2 = (s+3)\frac{s+5}{(s+2)(s+3)}\bigg|_{s=-3} = -2$$

所以

$$F(s) = \frac{3}{s+2} - \frac{2}{s+3}$$

于是得

$$f(t) = \mathscr{L}^{-1}[F(s)] = (3e^{-2t} - 2e^{-3t})\varepsilon(t)$$

2. $F(s)$ 含有 r 阶极点

若 $A(s) = 0$ 在 $s = s_1$ 处有 r 重根,而其余 $(n-r)$ 个根 $s_j(j=r+1,\cdots,n)$ 是单根,这些根的

值是实数或复数,则由附录 A 中式$(A-7)$和式$(A-11)$可得

$$F(s) = \frac{B(s)}{(s-s_1)^r(s-s_{r+1})\cdots(s-s_n)} = \sum_{i=1}^{r} \frac{K_{1i}}{(s-s_1)^{r-i+1}} + \sum_{j=r+1}^{n} \frac{K_j}{s-s_j}$$

$$= F_1(s) + \sum_{j=r+1}^{n} \frac{K_{1i}}{s-s_j} \tag{4-57}$$

式中

$$F_1(s) = \sum_{i=1}^{r} \frac{K_{1i}}{(s-s_1)^{r-i+1}}$$

$$K_{1i} = \frac{1}{(i-1)!} \frac{\mathrm{d}^{i-1}}{\mathrm{d}s^{i-1}} \left[(s-s_1)^r F(s) \right] \Big|_{s=s_1} \tag{4-58}$$

系数 K_j 由式$(4-53)$确定。

先求 $F_1(s)$ 的逆变换,因为

$$\frac{1}{(i-1)!} t^{i-1} \varepsilon(t) \leftrightarrow \frac{1}{s^i}$$

由复频移性质,可得

$$\frac{1}{(i-1)!} e^{s_1 t} t^{i-1} \varepsilon(t) \leftrightarrow \frac{1}{(s-s_1)^i}$$

$$\sum_{i=1}^{r} \frac{K_{1i}}{(i-1)!} t^{i-1} e^{s_1 t} \varepsilon(t) \leftrightarrow F_1(s)$$

再根据线性性质和式$(4-54)$,求得 $F(s)$ 的单边拉氏逆变换为

$$f(t) = \mathcal{L}^{-1}[F(s)] = \sum_{i=1}^{r} \frac{K_{1i}}{(i-1)!} t^{i-1} e^{s_1 t} \varepsilon(t) + \sum_{j=r+1}^{n} K_j e^{s_j t} \varepsilon(t) \tag{4-59}$$

例 4.18 已知 $F(s) = \dfrac{3s+5}{(s+1)^2(s+3)}$,求 $F(s)$ 的单边拉氏逆变换。

解:$F(s)$ 有二阶极点 $s=-1$ 和一阶极点 $s=-3$。因此,$F(s)$ 可展开为

$$F(s) = \frac{K_{11}}{(s+1)^2} + \frac{K_{12}}{s+1} + \frac{K_3}{s+3}$$

由式$(4-56)$和式$(4-53)$得

$$K_{11} = (s+1)^2 \frac{3s+5}{(s+1)^2(s+3)} \Big|_{s=-1} = 1$$

$$K_{12} = \frac{\mathrm{d}}{\mathrm{d}s} \left[(s+1)^2 \frac{3s+5}{(s+1)^2(s+3)} \right] \Big|_{s=-1} = 1$$

$$K_3 = (s+3) \frac{3s+5}{(s+1)^2(s+3)} \Big|_{s=-3} = -1$$

于是得

$$F(s) = \frac{1}{(s+1)^2} + \frac{1}{s+1} - \frac{1}{s+3}$$

根据式$(4-55)$和式$(4-57)$可得

$$f(t) = \mathcal{L}^{-1}[F(s)] = (te^{-t} + e^{-t} - e^{-3t})\varepsilon(t)$$

3. $F(s)$ 含有复极点

对于实系数有理分式 $F(s) = \dfrac{B(s)}{A(s)}$,如果 $A(s)=0$ 有复根,则必然共轭成对出现,而且在展开式中相应分式项系数亦互为共轭。在实际应用中,注意到上述特点,对简化系数计算是有好

处的。

如果 $A(s)=0$ 的复根为 $s_{1,2}=-\alpha\pm\mathrm{j}\beta$，则 $F(s)$ 可展开为

$$F(s) = \frac{B(s)}{(s+\alpha-\mathrm{j}\beta)(s+\alpha+\mathrm{j}\beta)} = \frac{K_1}{s+\alpha-\mathrm{j}\beta} + \frac{K_2}{s+\alpha+\mathrm{j}\beta}$$

$$= \frac{K_1}{s+\alpha-\mathrm{j}\beta} + \frac{K_1^*}{s+\alpha+\mathrm{j}\beta}$$

式中，$K_2=K_1^*$。令 $K_1=|K_1|\mathrm{e}^{\mathrm{j}\varphi}$，则有

$$K_1 = |K_1|\mathrm{e}^{\mathrm{j}\varphi} F(s) = \frac{|K_1|\mathrm{e}^{\mathrm{j}\varphi}}{s+\alpha-\mathrm{j}\beta} + \frac{|K_1|\mathrm{e}^{-\mathrm{j}\varphi}}{s+\alpha+\mathrm{j}\beta} \qquad (4-60)$$

由复频移和线性性质得 $F(s)$ 的原函数为

$$f(t) = \mathscr{L}^{-1}[F(s)] = [|K_1|\mathrm{e}^{\mathrm{j}\varphi}\mathrm{e}^{(-\alpha+\mathrm{j}\beta)t} + |K_1|\mathrm{e}^{-\mathrm{j}\varphi}\mathrm{e}^{(-\alpha-\mathrm{j}\beta)t}]\varepsilon(t)$$

$$= |K_1|\mathrm{e}^{-\alpha t}[\mathrm{e}^{\mathrm{j}(\beta t+\varphi)} + \mathrm{e}^{-\mathrm{j}(\beta t+\varphi)}]$$

$$= 2|K_1|\mathrm{e}^{-\alpha t}\cos(\beta t+\varphi)\varepsilon(t) \qquad (4-61)$$

式（4-58）和式（4-59）组成的变换对可作为一般公式使用。对于 $F(s)$ 的一对共轭复极点 $s_1=-\alpha+\mathrm{j}\beta$ 和 $s_2=-\alpha-\mathrm{j}\beta$，只需要计算出系数 $K_1=|K_1|\mathrm{e}^{\mathrm{j}\varphi}$（与 s_1 对应），然后把 $|K_1|$，φ，α，β 代入式（4-59），就可得到这一对共轭复极点对应的部分分式的原函数。

如果 $F(s)$ 有高阶复极点，那么相应的部分分式也呈现与一阶复极点类似的特点。以 $A(s)=0$ 的根为二重共轭复根 $s_{1,2}=-\alpha\pm\mathrm{j}\beta$ 为例，其 $F(s)$ 可展开为

$$F(s) = \frac{B(s)}{(s+\alpha-\mathrm{j}\beta)^2(s+\alpha+\mathrm{j}\beta)^2}$$

$$= \frac{K_{11}}{(s+\alpha-\mathrm{j}\beta)^2} + \frac{K_{12}}{(s+\alpha-\mathrm{j}\beta)} + \frac{K_{11}^*}{(s+\alpha+\mathrm{j}\beta)^2} + \frac{K_{12}^*}{(s+\alpha+\mathrm{j}\beta)}$$

$$= \frac{|K_{11}|\mathrm{e}^{\mathrm{j}\varphi_1}}{(s+\alpha-\mathrm{j}\beta)^2} + \frac{|K_{12}|\mathrm{e}^{\mathrm{j}\varphi_2}}{(s+\alpha-\mathrm{j}\beta)} + \frac{|K_{11}|\mathrm{e}^{-\mathrm{j}\varphi_1}}{(s+\alpha+\mathrm{j}\beta)^2} + \frac{|K_{12}|\mathrm{e}^{-\mathrm{j}\varphi_2}}{(s+\alpha+\mathrm{j}\beta)}$$

式中

$$K_{11} = |K_{11}|\mathrm{e}^{\mathrm{j}\varphi_1}, \quad K_{11}^* = |K_{11}|\mathrm{e}^{-\mathrm{j}\varphi_1}$$

$$K_{12} = |K_{12}|\mathrm{e}^{\mathrm{j}\varphi_2}, \quad K_{12}^* = |K_{12}|\mathrm{e}^{-\mathrm{j}\varphi_2}$$

系数 K_{11} 和 K_{12} 由式（4-56）确定。根据复频移和线性性质，求得 $F(s)$ 的原函数为

$$f(t) = \mathscr{L}^{-1}[F(s)]$$

$$= |K_{11}|[\mathrm{e}^{\mathrm{j}\varphi_1}\mathrm{e}^{(-\alpha+\mathrm{j}\beta)t} + \mathrm{e}^{-\mathrm{j}\varphi_1}\mathrm{e}^{(-\alpha-\mathrm{j}\beta)t}]\varepsilon(t) + |K_{12}|t[\mathrm{e}^{\mathrm{j}\varphi_2}\mathrm{e}^{(-\alpha+\mathrm{j}\beta)t} + \mathrm{e}^{-\mathrm{j}\varphi_2}\mathrm{e}^{(-\alpha-\mathrm{j}\beta)t}]\varepsilon(t)$$

$$= 2|K_{11}|t\mathrm{e}^{-\alpha t}\cos(\beta t+\varphi_1)\varepsilon(t) + 2|K_{12}|\mathrm{e}^{-\alpha t}\cos(\beta t+\varphi_2)\varepsilon(t) \qquad (4-62)$$

例 4.19 已知 $F(s)=\dfrac{2s+8}{s^2+4s+8}$，求 $F(s)$ 的单边拉氏逆变换。

解：$F(s)$ 可以表示为

$$F(s) = \frac{2s+8}{(s+2)^2+4} = \frac{2s+8}{(s+2-\mathrm{j}2)(s+2+\mathrm{j}2)}$$

$F(s)$ 有一对共轭一阶极点 $s_{1,2}=-2\pm\mathrm{j}2$，可展开为

$$F(s) = \frac{K_1}{(s+2-\mathrm{j}2)} + \frac{K_2}{(s+2+\mathrm{j}2)}$$

根据式（4-53）求 K_1 和 K_2，得

$$K_1 = (s+2-\mathrm{j}2)F(s)\big|_{s=-2+\mathrm{j}2} = 1-\mathrm{j} = \sqrt{2}\mathrm{e}^{-\mathrm{j}\frac{\pi}{4}}$$

$$K_2 = (s+2+\mathrm{j}2)F(s)\big|_{s=-2-\mathrm{j}2} = 1+\mathrm{j} = \sqrt{2}\,\mathrm{e}^{\mathrm{j}\frac{\pi}{4}}$$

于是得

$$F(s) = \frac{\sqrt{2}\,\mathrm{e}^{-\mathrm{j}\frac{\pi}{4}}}{s+2-\mathrm{j}2} + \frac{\sqrt{2}\,\mathrm{e}^{\mathrm{j}\frac{\pi}{4}}}{s+2+\mathrm{j}2}$$

根据式(4-58)和式(4-59)，$|K_1| = \sqrt{2}$，$\varphi = \dfrac{\pi}{4}$，$\alpha = 2$，$\beta = 2$。于是得

$$f(t) = \mathscr{L}[F(s)] = 2\sqrt{2}\,\mathrm{e}^{-2t}\cos\left(2t - \frac{\pi}{4}\right)\varepsilon(t)$$

除查表法和部分分式法之外，应用拉普拉斯变换的性质结合常用变换对也是求单边拉普拉斯逆变换的重要方法。下面举例说明这种方法。

例 4.20　已知 $F(s) = \dfrac{(s+4)\mathrm{e}^{-2s}}{s(s+2)}$，求 $F(s)$ 的单边拉普拉斯变换。

解：$F(s)$ 不是有理分式，但 $F(s)$ 可以表示为

$$F(s) = F_1(s)\mathrm{e}^{-2s}$$

式中，$F_1(s)$ 为

$$F_1(s) = \frac{s+4}{s(s+2)} = \frac{2}{s} - \frac{1}{s+2}$$

由线性和常用变换对得到

$$f_1(t) = \mathscr{L}^{-1}[F_1(s)] = (2 - \mathrm{e}^{-2t})\varepsilon(t)$$

由时移性质得

$$\begin{aligned} f(t) &= \mathscr{L}^{-1}[F(s)] = \mathscr{L}^{-1}[F_1(s)\mathrm{e}^{-2s}] \\ &= [2 - \mathrm{e}^{-2(t-2)}]\varepsilon(t-2) \end{aligned}$$

例 4.21　已知单边拉普拉斯变换 $F(s) = \dfrac{2s}{(s^2+1)^2}$，求 $F(s)$ 的原函数 $f(t)$。

解：$F(s)$ 为有理分式，可用部分分式法求 $f(t)$。但 $F(s)$ 又可表示为

$$F(s) = \frac{\mathrm{d}}{\mathrm{d}s}\left(\frac{-1}{s^2+1}\right)$$

因为 $\sin t\varepsilon(t) \leftrightarrow \dfrac{1}{s^2+1}$，根据 s 域微分性质，则 $F(s)$ 的原函数为

$$f(t) = \mathscr{L}^{-1}[F(s)] = (-t)[-\sin t\varepsilon(t)] = t\sin t\varepsilon(t)$$

例 4.22　已知 $F(s) = \dfrac{1}{1+\mathrm{e}^{-2s}}$，求 $F(s)$ 的单边拉氏逆变换。

解：$F(s)$ 不是有理分式，不能展开为部分分式。$F(s)$ 可以表示为

$$F(s) = \frac{(1-\mathrm{e}^{-2s})}{(1+\mathrm{e}^{-2s})(1-\mathrm{e}^{-2s})} = \frac{(1-\mathrm{e}^{-2s})}{1-\mathrm{e}^{-4s}}$$

由式(4-29)可知，对于从 $t=0^-$ 起始的周期性冲激序列 $\displaystyle\sum_{n=0}^{\infty}\delta(t-nT)$，其单边拉普拉斯变换为

$$\mathscr{L}\left[\sum_{n=0}^{\infty}\delta(t-nT)\right] = \frac{1}{1-\mathrm{e}^{-sT}}, \quad \mathrm{Re}[s] > 0$$

由于

$$\mathscr{L}[\delta(t)-\delta(t-2)]=1-\mathrm{e}^{-2s}, \quad \mathrm{Re}[s]>-\infty$$

因此，根据时域卷积性质得

$$\left[\sum_{n=0}^{\infty}\delta(t-4n)\right]*[\delta(t)-\delta(t-2)]\leftrightarrow\frac{1-\mathrm{e}^{-2s}}{1-\mathrm{e}^{-4s}}$$

于是得

$$f(t)=\mathscr{L}^{-1}[F(s)]=\left[\sum_{n=0}^{\infty}\delta(t-4n)\right]*[\delta(t)-\delta(t-2)]=\sum_{n=0}^{\infty}[\delta(t-4n)-\delta(t-2-4n)]$$

$f(t)$为从 $t=0^-$起始的周期信号（习惯称为**因果周期信号**），$f(t)$的第一个周期内的信号为$[\delta(t)-\delta(t-2)]$。

4.4 连续系统的 s 域分析

本节继续讨论连续系统零状态响应的 s 域解法。为了深入理解 s 域解法与时域解法之间的本质联系，遵照 LTI 系统分析的统一观点和方法，先将输入 $f(t)$分解成基本信号单元 e^{st}的线性组合，并计算出各基本单元信号单元激励下系统的零状态响应分量；然后应用系统的线性特性，导出一般信号 $f(t)$激励下系统零状态响应的 s 域解法。

4.4.1 连续信号的 s 域分解

应用单边拉普拉斯逆变换公式，可将因果信号 $f(t)$表示为

$$f(t)=\frac{1}{2\pi\mathrm{j}}\int_{\sigma-\mathrm{j}\infty}^{\sigma+\mathrm{j}\infty}F(s)\mathrm{e}^{st}\mathrm{d}s=\int_{\sigma-\mathrm{j}\infty}^{\sigma+\mathrm{j}\infty}\frac{1}{2\pi\mathrm{j}}F(s)\mathrm{e}^{st}\mathrm{d}s, \quad t\geqslant0 \qquad (4-63)$$

式中，$\frac{1}{2\pi\mathrm{j}}$与 t 无关，积分计算的实质是一种求和运算。式（4-63）表明，若因果信号 $f(t)$的拉普拉斯变换 $F(s)$存在，则可将它分解为基本信号 e^{st}的线性组合，其加权系数是 $\frac{1}{2\pi\mathrm{j}}F(s)\mathrm{d}s$。通常，式（4-63）称为连续信号 $f(t)$的 **s 域分解公式**。

4.4.2 基本信号 e^{st}激励下的零状态响应

设 LTI 连续系统如图 4-5 所示。由第 2 章内容可知，基本信号 e^{st}作用于连续系统的零状态响应为

$$y_{\mathrm{zs}}(t)=h(t)*\mathrm{e}^{st}=\int_{-\infty}^{\infty}h(\tau)\mathrm{e}^{s(t-\tau)}\mathrm{d}\tau=\int_{-\infty}^{\infty}h(\tau)\mathrm{e}^{-s\tau}\mathrm{d}\tau\mathrm{e}^{st} \qquad (4-64)$$

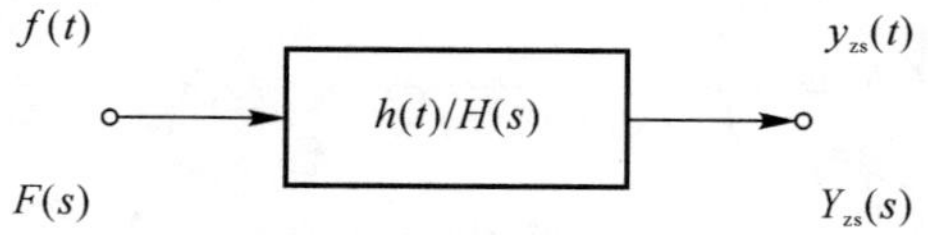

图 4-5　LTI 连续系统

对于因果系统，则有

$$y_{\mathrm{zs}}(t)=\int_{0^-}^{\infty}h(\tau)\mathrm{e}^{-s\tau}\mathrm{d}\tau\mathrm{e}^{st}=H(s)\mathrm{e}^{st} \qquad (4-65)$$

式中

$$H(s) = \int_{0^-}^{\infty} h(\tau) e^{-s\tau} d\tau = \mathcal{L}[h(t)] \qquad (4-66)$$

可见,基本信号 e^{st} 激励下连续系统的零状态响应等于 $H(s)$ 与 e^{st} 的乘积。这里,$H(s)$ 是与 t 无关的复常量,用以表征系统处理连续信号的能力,称为连续系统的系统函数。$H(s)$ 与 $h(t)$ 之间满足拉普拉斯变换对关系,即有

$$h(t) \leftrightarrow H(s) \qquad (4-67)$$

4.4.3　一般信号 $f(t)$ 激励下的零状态响应

现在,从式(4-65)出发,应用系统的线性特性以及连续信号的 s 域分解公式,对连续系统的激励-零状态响应关系作如下推导:

$$e^{st} \to H(s) e^{st} \qquad (4-68)$$

$$\frac{1}{2\pi j} F(s) e^{st} ds \to \frac{1}{2\pi j} H(s) F(s) e^{st} ds \qquad (\text{零状态响应的齐次性})$$

$$\frac{1}{2\pi j} \int_{\sigma-j\infty}^{\sigma+j\infty} F(s) e^{st} ds \to \frac{1}{2\pi j} \int_{\sigma-j\infty}^{\sigma+j\infty} H(s) F(s) e^{st} ds \qquad (\text{零状态响应的可加性})$$

$$f(t) \to y_{zs}(t) \qquad (4-69)$$

于是有

$$y_{zs}(t) = \frac{1}{2\pi j} \int_{\sigma-j\infty}^{\sigma+j\infty} H(s) F(s) e^{st} ds = \mathcal{L}^{-1}[H(s)F(s)] \qquad (4-70)$$

或者写成

$$Y_{zs}(s) = H(s) F(s) \qquad (4-71)$$

式中,$Y_{zs}(s) = \mathcal{L}[y_{zs}(t)]$。式(4-70)和式(4-71)表明,LTI 连续系统零状态响应的 s 域求解可按以下步骤进行:

第一步,计算系统输入 $f(t)$ 的单边拉普拉斯变换 $F(s)$;

第二步,确定连续系统的系统函数 $H(s)$。

第三步,计算零状态响应象函数 $Y_{zs}(s) = H(s)F(s)$。

第四步,计算 $Y_{zs}(s)$ 的拉氏逆变换,求得系统零状态响应的时域解 $y_{zs}(t)$。

例 4.23　已知线性连续系统的输入为 $f_1(t) = e^{-t}\varepsilon(t)$ 时,零状态响应 $Y_{zs1}(t) = (e^{-t} - e^{-2t})\varepsilon(t)$。若输入为 $f_2(t) = t\varepsilon(t)$,求系统的零状态响应 $y_{zs2}(t)$。

解:$f_1(t)$ 和 $y_{zs1}(t)$ 的单边拉普拉斯变换分别为

$$F_1(s) = \mathcal{L}[f_1(t)] = \frac{1}{s+1}$$

$$Y_{zs1}(s) = \mathcal{L}[y_{zs1}(t)] = \frac{1}{s+1} - \frac{1}{s+2} = \frac{1}{(s+1)(s+2)}$$

由式(4-69)得

$$H(s) = \frac{Y_{zs1}(s)}{F_1(s)} = \frac{1}{s+2}$$

$f_2(t)$ 的单边拉普拉斯变换为

$$F_2(s) = \mathcal{L}[f_2(t)] = \frac{1}{s^2}$$

$y_{zs2}(t)$ 的单边拉普拉斯变换为

$$Y_{zs2}(t) = \mathscr{L}[y_{zs2}(t)] = H(s)F_2(s) = \frac{1}{s^2(s+2)} = \frac{1}{4}\left(\frac{2}{s^2} + \frac{1}{s+2} - \frac{1}{s}\right)$$

于是得

$$y_{zs2}(t) = \mathscr{L}^{-1}[Y_{zs2}(t)] = \frac{1}{4}(2t + e^{-2t} - 1)\varepsilon(t)$$

4.4.4 微分方程的变换解

对线性微分方程两端取拉普拉斯变换,输入 $x(t)$ 和输出 $y(t)$ 分别变换为 $X(s)$ 和 $Y(s)$,由于 $X(s)$ 和 $Y(s)$ 间只是代数关系,从中可方便地求出 $Y(s)$,$Y(s)$ 经逆变换后就是输出 $y(t)$。把拉普拉斯变换应用于初值微分方程问题,不需要专门求解 $t=0_+$ 初始值,也不需要分别求解零输入响应与零状态响应,分析过程相对简单。

将系统的时域描述变换为复频域描述求解系统的响应常称为系统的复频域分析。

例 4.24 已知系统的微分方程为

$$y''(t) + 5y'(t) + 6y(t) = x'(t)$$

利用拉普拉斯变换求该系统的冲激响应 $h(t)$。

解:$h(t)$ 满足的微分方程为

$$h''(t) + 5h'(t) + 6h(t) = \delta'(t)$$

对方程两端取拉普拉斯变换,设 $\mathscr{L}[h(t)] = H(s)$,由于 $h(t)$ 为因果信号,故

$$\mathscr{L}[h'(t)] = sH(s)$$

$$\mathscr{L}[h''(t)] = s^2H(s)$$

对方程右端进行拉普拉斯变换 $\mathscr{L}[\delta'(t)] = s$,则

$$(s^2 + 5s + 6)H(s) = s$$

$$H(s) = \frac{s}{s^2 + 5s + 6} = \frac{s}{(s+2)(s+3)}$$

$$= \frac{-2}{s+2} + \frac{3}{s+3}$$

取 $H(s)$ 逆变换得冲激响应

$$h(t) = (2e^{-2t} - 3e^{-3t})\varepsilon(t)$$

若系统的初始状态不为零,在对 $y(t)$ 的各阶导数项取拉普拉斯变换时,还要计入初始状态。以二阶系统为例,设微分方程为

$$a_2y''(t) + a_1y'(t) + a_0y(t) = b_2x''(t) + b_1x'(t) + b_0x(t) \tag{4-72}$$

输入 $x(t)$ 为因果信号,系统的初始状态 $y(0_-)$ 与 $y'(0_-)$ 已知。对式(4-72)两端取拉普拉斯变换,有

$$a_2[s^2Y(s) - sy(0_-) - y'(0_-)] + a_1[sY(s) - y(0_-)] + a_0Y(s) = (b_2s^2 + b_1s + b_0)X(s) \tag{4-73}$$

式(4-73)可表示为

$$(a_2s^2 + a_1s + a_0)Y(s) = (b_2s^2 + b_1s + b_0)X(s) + [sa_2y(0_-) + a_2y'(0_-) + a_1y(0_-)]$$

则

$$Y(s) = \frac{b_2s^2 + b_1s + b_0}{a_2s^2 + a_1s + a_0}X(s) + \frac{sa_2y(0_-) + a_2y'(0_-) + a_1y(0_-)}{a_2s^2 + a_1s + a_0} \tag{4-74}$$

式(4-74)右端第一项是系统的零状态响应分量的拉普拉斯变换,第二项是系统零输入响应分量的拉普拉斯变换。

例 4.25　已知系统的微分方程为

$$y''(t) + 2.5y'(t) + y(t) = x(t)$$

输入 $x(t) = \varepsilon(t)$,初始状态 $y(0_-) = 0, y'(0_-) = 1$,求 $y(t)$。

解:对微分方程两端取拉普拉斯变换,有

$$s^2 Y(s) - sy(0_-) - y'(0_-) + 2.5[sY(s) - y(0_-)] + Y(s) = X(s)$$

$$Y(s) = \frac{X(s) + sy(0_-) + y'(0_-) + 2.5y(0_-)}{s^2 + 2.5s + 1}$$

根据已知输入,$X(s) = 1/s$,则

$$Y(s) = \frac{\dfrac{1}{s} + 1}{s^2 + 2.5s + 1} = \frac{s+1}{s(s+0.5)(s+2)}$$

$$Y(s) = \frac{1}{s} + \frac{-\dfrac{2}{3}}{s+0.5} + \frac{-\dfrac{1}{3}}{s+2}$$

对 $Y(s)$ 取逆变换

$$y(t) = \left(1 - \frac{2}{3}e^{-0.5t} - \frac{1}{3}e^{-2t}\right)\varepsilon(t)$$

如果本例要求单独给出零状态响应和零输入响应,由式(4-33),可得

$$Y_a(s) = \frac{X(s)}{s^2 + 2.5s + 1} = \frac{1}{s(s+0.5)(s+2)} = \frac{1}{s} + \frac{-\dfrac{4}{3}}{s+0.5} + \frac{\dfrac{1}{3}}{s+2}$$

$$Y_b(s) = \frac{sy(0_-) + y'(0_-) + 2.5y(0_-)}{s^2 + 2.5s + 1} = \frac{1}{(s+0.5)(s+2)} = \frac{\dfrac{2}{3}}{s+0.5} + \frac{-\dfrac{2}{3}}{s+2}$$

故零状态响应 $y_a(t)$ 和零输入响应 $y_b(t)$ 分别为

$$y_a(t) = \left(1 - \frac{4}{3}e^{-0.5t} + \frac{1}{3}e^{-2t}\right)\varepsilon(t)$$

$$y_b(t) = \left(\frac{2}{3}e^{-0.5t} - \frac{2}{3}e^{-2t}\right)\varepsilon(t)$$

4.4.5　系统的 s 域模型

系统分析中常常会遇到用时域框图描述的系统,这里从 s 域的角度来研究求系统响应的方法。这个方法的基本思路是:根据系统的时域框图画出相应的 s 域框图;按照 s 域框图列写象函数的 s 域代数方程;求出系统响应的象函数 $Y(s)$;取其拉氏逆变换得到系统的时域响应 $y(t)$。但在画 s 域框图之前,必须对各个基本运算部件的输入、输出取拉普拉斯变换,并利用拉普拉斯变换的性质得到各个部件的 s 域模型。

例如,对积分器,当输入信号为 $f(t)$,输出为

$$y(t) = \int_{-\infty}^{t} f(\tau)\mathrm{d}\tau \tag{4-75}$$

两边同时取拉普拉斯变换,得

$$Y(s) = \frac{F(s)}{s} + \frac{f^{(-1)}(0_-)}{s} \qquad (4-76)$$

因此,积分器在 s 域中可等效为两个部件($1/s$ 和加法器)的级联。表 4 - 3 给出了基本运算部件的 s 域模型。

表 4 - 3　基本运算部件的 s 域模型

数乘器	数乘器 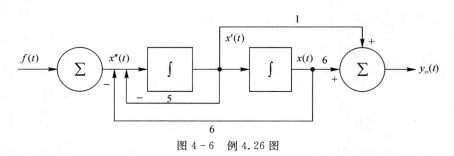
加法器	
积分器	
积分器 (零状态)	

由于含初始状态的框图比较复杂,而且通常最关心的是系统的零状态响应,所以实际情况中,常采用零状态的 s 域框图,它与时域框图具有相同的形式,因此使用方便。

例 4.26　某 LTI 系统的时域框图如图 4 - 6 所示,已知输入 $f(t) = e^{-t}\varepsilon(t)$,求系统的零状态响应 $y_{zs}(t)$。

图 4 - 6　例 4.26 图

解:按照表 4 - 3,画出该系统零状态条件下的 s 域框图如图 4 - 7 所示。

图 4 - 6 中最右端积分器的输出信号为中间变量 $x(t)$,对应到图 4 - 7 中,最右端积分器的输出信号 $X(s)$ 为 $x(t)$ 的拉普拉斯变换。先根据左边的加法器列出其输入、输出关系:

$$s^2 X(s) = -5sX(s) - 6X(s) + F(s)$$

整理得到

$$X(s) = \frac{F(s)}{s^2 + 5s + 6}$$

再根据右边的加法器列出其输入、输出关系

$$Y_{zs}(s) = (s+6)X(s) = \frac{s+6}{s^2+5s+6}F(s)$$

又因为 $f(t)=\mathrm{e}^{-t}\varepsilon(t)$，则 $F(s)=\dfrac{1}{s+1}$，代入上式得

$$Y_{zs}(s) = \frac{s+6}{s^2+5s+6}\frac{1}{s+1} = \frac{5/2}{s+1} + \frac{-4}{s+2} + \frac{3/2}{s+3}$$

两边取拉氏逆变换，得零状态响应

$$y_{zs}(t) = \left(\frac{5}{2}\mathrm{e}^{-t} - 4\mathrm{e}^{-2t} + \frac{3}{2}\mathrm{e}^{-3t}\right)\varepsilon(t)$$

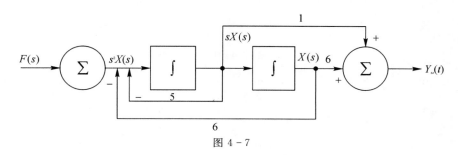

图 4 - 7

4.4.6　电路的 s 域模型

线性电路时域分析的每一过程都因为涉及微积分运算而比较烦琐。本节介绍复频域分析，过程为①根据电路绘出其复频域模型；②利用方程法、等效变换法和叠加法等求出复频域输出电压或电流；③对复频域输出取逆拉普拉斯变换。

1. 电路的复频域模型

电压 $u(t)$ 和电流 $i(t)$ 的拉普拉斯变换用大写形式 $U(s)$ 和 $I(s)$ 表示，为叙述简单起见，以下有时也直接称 $U(s)$ 为电压，$I(s)$ 为电流。

设某一结点处的 KCL 为

$$i_1(t) + i_2(t) - i_3(t) = 0 \tag{4-77}$$

对该式取拉普拉斯变换，得

$$I_1(s) + I_2(s) - I_3(s) = 0 \tag{4-78}$$

即复频域电流的代数和为零，该结论可推广到一般情况。

KCL：在复频域，对任一节点，所有支路电流的代数和为零：

$$\sum I(s) = 0 \tag{4-79}$$

KVL：在复频域，对任一回路，所有支路电压的代数和为零：

$$\sum U(s) = 0 \tag{4-80}$$

独立电源的复频域模型如图 4-8 所示，电压源的电压 $U_s(s)=\mathscr{L}[u_s(t)]$，电流源的电流 $I_s(s)=\mathscr{L}[i_s(t)]$。

电阻元件的时域关系式为

$$u_R(t) = Ri_R(t) \tag{4-81}$$

对其取拉普拉斯变换，得

$$U_R(s) = RI_R(s) \tag{4-82}$$

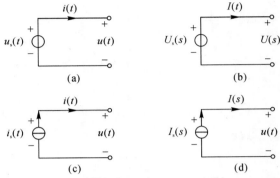

图 4-8　独立电源的复频域模型

电阻元件的复频域模型如图 4-9 所示。

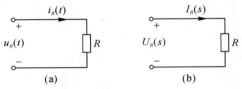

图 4-9　电阻元件的复频域模型

电容元件的时域电压、电流关系式为

$$i_C(t) = C\frac{\mathrm{d}u_C(t)}{\mathrm{d}t} \tag{4-83}$$

对其取拉普拉斯变换并利用时域微分性质,得

$$I_C(s) = sCU_C(s) - Cu_C(0_-) \tag{4-84}$$

或

$$U_C(s) = \frac{1}{sC}I_C(s) + \frac{u_C(0_-)}{s} \tag{4-85}$$

式(4-85)中 $u_C(0_-)/s$ 为电压,故用电压源表示,电容元件的复频域模型如图 4-10(b) 所示。利用电源的等效变换,也可得图 4-10(c),其中电流源的电流为 $Cu_C(0_-)$。

图 4-10 表明电容的初始电压在电容元件的复频域模型中以附加电压源或附加电流源的形式表示。

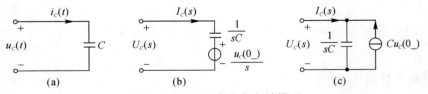

图 4-10　电阻元件的复频域模型

电感元件的时域电压、电流关系为

$$u_L(t) = L\frac{\mathrm{d}i_L(t)}{\mathrm{d}t} \tag{4-86}$$

对其取拉普拉斯变换,可得

$$U_L(s) = sLI_L(s) - Li_L(0_-) \tag{4-87}$$

或

$$I_L(s) = \frac{1}{sL}U_L(s) + \frac{i_L(0_-)}{s} \tag{4-88}$$

电感元件的复频域模型如图 4-11 所示。

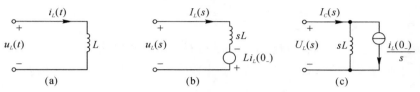

图 4-11　电感元件的复频域模型

在零初始状态下,电感和电容元件的关系式分别为

$$U_L(s) = sLI_L(s) \tag{4-89}$$

$$U_C(s) = \frac{1}{sC}I_C(s) \tag{4-90}$$

它们可统一用

$$U(s) = Z(s)I(s) \tag{4-91}$$

的形式表示,$Z(s)$ 称为复频域阻抗,它是电阻概念的推广,有

$$\left.\begin{array}{l} Z_L(s) = sL \\[2mm] Z_C(s) = \dfrac{1}{sC} \end{array}\right\} \tag{4-92}$$

电感和电容的阻抗不仅与元件参数有关,还与复频率 s 有关。

阻抗的倒数定义为导纳,用 $Y(s)$ 表示

$$Y(s) = \frac{1}{Z(s)} = \frac{I(s)}{U(s)} \tag{4-93}$$

电感和电容的导纳分别为

$$\left.\begin{array}{l} Y_L(s) = \dfrac{1}{sL} \\[2mm] Y_C(s) = sC \end{array}\right\} \tag{4-94}$$

图 4-12(a)所示耦合电感的时域关系式为

$$\left.\begin{array}{l} u_1(t) = L_1\dfrac{\mathrm{d}i_1(t)}{\mathrm{d}t} + M\dfrac{\mathrm{d}i_2(t)}{\mathrm{d}t} \\[3mm] u_2(t) = M\dfrac{\mathrm{d}i_1(t)}{\mathrm{d}t} + L_2\dfrac{\mathrm{d}i_2(t)}{\mathrm{d}t} \end{array}\right\} \tag{4-95}$$

取拉普拉斯变换有

$$\left.\begin{array}{l} U_1(s) = sL_1I_1(s) + sMI_2(s) - [L_1i_1(0_-) + Mi_2(0_-)] \\[2mm] U_2(s) = sMI_1(s) + sL_2I_2(s) - [L_2i_2(0_-) + Mi_1(0_-)] \end{array}\right\} \tag{4-96}$$

耦合电感的复频域模型如图 4-12(b)所示。其中

$$\left.\begin{array}{l} E_1(s) = L_1i_1(0_-) + Mi_2(0_-) \\[2mm] E_2(s) = L_2i_2(0_-) + Mi_1(0_-) \end{array}\right\} \tag{4-97}$$

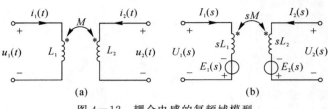

图 4-12　耦合电感的复频域模型

2. 利用拉普拉斯变换分析电路

利用拉普拉斯变换分析电路与利用向量法分析正弦电流电路的过程相似。相量法把正弦量变换为相量，而拉普拉斯变换把时域电压和电流变换为以复频率 s 为变量的电压和电流，复频域电路方程为线性代数方程。

当阻抗串联时，其等效阻抗为各阻抗的和；阻抗并联时，其等效导纳为各导纳的和。电路分析方法和电路定理也适用于复频域。

利用拉普拉斯变换分析电路的步骤如下：

(1) 绘出电路的复频域模型；

(2) 在复频域列出电路方程，并求解输出量；

(3) 取逆拉普拉斯变换。

例 4.27　图 4-13(a) 所示 RLC 串联电路，已知 $R=5\ \Omega, L=1\ \mathrm{H}, C=1/6\ \mathrm{F}, u(t)=2\varepsilon(t)$ V，$u_C(0_-)=1$ V，$i(0_-)=0$，求 $t>0$ 时的电容电压 $u_C(t)$。

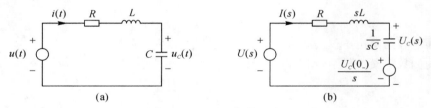

图 4-13　RLC 串联电路

解：电路的复频域模型如图 4-13(b) 所示，其中电容的初始电压用附加电压源表示，输入电压源 $U(s)$ 为

$$U(s) = \mathscr{L}[2\varepsilon(t)] = \frac{2}{s}$$

对回路应用 KVL，有

$$\left(R + sL + \frac{1}{sC}\right)I(s) = U(s) - \frac{u_C(0_-)}{s}$$

代入已知数据，有

$$I(s) = \frac{1}{s^2 + 5s + 6}$$

电容电压 $U_C(s)$ 则为

$$U_C(s) = \frac{1}{sC}I(s) + \frac{u_C(0_-)}{s} = \frac{6}{s(s^2 + 5s + 6)} + \frac{1}{s} = \frac{2}{s} + \frac{-3}{s+2} + \frac{2}{s+3}$$

故电容电压 $u_C(t)$ 为

$$u_C(t) = (2 - 3e^{-2t} + 2e^{-3t})\varepsilon(t) \text{ V}$$

例 4.28　电路如图 4-14 所示,已知 $R_1 = 1\ \Omega, R_2 = 2\ \Omega, L = 0.1\ H, C = 0.5\ F$。

(1)若 $u(t) = e^{-5t}\varepsilon(t)$ V,求电压 $u_C(t)$;

(2)若 $u(t) = 6\varepsilon(-t) + e^{-5t}\varepsilon(t)$ V,绘出 $t > 0$ 电路的复频域模型。

解:(1)电路的复频域模型如图 4-15(a)所示,由于电感的初始电流和电容的初始电压均为零,所以复频域模型中不含附加电源。

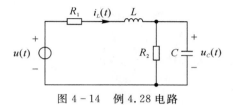

图 4-14　例 4.28 电路

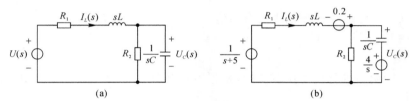

图 4-15　复频域电路模型

运用节点法,有

$$\left(sC + \frac{1}{R_2} + \frac{1}{sL + R_1}\right)U_C(s) = \frac{1}{sL + R_1}U(s)$$

则

$$U_C(s) = \frac{1}{(sL + R_1)\left(sC + \dfrac{1}{R_2}\right) + 1}U(s)$$

代入已知数据,有

$$
\begin{aligned}
U_C(s) &= \frac{1}{(0.1s + 1)(0.5s + 0.5) + 1} \times \frac{1}{s + 5} \\
&= \frac{20}{s^2 + 11s + 30} \times \frac{1}{s + 5} = \frac{20}{(s + 5)^2(s + 6)} \\
&= \frac{r_1}{(s + 5)^2} + \frac{r_2}{s + 5} + \frac{r_3}{s + 6}
\end{aligned}
$$

求得

$$r_1 = 20, \quad r_2 = -20, \quad r_3 = 20$$

故

$$u_C(t) = 20\left[(t - 1)e^{-5t} + e^{-6t}\right]\varepsilon(t) \text{ V}$$

(2)由于 $t < 0$ 时电源电压 $u(t) = 6$ V,则

$$i_L(0_-) = \frac{u(0_-)}{R_1 + R_2} = \frac{6}{1 + 2} = 2 \text{ A}$$

$$u_C(0_-) = R_2 i_L(0_-) = 4 \text{ V}$$

$t>0$ 时电路的复频域模型如图 $4-15(b)$ 所示。

4.5 系统函数与系统特性

系统函数 $H(s)$ 是描述线性时不变系统的重要特征参数,是系统分析的重要组成部分。通过分析系统函数在 s 平面的零、极点分布,可以了解系统的时域响应特性、频域响应特性及系统稳定性等诸多特性。

4.5.1 系统函数

对于线性时不变系统,其输入信号 $f(t)$ 与输出信号 $y(t)$ 之间的关系可由 n 阶常系数线性微分方程描述,即

$$a_n y^{(n)}(t) + a_{n-1} y^{(n-1)}(t) + \cdots + a_1 y^{(1)}(t) + a_0 y(t)$$
$$= b_m f^{(m)}(t) + b_{m-1} f^{(m-1)}(t) + \cdots b_1 f^{(1)}(t) + b_0 f(t) \tag{4-98}$$

设输入 $f(t)$ 为在 $t=0$ 时刻加入的有始信号,且系统为零状态,则有

$$f(0_-) = f^{(1)}(0_-) = \cdots = f^{(m)}(0_-) = 0$$

和

$$y(0_-) = y^{(1)}(0_-) = y^{n-1}(0_-) = 0$$

对式 $(4-98)$ 两边进行拉普拉斯变换,根据时域微分性质,可得系统的零状态响应 $y_{zs}(t)$ 的象函数为

$$Y_{zs}(s) = \frac{N(s)}{D(s)} F(s) \tag{4-99}$$

式中,$F(s)$ 是激励 $f(t)$ 的象函数;$N(s)$ 和 $D(s)$ 分别为

$$N(s) = b_m s^m + b_{m-1} s^{m-1} + \cdots + b_1 s + b_0 \tag{4-100}$$

和

$$D(s) = a_n s^n + a_{n-1} s^{n-1} + \cdots + a_1 s + a_0 \tag{4-101}$$

从式 $(4-99)$ 中可以看到,线性时不变系统的零状态响应的象函数 $Y_{zs}(s)$ 与激励信号的象函数 $F(s)$ 之间为一代数方程。由此定义系统函数 $H(s)$ 为系统的零状态响应的象函数 $Y_{zs}(s)$ 与激励的象函数 $F(s)$ 之比,即

$$H(s) \stackrel{\text{def}}{=} \frac{Y_{zs}(s)}{F(S)} \tag{4-102}$$

系统函数也称为转移函数、传递函数、传输函数和网络函数等。

由式 $(4-99)$ 可知,系统函数 $H(s)$ 的一般形式是两个 s 的多项式之比,即

$$H(s) = \frac{N(s)}{D(s)} \tag{4-103}$$

由此可见,系统函数 $H(s)$ 与系统的激励和初始状态无关,仅取决于系统本身的特性,因此系统函数 $H(s)$ 表征了系统的某些性能,是分析系统的重要参数。

一般情况下,$H(s)$ 的分母多项式与系统的特征多项式对应,故一旦系统的拓扑结构已定,$H(s)$ 就可以计算出来。

若系统函数 $H(s)$ 和输入信号象函数 $F(s)$ 已知,则零状态响应的象函数可写为

$$Y_{zs}(s) = H(s)F(s) \tag{4-104}$$

可见,$H(s)$ 直接联系了 s 域中输入-输出的关系。应用拉普拉斯变换的时域卷积性质,对

式(4-104)求拉氏反变换,可得系统的零状态响应 $y_{zs}(t)$ 为

$$y_{zs}(t) = \mathcal{L}^{-1}[Y_{zs}(s)] = \mathcal{L}^{-1}[H(s)F(s)] = h(t) * f(t) \qquad (4-105)$$

式(4-105)与第 2 章时域中推导出的利用卷积求零状态响应的结果是一致的。由此可看出卷积定理的重要性,它将系统的时域分析与复频域分析紧密地联系在一起,使系统分析更加简便、灵活。

当输入信号为单位冲激函数 $\delta(t)$ 时,系统的零状态响应为单位冲激响应,即

$$f(t) = \delta(t) \leftrightarrow F(s) = 1$$

$$Y_{zs}(s) = H(s) \leftrightarrow y_{zs}(t) = h(t) \qquad (4-106)$$

那么,有下面的关系式成立:

$$H(s) = \mathcal{L}[h(t)] \qquad (4-107)$$

式(4-107)表明,系统冲激响应 $h(t)$ 的拉普拉斯变换即为系统函数 $H(s)$;系统函数 $H(s)$ 的拉普拉斯反变换即为系统冲激响应 $h(t)$。系统函数 $H(s)$ 与系统的冲激响应 $h(t)$ 构成一对拉普拉斯变换对,有

$$h(t) \leftrightarrow H(s) \qquad (4-108)$$

综上所述,系统函数 $H(s)$ 可以由零状态下系统模型求得,也可以由系统冲激响应 $h(t)$ 取拉普拉斯变换求得。当已知 $H(s)$ 时,其拉氏反变换就是冲激响应 $h(t)$。

归纳以上分析,系统函数有如下性质:

1)$H(s)$ 取决于系统结构与元件参数,它确定了系统在 s 域的特征。

2)$H(s)$ 是一个实系数有理分式,其分子、分母多项式的根均为实数或共轭复数。

3)系统函数 $H(s)$ 为系统冲激响应的拉普拉斯变换。

例 4. 29　已知一个连续时间系统满足微分方程

$$y''(t) + 3y'(t) + 2y(t) = 2f'(t) + 3f(t), \quad t \geqslant 0$$

试求该系统的系统函数 $H(s)$ 和冲激响应 $h(t)$。

解:对系统方程两边取拉普拉斯变换,得

$$(s^2 + 3s + 2)Y_{zs}(s) = (2s + 3)F(s)$$

根据系统函数 $H(s)$ 的定义,有

$$H(s) = \frac{Y_{zs}(s)}{F(s)} = \frac{2s + 3}{s^2 + 3s + 2} = \frac{1}{s + 1} + \frac{1}{s + 2}$$

故冲激响应 $h(t)$ 为

$$h(t) = \mathcal{L}^{-1}[H(s)] = (e^{-t} + e^{-2t})\epsilon(t)$$

例 4. 30　如图 4-16 所示为常用的有源系统的等效电路,试求系统函数 $H(s) = \dfrac{U_2(s)}{U_1(s)}$;当 $K = 3$ 时,求冲激响应 $h(t)$ 和阶跃响应 $g(t)$。

解:根据电路元件的 s 域模型,可画出对应于图 4-16 所示电路的运算电路图,如图 4-17 所示(注意,求系统函数时储能元件是零初始值)。

对运算电路图中的结点 1 列写节点电压方程:

$$\left(1 + s + \frac{1}{1 + 1/s}\right)U_{n1}(s) - sU_2(s) = \frac{U_1(s)}{1}$$

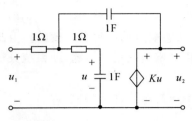

图 4-16　例 4.30 的电路图

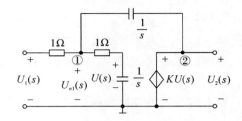

图 4-17　例 4.30 的运算电路图

而

$$U_2(s) = KU(s) = K\frac{1/s}{1+1/s}U_{n1}(s)$$

联立上述方程可得

$$H(s) = \frac{U_2(s)}{U_1(s)} = \frac{K}{s^2+(3-K)s+1}$$

当 $K=3$ 时，有

$$H(s) = \frac{3}{s^2+1}$$

故冲激响应 $h(t)$ 为

$$h(t) = \mathscr{L}^{-1}[H(s)] = 3\sin t\varepsilon(t)$$

而阶跃输入 $f(t)=\varepsilon(t)$ 下的零状态响应的象函数 $G(s)$ 为

$$G(s) = H(s)\frac{1}{s} = \frac{3}{s^2+1}\frac{1}{s} = \frac{3(s^2+1)-3s^2}{(s^2+1)s} = \frac{3}{s} - \frac{3s}{s^2+1}$$

故阶跃响应为

$$g(t) = \mathscr{L}^{-1}[G(s)] = (3-3\cos t)\varepsilon(t)$$

例 4.31　设线性时不变系统的阶跃响应为 $g(t)=(1-\mathrm{e}^{-2t})\varepsilon(t)$，为使系统的零状态响应 $y_{zs}(t)=(1-\mathrm{e}^{-2t}-t\mathrm{e}^{-2t})\varepsilon(t)$，问系统的输入信号 $f(t)$ 应是什么？

解：首先由阶跃响应求冲激响应，即

$$h(t) = g'(t) = 2\mathrm{e}^{-2t}\varepsilon(t)$$

因此有

$$H(s) = \mathscr{L}[h(t)] = \frac{2}{s+2}$$

又因为

$$Y_{zs}(s) = \mathscr{L}[y_{zs}(t)] = \frac{1}{s} - \frac{1}{s+2} - \frac{1}{(s+2)^2}$$

所以

$$F(s) = \frac{Y_{zs}(s)}{H(s)} = \frac{\dfrac{1}{s} - \dfrac{1}{s+2} - \dfrac{1}{(s+2)^2}}{\dfrac{2}{s+2}} = \frac{1}{s} - \frac{1}{2(s+2)}$$

对上式求拉式反变换，得

$$f(t) = \left(1 - \frac{1}{2}\mathrm{e}^{-2t}\right)\varepsilon(t)$$

4.5.2　系统函数的零点与极点

一般来说，对于一个 n 阶的线性时不变系统，其系统函数 $H(s)$ 是关于复变量 s 的有理分式，可表示为有理多项式 $N(s)$ 与 $D(s)$ 之比，即

$$H(s) = \frac{N(s)}{D(s)} = \frac{b_m s^m + b_{m-1} s^{m-1} + \cdots + b_1 s + b_0}{a_n s^n + a_{n-1} s^{n-1} + \cdots + a_1 s + a_0} \tag{4-109}$$

式中，$a_i(i=0,1,2,\cdots,n)$，$b_j(j=0,1,2,\cdots,m)$ 均为实常数，通常 $n \geqslant m$。将式（4-109）中的分子 $N(s)$ 和分母 $D(s)$ 进行因式分解，可进一步将系统函数表示为

$$H(s) = \frac{N(s)}{D(s)} = H_0 \frac{(s-z_1)(s-z_2)\cdots(s-z_m)}{(s-p_1)(s-p_2)\cdots(s-p_n)} = H_0 \frac{\prod\limits_{j=1}^{m}(s-z_j)}{\prod\limits_{i=1}^{n}(s-p_i)} \tag{4-110}$$

式中，$H_0 = \dfrac{b_m}{a_n}$ 是一常数；$z_1, z_2, \cdots, z_m$ 是系统函数分子多项式 $N(s) = 0$ 的根，称为系统函数 $H(s)$ 的零点，即当复变量 $s = z_j(j=1,2,\cdots,m)$ 时，系统函数 $H(s) = 0$；$p_1, p_2, \cdots, p_n$ 是系统函数分母多项式 $D(s) = 0$ 的根，称为系统函数 $H(s)$ 的极点，即当复变量 $s = p_i(i=1,2,\cdots,n)$ 时，系统函数 $H(s)$ 的值为无穷大。$s - z_j$ 称为零点因子，而 $s - p_i$ 称为极点因子。

在一个系统函数的全部零点、极点及 H_0 确定后，这个系统函数也就完全确定了。由于 H_0 只是一个比例常数，对 $H(s)$ 的函数形式没有影响，所以一个系统随变量 s 变化的特性完全可以由系统函数 $H(s)$ 的零点和极点表示。

为了掌握系统函数零点和极点的分布情况，经常将系统函数的零点和极点在 s 平面上标出，这个图称为系统函数的零、极点分布图。通常用"○"表示零点，用"×"表示极点。若为 n 重零点或极点，则在零点或极点旁注以 (n)。由于 $N(s)$ 和 $D(s)$ 的系数为实数，所以，若零点或极点为复数，则必然是成对出现的共轭复数。

例如，某系统的系统函数为

$$H(s) = \frac{s^3 - 4s^2 + 5s}{s^4 + 4s^3 + 8s^2 + 16s + 16} \tag{4-111}$$

将其分子、分母多项式进行因式分解，变成如下形式：

$$H(s) = \frac{s(s-2+j)(s-2-j)}{(s+2)^2(s+2j)(s-2j)} \tag{4-112}$$

由此可以看出，其零点为 $z_1 = 0$，$z_2 = 2-j$，$z_3 = 2+j$；极点为 $p_1 = -2$，$p_2 = -2j$，$p_3 = 2j$。其中，$p_1 = -2$ 为 $H(s)$ 分母多项式 $D(s) = 0$ 的二重根，即 $H(s)$ 的二重极点。该系统的零、极点分布图如图 4-18 所示。

借助系统函数的零、极点分布图，可以简明、直观地分析和研究系统响应的许多规律。系统函数的零、极点分布不仅可以揭示系统的时域特性，而且还可以阐明系统的频率响应特性及系统的稳定性等特点。

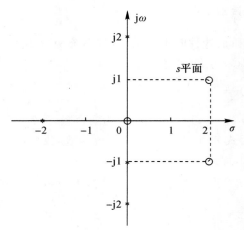

图 4 - 18　系统函数的零、极点分布图

例 4.32　图 4 - 19(a)所示电路的系统函数为 $H(s) = U(s)/I(s)$，其零、极点分布如图 4 - 19(b)所示，且 $H(0) = 1$，试求 R, L, C 的数值。

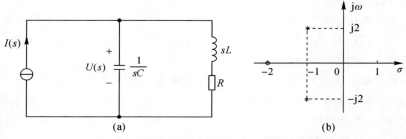

图 4 - 19　例 4.32 的电路图及零、极点分布图

解：由图 4 - 19(a)可写出系统函数为

$$H(s) = \frac{U(s)}{I(s)} = \frac{1}{sC + \dfrac{1}{sL + R}} = \frac{sL + R}{LCs^2 + RCs + 1} \tag{4-113}$$

由图 4 - 19(b)可写出系统函数为

$$H(s) = \frac{H_0(s+2)}{(s+1-j2)(s+1+j2)}$$

已知 $H(0) = 1$，故令上式 $s = 0$，则

$$H(s)\,|_{s=0} = \frac{2H_0}{(1-j2)(1+j2)} = \frac{2}{5}H_0 = 1$$

解得

$$H_0 = \frac{5}{2} = 2.5$$

因此，系统函数为

$$H(s) = \frac{2.5(s+2)}{s^2 + 2s + 5} = \frac{0.5s + 1}{0.2s^2 + 0.4s + 1} \tag{4-114}$$

比较式(4 - 113)和式(4 - 114)可得，

$$R = 1\ \Omega, \quad L = 0.5\ \mathrm{H}, \quad C = 0.4\ \mathrm{F}$$

4.5.3　系统函数的零、极点分布与时域响应特性的关系

由系统函数 $H(s)$ 与微分方程的关系可知，$H(s)$ 的极点实际上就是系统微分方程的特征根；而特征根决定系统的冲激响应、自由响应（即微分方程的齐次解）和零输入响应的函数形式。因此，由 $H(s)$ 的极点特性就可判断这些响应的函数形式。本节所讨论的时域响应特性，主要是指冲激响应、自由响应和零输入响应。下面依据 $H(s)$ 的极点在 s 域平面的分布来讨论 $H(s)$ 的极点对系统时域特性的影响。

1. 一阶极点

先分析一阶极点的情况。在前面的讨论中可知，系统函数 $H(s)$ 可表示为

$$H(s) = H_0 \frac{\prod\limits_{j=1}^{m}(s - z_j)}{\prod\limits_{i=1}^{n}(s - p_i)} \tag{4-115}$$

将 $H(s)$ 展开为部分分式表示，有

$$H(s) = \sum_{i=1}^{n} \frac{K_i}{s - p_i} \tag{4-116}$$

具有一阶极点 $p_1, p_2, \cdots, p_n$ 的系统函数对应的冲激响应形式为

$$h(t) = \mathscr{L}^{-1}\left(\sum_{i=1}^{n} \frac{K_i}{s - p_i} \right) = \sum_{i=1}^{n} K_i \mathrm{e}^{p_i t} \varepsilon(t) \tag{4-117}$$

式中，K_i 是部分分式的系数，与 $H(s)$ 的零点分布有关；p_i 是 $H(s)$ 的极点，可以是实数，也可以是复数。

由式（4-117）可以看出，$H(s)$ 的每一极点将决定一项对应的时间函数，当 p_i 为一些不同的值时，$h(t)$ 可能会有不同的函数特性。下面分别对此进行讨论：

（1）$H(s)$ 的极点位于 s 平面的坐标原点，此时 $p_i = 0$，则 $H_i(s) = \dfrac{K_i}{s}$，其对应的冲激响应为 $h_i(t) = K_i \varepsilon(t)$，是一个阶跃函数。

（2）$H(s)$ 的极点位于 s 平面的实轴上，此时 $p_i = \alpha$（α 为实数），则 $H_i(s) = \dfrac{K}{s - \alpha}$，其对应的冲激响应为 $h_i(t) = K \mathrm{e}^{\alpha t} \varepsilon(t)$。当 $\alpha > 0$ 时，极点位于 s 平面的正实轴上，冲激响应的模式为随时间增长的指数函数；当 $\alpha < 0$ 时，极点位于 s 平面的负实轴上，冲激响应的模式为随时间衰减的指数函数。

（3）$H(s)$ 的极点位于 s 平面的虚轴上（不包括原点），此时，极点一定是一对共轭虚极点。例如，$H(s) = \dfrac{\omega_0}{s^2 + \omega_0^2}$，则极点为 $p_{1,2} = \pm \mathrm{j}\omega_0$（$\omega_0$ 为实数），其对应的冲激响应 $h(t) = \sin(\omega_0 t) \times \varepsilon(t)$，是一个等幅振荡的正弦函数，振荡角频率为 ω_0。

（4）$H(s)$ 的极点位于除实轴和虚轴之外的区域，此时，极点是共轭复数（不包括纯虚数）。例如，$H(s) = \dfrac{\omega_0}{(s - \alpha)^2 + \omega_0^2}$，则极点为 $p_{1,2} = \alpha \pm \mathrm{j}\omega_0$（$\omega_0$ 为实数），其对应的冲激响应 $h(t) = \mathrm{e}^{\alpha t} \sin(\omega_0 t) \varepsilon(t)$。当 $\alpha > 0$ 时，极点位于 s 平面的右半平面上，冲激响应的模式为增幅振荡；当 $\alpha < 0$

时，极点位于 s 平面的左半平面上，冲激响应的模式为增幅振荡。

图 4-20 绘出了 $H(s)$ 的一阶极点在 s 平面分布与时域响应之间的对应关系。

2. 多重极点

当 $H(s)$ 具有 n 重极点时，其对应的冲激响应中将含有 t^{n-1} 个因子。

(1)极点位于 s 平面的坐标原点处。例如系统函数 $H(s)=\dfrac{1}{s^2}$，在原点有二重极点，其对应的冲激响应为 $h(t)=t\varepsilon(t)$，是一个斜坡函数。

(2)极点位于 s 平面的实轴上。例如系统函数 $H(s)=\dfrac{1}{(s-\alpha)^2}$，在实轴上有二重极点，其对应的冲激响应为 $h(t)=t\mathrm{e}^{\alpha}\varepsilon(t)$，是一个时间函数 t 与指数函数的乘积。

(3)极点位于 s 平面的虚轴上。例如系统函数 $H(s)=\dfrac{2\omega_0 s}{(s^2+\omega_0^2)^2}$，在虚轴上有二重共轭极点，其对应的冲激响应为 $h(t)=t\sin(\omega_0 t)\varepsilon(t)$，是一个幅度线性增长的正弦振荡函数。

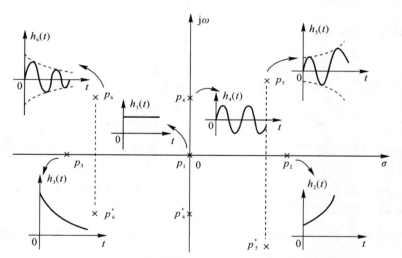

图 4-20　$H(s)$ 的一阶极点分布与时域响应的对应关系

图 4-21 绘出了 $H(s)$ 的二阶极点在 s 平面分布与时域响应之间的对应关系。

综合以上讨论，可以得出如下结论：

(1)若 $H(s)$ 的极点位于 s 平面的左半平面，则其时域响应波形是增长形式的，即对应的冲激响应 $h(t)$ 满足 $\lim\limits_{t\to\infty}h(t)\to 0$。

(2)若 $H(s)$ 的极点位于 s 平面的右半平面，则其时域响应波形是增长形式的，即对应的冲激响应 $h(t)$ 满足 $\lim\limits_{t\to\infty}h(t)\to\infty$。

(3)若 $H(s)$ 的极点是位于虚轴上的一阶极点，则其时域响应波形是等幅振荡或阶跃函数。

(4)若 $H(s)$ 的极点是位于虚轴上的二阶极点，则其时域响应波形是增长形式的。

上面分析了 $H(s)$ 的极点分布与时域特性的对应关系，而 $H(s)$ 零点位置的不同则只会影响到时域函数的幅度和相位，而不会影响到时域的波形形式。

例如，$H(s)=\dfrac{s+3}{(s+3)^2+2^2}$，零点 $z_1=-3$，极点 $p_{1,2}=-3\pm\mathrm{j}2$，则对应的冲激响应为 $h(t)=$

$e^{-3t}\cos(2t)\varepsilon(t)$。若保持系统函数 $H(s)$ 的极点不变,将零点变为 $z_1=-1$,则系统函数 $H(s)$ 变为 $H(s)=\dfrac{s+1}{(s+3)^2+2^2}$,其冲激响应为

$$h(t)=\mathscr{L}^{-1}\left[\frac{s+1}{(s+3)^2+2^2}\right]$$

$$=\mathscr{L}^{-1}\left[\frac{s+3}{(s+3)^2+2^2}-\frac{2}{(s+3)^2+s^2}\right]$$

$$=e^{-3t}\left[\cos(2t)-\sin(2t)\right]\varepsilon(t)=\sqrt{2}e^{-3t}\cos(2t+45°)\varepsilon(t)$$

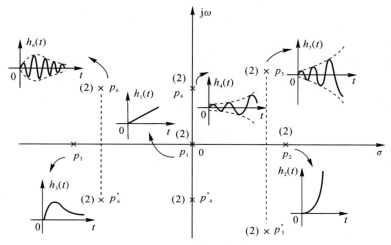

图 4-21　$H(s)$ 的二阶极点分布与时域响应的对应关系

由此可以看到,冲激响应 $h(t)$ 仍为减幅振荡形式,振荡频率也没有发生改变,只是幅度和相位发生了变化。

例 4.33　已知两系统的系统函数的零、极点分布如图 4-22(a)(b)所示,试分析这两个系统冲激响应特性的异同点。

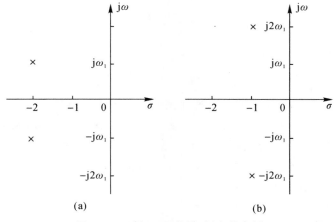

(a)　　　　　　　　(b)

图 4-22　例 4.33 的零、极点分布图

(a)$H_1(s)$ 的零、极点分布图;(b)$H_2(s)$ 的零、极点分布图

解:由 $H_1(s)$ 和 $H_2(s)$ 的零极点分布图可看出,它们的冲激响应都是振幅按指数规律衰减的振荡函数,但由于 $H_1(s)$ 的极点实部的绝对值大于 $H_2(s)$ 极点实部的绝对值,所以,$h_1(t)$ 要比 $h_2(t)$ 衰减得更快一些;又因为 $H_1(s)$ 极点的虚部为 $j\omega_1$,而 $H_2(s)$ 极点的虚部为 $j2\omega_1$,所以 $h_2(t)$ 比 $h_1(t)$ 振荡得更快一些。

4.5.4 系统函数的零、极点分布与频域响应特性的关系

由系统的零、极点分布不但可知系统时域响应的形式,也可以定性地了解系统的频域特性。根据系统函数 $H(s)$ 在 s 平面上的零、极点图,利用几何作图法可以大致地描绘出系统的频率响应特性。

所谓"频率响应",是指系统在等幅振荡的正弦信号激励下,响应随输入信号频率变化而发生改变的情况,其中包括幅度随频率的响应和相位随频率的响应。

在线性系统中,当频率为 ω_0 的正弦信号激励下的系统稳态响应仍为同频率的正弦信号时,其幅度为输入信号的幅度乘以 $|H(j\omega_0)|$,而相位为输入信号的相位加上 $\varphi(\omega_0)$ [$|H(j\omega_0)|$ 和 $\varphi(\omega_0)$ 分别是 $|H(j\omega)|$ 和 $\varphi(\omega)$ 在 ω_0 点的值]。当输入正弦信号的频率 ω 发生改变时,稳态响应的幅度和相位将分别随 $|H(j\omega)|$ 和 $\varphi(\omega)$ 变化,因此,$H(j\omega) = |H(j\omega)|e^{j\varphi\omega}$ 反映了系统在正弦信号激励下稳态响应随信号频率的变化情况,故称为系统的频率响应。

正弦稳态情况下系统的频率特性 $H(j\omega)$ 可以直接由系统函数 $H(s)$ 表达式(4-110)中令 $s = j\omega$ 得到,即

$$H(j\omega) = H(s)\,|_{s=j\omega} = H_0\frac{\displaystyle\prod_{j=1}^{m}(j\omega - z_j)}{\displaystyle\prod_{i=1}^{n}(j\omega - p_i)} \tag{4-118}$$

$H(j\omega)$ 一般情况下是复数,可表示为 $H(j\omega) = |H(j\omega)|e^{j\varphi(\omega)}$。通常把 $|H(j\omega)|$ 随 ω 变化的关系称为系统的幅频特性;$\varphi(\omega)$ 随 ω 变化的关系称为系统的相频特性。

由式(4-118)可写出系统的幅频特性为

$$|H(j\omega)| = H_0\left|\frac{\displaystyle\prod_{j=1}^{m}(j\omega - z_j)}{\displaystyle\prod_{i=1}^{n}(j\omega - p_i)}\right| \tag{4-119}$$

相频特性为

$$\varphi(\omega) = \sum_{j=1}^{m}\arg(j\omega - z_j) - \sum_{i=1}^{n}\arg(j\omega - p_i) \tag{4-120}$$

从式(4-119)可以看出,系统的频率特性完全取决于系统函数 $H(s)$ 的零、极点分布。H_0 是常数,对系统的特性影响无关紧要。为了更直观地看出零点和极点对系统频率特性的影响,还可以通过在 s 平面上作图的方法定性绘出系统的频率特性。对式(4-119)来说,其零点因子为 $j\omega - z_j$。由于 $j\omega$ 和 z_j 都复数,可以将这两个复数的相减用矢量之差来表示,如图 4-23(a)所示。若把矢量差写成极坐标形式,则有

$$j\omega - z_j = N_je^{j\psi_j} \tag{4-121}$$

式中,$N_j = |j\omega - z_j|$,ψ_j 为矢量 $j\omega - z_j$ 与实轴正方向的夹角。

同理,式(4-119)中的极点因子 $(j\omega - p_i)$ 可表示为

$$j\omega - p_i = D_i e^{j\theta_i} \qquad (4-122)$$

式中，$D_i = |j\omega - p_i|$，θ_i 为矢量 $j\omega - p_i$ 与实轴正方向的夹角，如图 4 - 23 所示。把式(4 - 121)和式(4 - 122)代入式(4 - 118)，可得

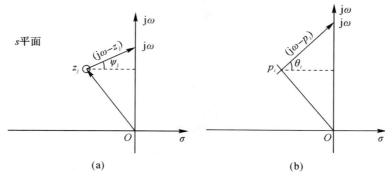

图 4 - 23　$H(s)$ 的零、极点矢量和差矢量表示图

$$H(j\omega) = H_0 \frac{N_1 N_2 \cdots N_m}{D_1 D_2 \cdots D_n} e^{j(\psi_1 + \psi_2 + \cdots \psi_m - \theta_1 - \theta_2 - \cdots - \theta_n)} = H_0 \frac{\prod\limits_{j=1}^{m} N_j}{\prod\limits_{i=1}^{n} D_i} e^{j\left(\sum\limits_{j=1}^{m} \psi_j - \sum\limits_{i=1}^{n} \theta_i\right)} \qquad (4-123)$$

于是有

$$|H(j\omega)| = H_0 \frac{\prod\limits_{j=1}^{m} N_j}{\prod\limits_{i=1}^{n} D_i} \qquad (4-124)$$

$$\varphi(\omega) = \sum\limits_{j=1}^{m} \psi_j - \sum\limits_{i=1}^{n} \theta_i \qquad (4-125)$$

当角频率 ω 从零起渐渐增大并最终趋于无穷大时，对应动点 $j\omega$ 自原点沿虚轴向上移动直到无限远。随着 ω 变化，各个差矢量的长度 N_j，D_i 和夹角 ψ_j，θ_i 也随之改变。根据差矢量随 ω 变化的情况，应用式(4 - 124)、式(4 - 125)就可得到系统的幅频特性 $|H(j\omega)|$ - ω 曲线和相频特性 $\varphi(\omega)$ - ω 曲线，再由对称性可得到 $-\infty \sim 0$ 范围内的幅频特性和相频特性。

当系统函数 $H(s)$ 的零、极点数目较少时，通过各差矢量模值和相角的变化情况，可以粗略绘制 $|H(j\omega)|$ 和 $\varphi(\omega)$ 随 ω 变化的曲线。

例 4.34　已知一个线性时不变系统的的系统函数为 $H(s) = \dfrac{s}{s+2}$，试根据 $H(s)$ 的零、极点分布图粗略画出此系统的幅频特性和相频特性曲线。

解：$H(s) = \dfrac{s}{s+2}$ 的零、极点分布如图 4 - 24 所示。其频率响应函数为

$$H(j\omega) = \frac{j\omega}{j\omega + 2} = \frac{N_1}{D_1} e^{j(\psi_1 - \theta_1)} \qquad (4-126)$$

现分析当 ω 沿虚轴从 0 开始向 $+\infty$ 变化时，N_1，D_1，ψ_1，θ_1 是如何变化的。

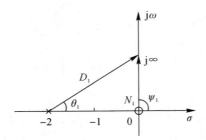

图 4 - 24　例 4.34 的零、极点分布图

（1）幅频特性。当 $\omega = 0$ 时，因为 $N_1 = 0, D_1 = 2$，根据式（4 - 119）可知，$|H(j\omega)| = 0$；当 ω 从 0 开始向上增长时，N_1, D_1 均增长，但就变化率来说，N_1 增长得更快，因此曲线 $|H(j\omega)|$ 是增长的；当 $\omega \to \infty$ 时，因为 $N_1 \to \infty, D_1 \to \infty$，所以 $|H(j\omega)| \to 1$。其间，当 $\omega = 2$ 时，根据图 4 - 23 及式（4 - 126），可得 $|H(j2)| = \sqrt{2}/2$。因此，可粗略画出幅频特性曲线如图 4 - 25（a）所示。

（2）相频特性。当 $\omega = 0$ 时，因为 $\psi_1 = 90°, \theta_1 = 0$，所以 $\varphi(0) = \psi_1 - \theta_1 = 90°$；当 ω 从 0 开始向上增长时，$\psi_1 = 90°$ 保持不变，θ_1 随 ω 的增长而增大，因此相频特性 $\varphi(\omega) = \psi_1 - \theta_1$ 是衰减的；当 $\omega \to \infty$ 时，$\psi_1 = \theta_1 = 90°$，所以 $\varphi(\infty) = 0$。其间，当 $\omega = 2$ 时，$\psi_1 = 90°, \theta_1 = 45°, \varphi(2) = 45°$。因此，可粗略画出相频特性曲线如图 4 - 25（b）所示。

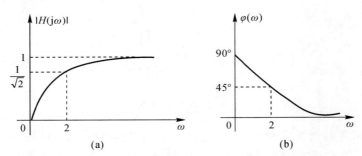

图 4 - 25　例 4.34 系统的幅频特性和相频特性曲线
（a）幅频特性曲线；（b）相频特性曲线

从图 4 - 25（a）可看出，当角频率 ω 较大时（如 $\omega > 2$），$|H(j\omega)|$ 有相对较大的值；而当 ω 较小时，$|H(j\omega)|$ 的数值相对较小，甚至非常微弱。因此，在输入信号的幅度保持不变的情况下，当输入信号的频率较高时，输出端会得到一个较强的信号，因此例 4.34 中的系统是一个高通滤波器，可用图 4 - 26 所示电路进行模拟。

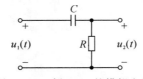

图 4 - 26　例 4.34 的模拟电路

以上举例介绍了如何利用系统函数的零、极点分布来绘制系统的频率响应。很明显，对于零、极点较多的高阶系统，其系统频率响应绘制会很复杂，在此就不再赘述。

4.5.5　系统的因果性

连续的因果系统指的是,系统的零状态响应 $y_{zs}(t)$ 不出现于激励 $f(t)$ 之前的系统。也就是说,对于 $t=0$ 时刻接入的任意激励 $f(t)$,即对于任意的

$$f(t) = 0, \quad t < 0 \tag{4-127}$$

如果系统的零状态响应

$$y_{zs}(t) = 0, \quad t < 0 \tag{4-128}$$

就称该系统为因果系统,否则称为非因果系统。

连续因果系统的充分必要条件是冲激响应

$$h(t) = 0, \quad t < 0 \tag{4-129}$$

或者系统函数 $H(s)$ 的收敛域为

$$\mathrm{Re}[s] > \sigma_0 \tag{4-130}$$

即其收敛域为收敛坐标 σ_0 以右的半平面,换言之,$H(s)$ 的极点都在收敛轴 $\mathrm{Re}[s]=\sigma_0$ 的左边。

下面证明连续因果系统的充要条件。

必要性:设系统的输入 $f(t)=\delta(t)$,显然在 $t<0$ 时 $f(t)=0$,这时的零状态响应为 $h(t)$,所以若系统是因果的,则必有 $h(t)=0$,$t<0$。因此,式(4-129)是必要的。

充分性:式(4-129)的条件能否保证对所有满足式(4-127)的激励 $f(t)$ 都能满足式(4-128)呢? 下面来证明其充分性。

对任意激励 $f(t)$,系统的零状态响应 $y_{zs}(t)$ 等于 $f(t)$ 和 $h(t)$ 的卷积,考虑到当 $t<0$ 时 $f(t)=0$,有

$$y_{zs}(t) = \int_{-\infty}^{\infty} h(\tau)f(t-\tau)\mathrm{d}\tau = \int_{-\infty}^{t} h(\tau)f(t-\tau)\mathrm{d}\tau$$

如果 $h(t)$ 满足式(4-129),即有 $\tau<0$ 时,$h(\tau)=0$,那么当 $t<0$ 时,上式为零,当 $t>0$ 时,上式为

$$y_{zs}(t) = \int_{0}^{t} h(\tau)f(t-\tau)\mathrm{d}\tau$$

即 $t<0$ 时,$y_{zs}(t)=0$。因而式(4-129)的条件也是充分的。

根据拉普拉斯变换的定义,如果 $h(t)$ 满足式(4-129),则

$$H(s) = \mathscr{L}[h(t)], \quad \mathrm{Re}[s] > \sigma_0$$

即为式(4-130)。

4.5.6　系统的稳定性

在研究和设计各类系统中,系统的稳定性十分重要。在实际应用中,系统的输出值常常是一个物理量,一般都应该在一定的范围内。如果一个微分方程描述的系统可能产生无穷大的输出,那在实际系统中只能产生异常的结果,要么就是系统由于输出过大的信号而损坏,要么就是系统进入非线性工作状态,不再满足线性条件,原本的线性微分方程不再能够描述系统,系统就无法实现原定的工作目标。因此,在工程实际中,要求线性系统无论在什么情况下输出都不能超出一定的范围。这样的系统被称为稳定系统。

稳定性是系统自身的特性之一,系统是否稳定与激励信号的情况无关。系统的冲激响应

$h(t)$ 与系统函数 $H(s)$ 表征了系统的特性, 当然, 它们反映了系统是否稳定, 而判断系统是否稳定, 要从时域和 s 域两方面进行。

1. 稳定系统的定义

若系统对任意的有界输入其零状态响应也是有界的, 则称此系统为稳定系统, 也可称为有界输入有界输出(BIBO)稳定系统。也就是说, 设 M_f, M_y 为正实常数, 如果系统对于所有的激励

$$| f(t) | \leqslant M_f \tag{4-131}$$

其零状态响应为

$$| y_{zs}(t) | \leqslant M_y \tag{4-132}$$

则称该系统是稳定的。

2. 连续系统稳定的充要条件(时域)

连续系统是稳定系统的充分必要条件是

$$\int_{-\infty}^{\infty} | h(t) | \, \mathrm{d}t \leqslant M \tag{4-133}$$

式中, M 为有界正常数。或者说, 若系统的单位冲激响应 $h(t)$ 绝对可积, 则系统是稳定的。下面证明稳定连续系统的充要条件。

对于任意的有界输入 $f(t)$, 满足 $| f(t) | \leqslant M_f$, 系统的零状态响应为

$$y_{zs}(t) = \int_{-\infty}^{\infty} h(\tau) f(t-\tau) \mathrm{d}\tau \tag{4-134}$$

$$| y_{zs}(t) | = \left| \int_{-\infty}^{\infty} h(\tau) f(t-\tau) \mathrm{d}\tau \right| \leqslant \int_{-\infty}^{\infty} | h(\tau) | \, | f(t-\tau) | \mathrm{d}\tau \tag{4-135}$$

由式(4-131)的条件, 有

$$| y_{zs}(t) | \leqslant M_f \int_{-\infty}^{\infty} | h(\tau) | \mathrm{d}\tau \tag{4-136}$$

如果 $h(t)$ 满足式(4-133), 也即 $h(t)$ 绝对可积, 则有

$$| y_{zs} | \leqslant M_f M \tag{4-137}$$

即对任意有界输入 $f(t)$, 系统的零状态响应均有界。因此, 条件式(4-133)的充分性得到证明。下面研究它的必要性。

如果 $\int_{-\infty}^{\infty} | h(t) | \mathrm{d}t$ 无界, 则至少有一个有界的输入 $f(t)$ 将产生无界输出 $y_{zs}(t)$。选择具有如下特性的输入信号:

$$f(-t) = \begin{cases} -1, & h(t) < 0 \\ 0, & h(t) = 0 \\ 1, & h(t) > 0 \end{cases} \tag{4-138}$$

于是有 $h(t) f(-t) = | h(t) |$。零状态响应为

$$y_{zs}(t) = \int_{-\infty}^{\infty} h(\tau) f(t-\tau) \mathrm{d}\tau \tag{4-139}$$

令 $t = 0$, 则有

$$y_{zs}(0) = \int_{-\infty}^{\infty} h(\tau) f(-\tau) \mathrm{d}\tau = \int_{-\infty}^{\infty} | h(\tau) | \mathrm{d}\tau \tag{4-140}$$

式 (4 - 140) 表明, 如果 $\int_{-\infty}^{\infty} |h(\tau)| \, \mathrm{d}\tau$ 无界, 则 $y_{zs}(0)$ 无界。因此式 (4 - 133) 的必要性得证。

3. 连续因果系统稳定的充要条件 (时域)

如果系统是因果的, 显然稳定性的充要条件可化简为

$$\int_{0}^{\infty} |h(t)| \, \mathrm{d}t \leqslant M \tag{4 - 141}$$

4. 系统函数 $H(s)$ 与系统稳定性的关系

由 4.5.3 节可知, 根据 $H(s)$ 极点出现于左半平面或右半平面即可判断系统的稳定性。对于因果系统, ①当 $H(s)$ 极点全部在 s 平面的左半开平面时, $h(t)$ 绝对可积, 系统稳定; ②当 $H(s)$ 极点位于虚轴且只有一阶时, 按照式 (4 - 134), 系统不稳定, 但在研究电网络时发现, 无源 LC 网络, 的系统函数在虚轴上有一阶极点, 而把无源网络看作是稳定系统较为方便, 因此, 有时也把在虚轴上的一阶极点的网络归入稳定网络类, 这类系统可称为临界稳定系统; ③当 $H(s)$ 极点落在 s 平面的右半开平面或在虚轴上有二阶极点时, $h(t)$ 不满足绝对可积条件, 系统不稳定。

需要特别指出, 用系统函数 $H(s)$ 的极点判断系统的稳定性时, 对有些系统是失效的。研究表明, 如果系统既是可观测的又是可控制的, 那么用描述输出与输入关系的系统函数研究系统的稳定性是有效的。下面简要介绍可观测性、可控制性的初步概念。

图 4 - 27(a) 所示复合系统由两个子系统 $H_1(s)$, $H_2(s)$ 级联组成, 复合系统的系统函数为

$$H(s) = H_1(s) H_2(s) = \frac{1}{s-2} \frac{s-2}{s+\alpha} = \frac{1}{s+\alpha} \tag{4 - 142}$$

如果 $\alpha > 0$, 按照上面的理论, 那么图 4 - 12(a) 所示复合系统是稳定的。但是, 如果该复合系统接入有界的输入 $f(t)$, 则子系统 $H_1(s)$ 的输出 $y_1(t)$ 将含有 e^{2t} 的项, 因而 $y_1(t)$ 将随 t 的增长而无限增大, 这将使该系统不能正常工作。这里的问题是, 仅从复合系统的输出 $y_{zs}(t)$ 中观测不到固有响应分量, 则称该系统为可观测的, 否则, 称为不可观测的。

图 4 - 27(b) 所示复合系统, 子系统 $H_1(s)$ 是不可观测的, $H_2(s)$ 和 $H_3(s)$ 是可观测的。但子系统 $H_3(s)$ 是不受输入 $f(t)$ 控制的, 因而不能用输入 $f(t)$ 控制该子系统的输出 $y_3(t)$。这样的子系统会使整个系统不能正常工作, 甚至损坏、烧毁。一个系统, 如果能通过输入的控制作用从初始状态转移到所要求的状态, 就称该系统是可控制的。

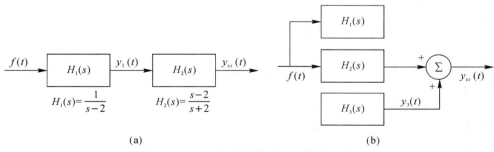

图 4 - 27　不可观测系统和不可控制系统

(a) 不可测系统; (b) 不可控制系统

例 4.35　某线性时不变因果连续系统的系统函数 $H(s) = \dfrac{2s+8}{s^2+5s+6}$, 判断系统的稳定性。

解: 因为

$$H(s) = \frac{2s+8}{s^2+5s+6} = \frac{4}{s+2} + \frac{-2}{s+3}$$

所以 $H(s)$ 的极点为

$$p_1 = -2, \quad p_2 = -3$$

两个极点均在 s 平面的左半开平面,故该因果连续系统稳定。

例 4.36 如图 4-28 所示反馈因果系统,已知 $G(s) = \dfrac{s}{s^2+5s+6}$,$K$ 为常数。为使系统稳定,试确定 K 值的范围。

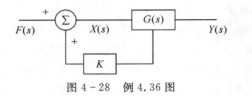

图 4-28 例 4.36 图

解: 设加法器输出为 $X(s)$,则可列出方程为

$$X(s) = KY(s) + F(s)$$

于是输出信号

$$Y(s) = X(s)G(s) = KG(s)Y(s) + G(s)F(s)$$

可解得系统函数

$$H(s) = \frac{Y(s)}{F(s)} = \frac{G(s)}{1-KG(s)} = \frac{s}{s^2+(4-K)s+4}$$

其极点为

$$p_{1,2} = \frac{(k-4) \pm \sqrt{(k-4)^2-16}}{2}$$

为使极点均在左半开平面,将有两种情况:

(1) $\begin{cases} (k-4)^2-16 > 0 \\ k-4+\sqrt{(k-4)^2-16} < 0 \end{cases}$,解得 $K < 0$;

(2) $\begin{cases} (k-4)^2-16 \leqslant 0 \\ k-4 < 0 \end{cases}$,解得 $0 \leqslant K < 4$。

综合以上两种情况,为使系统稳定,K 值的取值范围应为 $K < 4$。

4.6 仿真实验

4.6.1 利用 MATLAB 实现拉普拉斯变换

在 MATLAB 信号处理工具箱中提供了计算拉普拉斯变换的函数 laplace(),其调用格式为

fs = laplace(ft,t,s)

其中,ft 为 $f(t)$ 的表达式;t 为积分变量;s 为复频率;fs 为 $f(t)$ 的拉普拉斯变换 $F(s)$。

计算拉普拉斯变换的函数 laplace() 是基于符号运算的,计算之前需要对涉及的表达式进

行符号的定义。

例 4.37　求下列时间函数的拉普拉斯变换。

$(1)x(t)=te^{-2t}$；

$(2)x(t)=\sin t+2\cos t$；

$(3)x(t)=te^{-(t-2)}\varepsilon(t-1)$。

解：MATLAB 程序如下：

```
x1 = sym('t * exp(−2 * t)');
x2 = sym('sin(t)+2 * cos(t)');
x3 = sym('t * exp(2−t) * Heaviside(t−1)');
X1 = laplace(x1)
X2 = laplace(x2)
X3 = laplace(x3)
```

程序运行结果

```
X1 = 1/(s+2)^2
X2 = 1/(s^2+1)+2 * s/(s^2+1)
X3 = exp(2) * (exp(−s−1)/(s+1)+exp(−s−1)/(s+1)^2)
```

例 4.38　求下列函数的拉普拉斯变换：

(1)阶跃函数 $f(t)=\varepsilon(t-1)$；

(2)指数函数 $f(t)=e^{-t}\varepsilon(t)$；

(3)函数 $f(t)=e^{-t}\sin(at)\varepsilon(t)$。

解：调用 laplace() 函数来实现仿真，MATLAB 源程序如下：

```
(1)clear all;close all; clc;
syms t s;
ft = heaviside(t−1);            %定义输入信号
fs = laplace(ft,t,s);          %求信号的拉普拉斯变换
```

程序运行结果：

```
fs =
exp(−s)/s
```

```
(2)clear all; close all; clc;
syms t s;
ft = exp(−1 * t). * heaviside(t);     %定义输入信号
fs = laplace(ft, t, s)                %求信号的拉普拉斯变换
```

程序运行结果为：

```
fs =
1/(1+s)
```

```
(3)clear all; close all; clc;
syms t s;
ft = exp(−t) * sin(a * t);      %定义输入信号
fs = laplace(ft,t,s)           %求信号的拉普拉斯变换
```

程序运行结果：

```
fs =
```

a/(s~2+2*s+1+a~2)

可以看到,求解的结果与理论上是一致的。

例 4.39 已知信号 $f(t)=\cos(t)\varepsilon(t)$ 的拉普拉斯变换为 $F(s)=\dfrac{s}{s^2+1}$,试绘制拉普拉斯变换曲面图。

解:绘制拉普拉斯变换曲面图可以用 mesh 函数实现。

MATLAB 程序如下:

```
dt = 0.02;
x = −0.5:dt:0.5;%横坐标范围
y = −1.99:dt:1.99;%纵坐标范围
[x,y] = meshgrid(x,y);%产生矩阵
s = x + j * y;
s2 = s. * s;
c = ones(size(x));
Fs = abs(s./(s2+c));%计算拉普拉斯变换在复平面上的样点值
mesh(x,y,Fs)%画网格图
surf(x,y,Fs)%画曲面图
colormap(hsv)%使用两端为红的饱和值色
xlabel('x'),ylabel('y'),zlabel('F(s)')
```

运行程序得到单边余弦信号拉普拉斯变换曲面图如图 4 - 29 所示。

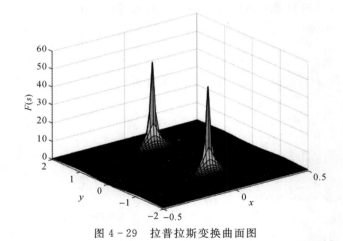

图 4 - 29　拉普拉斯变换曲面图

4.6.2　利用 MATLAB 实现拉普拉斯逆变换

1. ilaplace 函数

与 laplace 函数对应,在 MATLAB 信号处理工具箱中提供了计算拉普拉斯逆变换的函数 ilaplace(),其调用格式为

$$ft = ilaplace(fs,\ s,\ t)$$

其中,fs 为 $f(t)$ 的拉普拉斯变换;t 为积分变量;s 为复频率;ft 为 $F(s)$ 的拉普拉斯逆变换

$f(t)$。与函数 laplace( ) 一样,函数 ilaplace( ) 也是基于符号运算的,计算之前也需要对涉及的表达式进行符号的定义。

例 4.40 已知象函数 $F(s) = \dfrac{s+3}{s^2+3s+2}$,用 MATLAB 求解其原函数。

解: 调用 ilaplace( ) 函数来实现仿真,MATLAB 源程序如下:

```
clear all; close all; clc

symst s;

fs = sym('(s+3)/(s*s+3*s+2)');          %定义符号变量 fs
ft = ilaplace(fs, s, t)                 %求解 fs 的原函数 ft
```

程序运行结果为:

```
ft =

2*exp(−t)−exp(−2*t)
```

则可知

$$f(t) = (2e^{-t} - e^{-2t})\varepsilon(t)$$

例 4.41 求下列象函数的拉普拉斯反变换。

(1) $F(s) = \dfrac{2s^2+s-6}{(s^2+2s+2)(s+1)}$;

(2) $F(s) = \dfrac{s^4+5s^3+12s^2+7s+15}{(s^2+1)^2(s+2)}$;

(3) $F(s) = \dfrac{1}{(s^2+1)(s+3)}$。

解: MATLAB 程序如下:

```
F1 = sym('(2*s^2+s−6)/(s+1)/(s^2+2*s+2)');
F2 = sym('(s^4+5*s^3+12*s^2+7*s+15)/(s+2)/(s^2+1)^2');
F3 = sym('1/(s^2+1)/(s+3)');
f1 = ilaplace(F1)
f2 = ilaplace(F2)
f3 = ilaplace(F3)
```

程序运行结果如下:

```
f1 = −5*exp(−t)+7*exp(−t)*cos(t)−3*exp(−t)*sin(t)
f2 = exp(−2*t)+6*sin(t)−t*cos(t)
f3 = 1/10*exp(−3*t)−1/10*cos(t)+3/10*sin(t)
```

4.6.3 利用 MATLAB 实现部分分式展开

MATLAB 信号处理工具箱提供的 residue( ) 函数可以对复杂的 s 域表示式 $F(s)$ 进行部分分式展开,其调用格式为

```
[r,p,k] = residue(B,A)
```

其中,B,A 分别为 $F(s)$ 的分子多项式和分母多项式的系数向量;r 为所得部分分式展开式的系数向量;p 为极点;k 为分式的直流分量,若 $F(s)$ 为真分式,则 k 为空。

函数 residue( ) 也可将部分分式转化为两个多项式之比的形式,其调用格式为

```
[B, A] = residue(r, p, k)
```

例 4.42 调用 residue() 函数求例 4.6 - 4 中象函数的原函数。

解: 调用 residue() 函数来实现仿真,MATLAB 源程序如下:

```
clear all; close all; clc;
num = [1 3];                          %定义 F(s)的分子多项式系数向量
den = [1 3 2];                        %定义 F(s)的分母多项式系数向量
[r, p, k] = residue(num, den);        %对 F(s)部分分式展开
```

程序运行结果:

```
r =
    -1
     2
p =
    -2
    -1
k =
    [ ]
```

由运行结果可知,$F(s)$ 有两个极点,分别是 $p = -2, p = -1$,所对应的系数向量分别是 $r = -1, r = 2$,直流分量 $K = 0$,因此可得 $F(s)$ 的展开式为

$$F(s) = \frac{-1}{s+2} + \frac{2}{s+1}$$

再由基本的拉普拉斯变换可知,$F(s)$ 的拉普拉斯逆变换为 $f(t) = (-e^{-2t} + 2e^{-t})\varepsilon(t)$,可以看出与用 ilaplace() 函数编程生成的结果是相同的。

例 4.43 已知象函数 $F(s) = \dfrac{s^2}{s^2 + 6s + 8}$,用 MATLAB 对其部分分式展开。

解: 调用 residue() 函数来实现仿真,MATLAB 源程序如下:

```
clear all; close all; clc
num = [1 0 0];                        %定义 F(s)的分子多项式系数向量
den = [1 6 8];                        %定义 F(s)的分母多项式系数向量
[r, p, k] = residue(num, den)         %对 F(s)部分分式展开
```

程序运行结果:

```
r =
    -8
     2
p =
    -4
    -2
k =
     1
```

由运行结果可知,$F(s)$ 有两个极点,分别是 $p = -4, p = -2$,所对应的系数向量分别是 $r = -8, r = 2$,直流分量 $K = 1$,因此可得 $F(s)$ 的展开式为

$$F(s) = 1 + \frac{-8}{s+4} + \frac{2}{s+2}$$

有时 $F(s)$ 表达式中分子多项式 $B(s)$ 和分母多项式 $A(s)$ 是因子相乘的情况出现时,这时

可用 conv 函数将因子相乘的形式转换成多项式的形式,其调用格式为

$$C = conv(A, B)$$

其中,A 和 B 是两因子多项式的系数向量;C 是因子相乘所得多项式的系数向量。

例 4.44　已知象函数 $F(s) = \dfrac{s+3}{(s+1)(s+2)}$,用 MATLAB 对其部分分式展开。

解:调用 conv() 函数和 residue() 函数来实现仿真,MATLAB 源程序如下:

```
clear all; close all; clc;
num = [1 3]
den = conv([1 1], [1 2]);          %定义 F(s)的分母多项式系数向量
[r, p, k] = residue(num, den)
```

程序运行结果:

```
r =
    −1
     2
p =
    −2
    −1
k =
    [ ]
```

由运行结果可知,$F(s)$ 有两个极点,分别是 $p = -2, p = -1$,所对应的系数向量分别是 $r = -1, r = 2$,直流分量 $K = 0$,因此可得 $F(s)$ 的展开式为

$$F(s) = \frac{-1}{s+2} + \frac{2}{s+1}$$

例 4.45　将函数 $F(s) = \dfrac{3s^2+5s+4}{(s^2+1)(s+1)(s+8)}$ 用部分分式法展开。

解:进行部分分式展开可以使用 MATLAB 中的 residue 函数,函数的输出 r, p, k 含义如下:

$$H(s) = K(s) + \frac{R(1)}{s-P(1)} + \frac{R(2)}{s-P(2)} + \cdots + \frac{R(n)}{s-P(n)}$$

如果有重根的情况,则重根因子从低幂到高幂次排列。

MATLAB 程序如下:

```
num = [3,5,4];
d1 = [1,0,1]; d2 = [1,2]; d3 = [1,8];
den = conv(d1,conv(d2,d3));
[r,p,k] = residue(num,den)
```

[程序运行结果]

```
r = −0.4000
     0.2000
     0.1000−0.1000i
     0.1000+0.1000i
p = −8.0000
    −2.0000
    −0.0000+1.0000i
```

$$-0.0000-1.0000i$$

k = [ ]

即部分分式展开的结果为

$$F(s) = \frac{0.2}{s+2} - \frac{0.4}{s+8} + \frac{0.1+0.1j}{s+j} + \frac{0.1-0.1j}{s-j}$$

对连续时间系统进行时域分析可以用拉普拉斯变换法求解响应的符号公式解,也可以用 MATLAB 提供的函数进行数值仿真求解。数值求解中用到的函数主要有控制 CONTROL 工具箱的冲激响应仿真函数 impulse、阶跃响应仿真函数 step、一般响应仿真函数 lsim 和零输入响应仿真函数 initial。为了仿真零输入响应部分,函数 lsim 和 initial 只能接受状态空间系统模型,其他情况下都可以接受各种系统模型。

4.6.4 利用 MATLAB 求解系统的零极点并绘制零极点分布图

系统函数 $H(s)$ 通常是一个有理真分式,其分子分母均为多项式。MATLAB 中提供了一个计算分子和分母多项式根的函数 roots()。例如,多项式 $N(s) = s^3 + 2s^2 + 3s$ 的根,可由如下语句求出:

N = [1 2 3 0];

r = roots(N);

运行结果为

r =

      0

   $-1.0000+1.4142i$

   $-1.0000-1.4142i$

求出零极点后,可以调用函数 plot() 来画出系统的零极点分布图。

例 4.46 使用 MATLAB 求解系统函数 $H(s) = \dfrac{s+1}{s^2+4s+5}$ 的零极点并绘制分布图,并判断该系统是否稳定。

解:调用 roots() 函数和 plot() 函数来实现仿真,MATLAB 源程序如下:

```
clearall;close all;clc;
num = [1 1];
den = [1 4 5];
zs = roots(num);                    %求出系统函数的零点
ps = roots(den);                    %求出系统函数的极点
plot(real(zs),imag(zs),′o′,real(ps),imag(ps),′x′,′markersize′,12);
%求出零极点的实部和虚部,并绘图
axis([-4 2 -2 2]);grid;
legend(′零点′,′极点′);
title(′系统的零极点分布图′)
```

程序运行结果如图 4-30 所示。

由图 4-30 可知,两个极点均位于 s 平面的左半开平面上,故该系统是稳定系统。

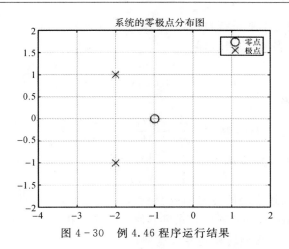

图 4 - 30　例 4.46 程序运行结果

　　MATLAB 中还提供了一种更简便的画出系统函数零极点分布图的方法,即直接应用 pz-map( )画图,其调用格式为

$$\text{Pzmap(sys)}$$

表示画出 sys 所描述系统的零极点分布图。LTI 系统模型 sys 要借助 tf 函数获得,其调用格式为

$$\text{sys} = \text{tf(num, den)}$$

　　其中,num 和 den 分别为系统函数 H(s)分子多项式的系数向量。因此,例 4.46 还可用如下程序实现:

```
clearall;close all;clc;
num = [1 1];
den = [1 4 5];
sys = tf(num,den);              %求出系统函数
pzmap(sys);                     %画零极点分布图
```

得到的零极点分布图如图 4 - 31 所示。

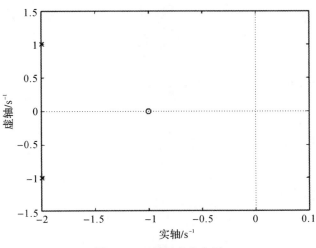

图 4 - 31　零极点分布图

对于连续时间线性时不变系统,可以用常系数微分方程来描述,对于单输入单输出系统,其传递函数一般是两个多项式之比,即

$$H(s) = \frac{b_m s^m + b_{m-1} s^{m-1} + \cdots + b_0}{s^n + a_{n-1} s^{n-1} + \cdots + a_0}$$

也可以表示成零、极点形式

$$H(s) = k \frac{(s-z_1)(s-z_2)\cdots(s-z_m)}{(s-p_1)(s-p_2)\cdots(s-p_n)}$$

另外,也可以用状态变量方法表示成如下标准形式:

$$\dot{x} = Ax + Bu$$

在 MATLAB 中,描述系统的传递函数型 tf(Transfer Function)、零极点型 zp(Zero Pole)以及状态变量型 ss(State Space)三种方式可方便地转换。相应的转换函数为

tf2zp 函数——传递函数型转换到零极点型;

tf2ss 函数——传递函数型转换到状态变量型;

zp2tf 函数——零极点型转换到传递函数型;

zp2ss 函数——零极点型转换到状态空间型;

ss2tf 函数——状态空间型转换到传递函数型;

ss2zp 函数——状态空间型转换到零极点型。

例 4.47　已知系统的传递函数为

$$H(s) = \frac{2s + 10}{s^3 + 8s^2 + 19s + 12}$$

将其分别转换为零极点型和状态变量型。

解:MATLAB 程序如下:

```
num = [2 10]; den = [1 8 19 12];        %赋值给传递函数的分子、分母多项式系数
printsys(num,den,'s')                    %输出系统函数,由 s 表示的分子、分母多项式
[z,p,k] = tf2zp(num,den)                 %转换为零极点型
[a,b,c,d] = tf2ss(num,den)               %转换为状态变量型
```

程序运行结果:

num/den =

$$\frac{2s + 10}{s^3 + 8s^2 + 19s + 12}$$

z = −5

p = −4.0000   −3.0000   −1.0000

k = 2

a = −8   −19   −12

　　1   0   0

　　0   1   0

b = 1

　　0

　　0

c = 0 2 10

d = 0

运行结果中,z,p,k 分别表示零极点型的零点、极点和系数,则系统函数的零极点型表示式为

$$H(s) = 2 \frac{(s+5)}{(s+1)(s+3)(s+4)}$$

状态方程为

$$\dot{x} = Ax + Bu, y = Cx + Du$$

式中,A,B,C,D 对应于程序中的 a,b,c,d。对于离散时间系统,上述方法同样适用。

4.6.5　利用 MATLAB 实现 LTI 系统的单位冲激响应和频率响应

MATLAB 提供的 impulse() 和 freqs() 函数,用于求解连续系统的单位冲激响应和频率响应,其调用格式为

Impulse(num,den);

freqs(num,den)

其中,num 和 den 分别为系统函数 $H(s)$ 分子多项式和分母多项式的系数向量。

例 4.48　已知某 LTI 系统的系统函数 $H(s) = \dfrac{s-3}{s^2+s+1}$,试用 MATLAB 绘出系统的单位冲激响应与频率响应曲线。

解:　调用 impulse() 和 freqs() 函数来实现仿真,MATLAB 源程序如下:

```
clearall;close all;clc;
num = [1 -3];
den = [1 1 1];
figure(1);
impulse(num,den);              %求出系统的单位冲激响应
title('系统的单位冲激响应');
[H w] = freqs(num,den);        %求出系统的频率响应
figure(2);
plot(w,abs(H));                %求出系统的幅频响应,并绘制图形
xlabel('角频率(rad/s)');
ylabel('幅度');
title('系统的幅频响应');
figure(3);
plot(w,angle(H));              %求出系统的相频响应,并绘制图形
xlabel('角频率(rad/s)');
ylabel('幅度');
title('系统的相频响应');
```

绘制的系统冲激响应、幅频响应和相频响应曲线如图 4 - 32 至图 4 - 34 所示。

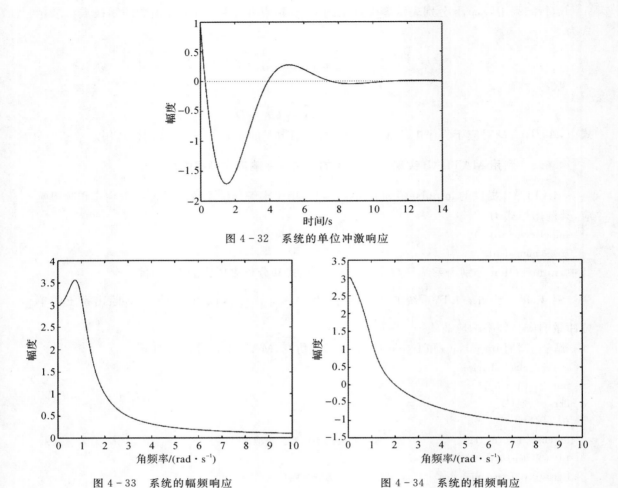

图 4-32 系统的单位冲激响应

图 4-33 系统的幅频响应

图 4-34 系统的相频响应

例 4.49 求系统 $H(s) = \dfrac{s+8}{s^2+2s+8}$ 的单位冲激响应和单位阶跃响应,并画出它们的波形。

解:首先定义系统函数的分子、分母多项式系数,然后用 impulse 函数仿真系统的冲激响应,用 step 函数仿真系统的阶跃响应。使用函数 impulse 和函数 step 可以将响应赋给一个变量,比如[y,t] = impulse(b,a),其中 t 为时间下标。但这些函数没有输出参数时,MATLAB 将给出响应的波形图。

MATLAB 程序如下:

```
num = [1,8];den = [1,2,8];
subplot(1,2,1),impulse(num,den),gridon
subplot(1,2,2),step(num,den),gridon
```

运行程序得到的响应波形如图 4-35 所示。

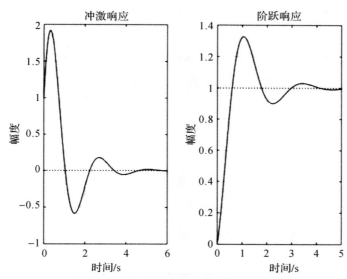

图 4 - 35　单位冲激响应和阶跃响应波形

例 4.50　给定系统微分方程

$$\frac{\mathrm{d}^2}{\mathrm{d}t^2}y(t) + 3\frac{\mathrm{d}}{\mathrm{d}t}y(t) + 2y(t) = \frac{\mathrm{d}}{\mathrm{d}t}f(t) + 3f(t)$$

$$f(t) = \mathrm{e}^{-3t}\varepsilon(t), y(0_-) = 1, y'(0_-) = 2$$

试求该系统的完全响应,并指出其零输入响应、零状态响应各分量。

解:本题可以用拉普拉斯变换法求符号解,也可用函数 lsim 进行仿真求解零状态响应部分。

MATLAB 程序_符号求解

eq = 'D2y+3 * Dy+2 * y = Df+3 * f';
in0 = 'f = 0';
in1 = 'f = exp(−3 * t) * Heaviside(t)';
ic0 = 'y(−0.0001) = 0, Dy(−0.0001) = 0';
ic1 = 'y(0) = 1, Dy(0) = 2';
zi = dsolve(eq, in1, ic1); yzi = simplify(zi. y)
zs = dsolve(eq, in1, ic0); yzs = simplify(zs. y)
ytotal = yzi+yzs

程序运行结果

yzir = −3 * exp(−2 * t)+4 * exp(−t)
yzsr = Heaviside(t) * (−exp(−2 * t)+exp(−t))
ytotal = −3 * exp(−2 * t)+4 * exp(−t)+Heaviside(t) * (−exp(−2 * t)+exp(−t))

根据符号解画出的零状态响应波形如图 4 - 36 所示。

MATLAB 程序_数值仿真求解零状态响应:

dt = 0.001; t = 0:dt:10;
x = exp(−3 * t). * (t>=0);
yzsr = lsim([1,3],[1,3,2],x,t);
plot(t,yzsr),gridon

axis([0 10 0 0.3])

程序运行结果

运行结果如图 4-36 所示。观察可知,两种方法求解的零状态响应是一样的。

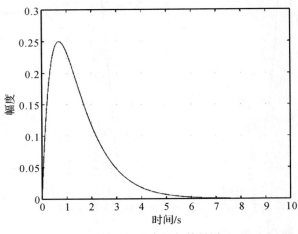

图 4-36　程序运行结果图

例 4.51 已知系统函数为

$$H(s) = \frac{1}{s^3 + 2s^2 + 2s + 1}$$

试画出其零、极点分布图,求解系统的冲激响应 $h(t)$ 和频率响应 $H(\mathrm{j}\omega)$,并判断系统的稳定性。

解:MATLAB 程序如下:

```
num = [1];den = [1,2,2,1];
sys = tf(num,den);
poles = roots(den);%求系统函数的极点
figure(1),pzmap(sys)%绘制复频域系统的零、极点图
t = 0:0.02:10;
h = impulse(num,den,t);%求系统的冲激响应
figure(2),plot(t,h)
xlabel('t'),ylabel('h(t)')
title('系统的冲激响应')
[H,w] = freqs(num,den);%求系统的频率响应
figure(3),plot(w,abs(H))
xlabel('\omega'),ylabel('abs(H(j\omega))')
title('系统的频率响应')
```

程序运行结果:

　　　　poles = －1.0000　　　－0.5000＋0.8660i　　　－0.5000－0.8660i

图 4-37(a)所示为系统函数的零、极点分布图,系统的冲激响应和频率响应分别如图 4-37(b)(c)所示。从图 4-37(a)可以看出,系统函数的极点位于 s 左半平面,故系统稳定。

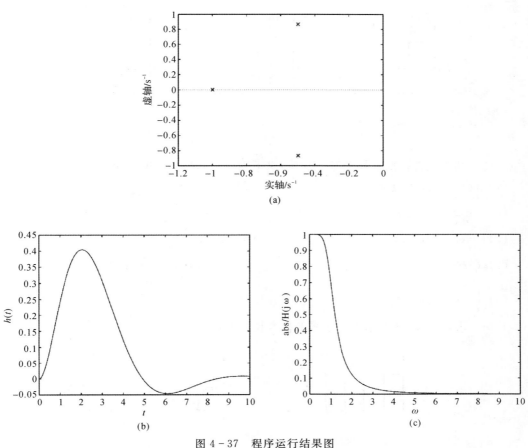

图 4 - 37　程序运行结果图

(a)零极点分布图;(b)系统的冲激响应;(c)系统的频率响应

本 章 小 结

本章主要介绍了线性时不变系统的基本分析工具——拉普拉斯变换。首先介绍了拉普拉斯变换和傅里叶变换的关系,以及拉普拉斯变换的定义和收敛域;然后介绍了单边拉普拉斯变换的性质以及单边拉普拉斯逆变换;重点介绍了连续系统的 s 域分析,以及拉普拉斯变换在求解微分方程,动态电路中的应用;最后介绍了系统函数的概念和特性。对应内容分别给出了MATLAB 软件的仿真示例。

习　题　4

4-1　求下列信号的单边拉普拉斯变换,并证明收敛域。

(1)$1-\mathrm{e}^{-2t}$;

(2)$\delta(t)-\mathrm{e}^{-2t}$;

(3)$\mathrm{e}^{-2t}+\mathrm{e}^{2t}$;

(4)$\cos(2t)+3\sin(2t)$ 。

4-2　试求题图 4-1 所示信号的拉普拉斯变换。

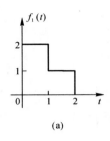 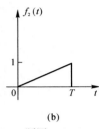 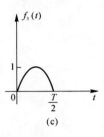

题图 4-1

4-3 利用拉普拉斯变换的基本性质,求下列信号的拉普拉斯变换。

(1)$\delta(t)-2\delta(t-2)+\delta'(t-3)$;

(2)$e^{-2t}[\varepsilon(t)-\varepsilon(t-1)]$;

(3)t^2+2t;

(4)$\sin\left(\omega t+\dfrac{\pi}{4}\right)$;

(5)$1+(t-2)e^{-t}$;

(6)t^2e^{-at};

(7)$\varepsilon(2t-2)$;

(8)$5e^{-2t}\cos\left(\omega t+\dfrac{\pi}{4}\right)$;

(9)$\dfrac{d}{dt}[\sin(2t)\varepsilon(t)]$;

(10)$\displaystyle\int_0^t\sin(\pi\tau)d\tau$。

4-4 求题图4-2所示周期信号的拉普拉斯变换。

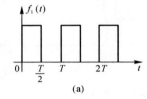 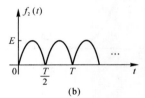

(a)　　　　　　　　　　　(b)

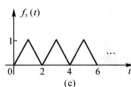 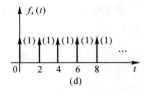

(c)　　　　　　　　　　　(d)

题图 4-2

4-5 已知因果信号$f(t)$的象函数为$F(s)$,试求下列信号的象函数。

(1)$e^{-2t}f(2t)$;

(2)$e^{-2t}f\left(\dfrac{t}{2}\right)$;

(3)$te^{-t}f(3t)$;

(4)$e^{-3t}f(2t-1)$。

4-6 已知因果信号$f(t)$的象函数为$F(s)$,求下列$F(s)$的原函数$f(t)$的初值$f(0_+)$和终值$f(\infty)$。

(1)$F(s)=\dfrac{s+1}{(s+2)(s+3)}$;

(2)$F(s)=\dfrac{s+3}{s^2+6s+10}$;

(3)$F(s)=\dfrac{2s+1}{s(s+2)^2}$;

(4)$F(s)=\dfrac{2s-1}{s^2+4}$;

(5)$F(s)=\dfrac{1-e^{-2s}}{s(s^2+4)}$;

(6)$F(s)=\dfrac{1}{s(1+e^{-s})}$。

4 - 7　求下列函数的拉普拉斯反变换。

(1) $\dfrac{4}{2s+3}$;

(2) $\dfrac{4}{s(2s+3)}$;

(3) $\dfrac{3s}{s^2+6s+8}$;

(4) $\dfrac{e^{-s}+e^{-2s}+1}{s^2+3s+2}$;

(5) $\dfrac{s^2+2}{s^2+1}$;

(6) $\dfrac{6s^2+19s+15}{(s+1)(s^2+4s+4)}$。

4 - 8　求下列各函数的原函数。

(1) $\dfrac{s-1}{s^2+2s+2}$;

(2) $\dfrac{s^2+1}{s^2+2s+2}$;

(3) $\dfrac{s^2+2}{(s+2)(s^2+1)}$;

(4) $\dfrac{s^2+4s+1}{s(s+1)^2}$;

(5) $\dfrac{1}{s^2(s+2)}$;

(6) $\dfrac{s}{(s^2+1)^2}$。

4 - 9　试用拉普拉斯变换分析法,求解下列微分方程所描述系统的零输入响应、零状态响应和全响应。

(1) $y''(t)+3y'(t)+2y(t)=f'(t)$, $y(0_-)=1$, $y'(0_-)=-2$, $f(t)=\varepsilon(t)$;

(2) $y''(t)+4y'(t)+4y(t)=f'(t)+f(t)$, $y(0_-)=2$, $y'(0_-)=1$, $f(t)=e^{-t}\varepsilon(t)$;

(3) $y''(t)+3y'(t)+2y(t)=f'(t)+4f(t)$, $y(0_-)=1$, $y'(0_-)=3$, $f(t)=\varepsilon(t)$。

4 - 10　电路如题图 4 - 3 所示,开关 S 在闭合时电路已处于稳定状态,若在 $t=0$ 时将开关 S 打开,试求当 $t \geqslant 0$ 时的 $u_C(t)$。

4 - 11　电路如题图 4 - 4 所示,开关 S 在闭合电路已处于稳定状态,若在 $t=0$ 时将开关 S 打开,试求当 $t \geqslant 0$ 时的 $i_{L1}(t)$ 和 $u(t)$。

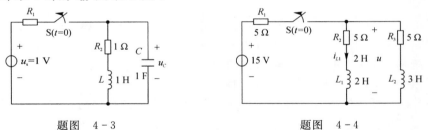

题图　4 - 3　　　　　　　　　　题图　4 - 4

4 - 12　电路如题图 4 - 5 所示,已知激励 $u_s(t)=\delta(t)\mathrm{V}$,求冲激响应 $u_L(t)$。

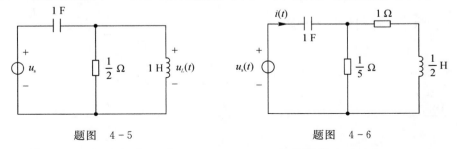

题图　4 - 5　　　　　　　　　　题图　4 - 6

4 - 13　题图 4 - 6 所示电路,已知 $u_s(t)=10\varepsilon(t)\mathrm{V}$,求零状态响应 $i(t)$。

4 - 14　题图 4 - 7 所示电路,在 $t<0$ 时电路已达稳态,当 $t=0$ 时开关 S 闭合,求当 $t \geqslant 0$ 时电压 $u(t)$ 的零输入响应、零状态响应和完全响应。

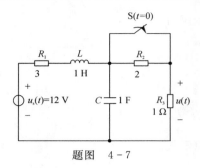

题图 4 - 7

4 - 15 已知系统方程,求系统函数 $H(s)$。

(1) $y''(t) + 11y'(t) + 24y(t) = 5f'(t) + 3f(t)$;

(2) $y''(t) + 3y'(t) + 2y(t) = f'(t) + 3f(t)$。

4 - 16 已知线性时不变系统的系统函数为 $H(s) = \dfrac{s+5}{s^2+4s+3}$,输入为 $f(t)$,输出为 $y(t)$,写出该系统输入、输出之间关系的微分方程。若 $f(t) = e^{-2t}\varepsilon(t)$,求系统的零状态响应。

4 - 17 一个连续时间线性时不变系统,当输入 $f(t) = \varepsilon(t)$ 时,输出 $y(t) = 2e^{-3t}\varepsilon(t)$。

(1) 试求系统的冲激响应 $h(t)$;

(2) 当输入 $f(t) = e^{-t}\varepsilon(t)$ 时,求输出 $y(t)$。

4 - 18 因果线性时不变系统的微分方程为 $y''(t) + 3y'(t) + 2y(t) = f(t)$,求系统的冲激响应。

4 - 19 画出下列系统的零、极点图,并判断系统是否稳定。

(1) $H(s) = \dfrac{s+2}{s(s+1)}$;
    (2) $H(s) = \dfrac{2(s+1)}{s(s^2+1)^2}$;

(3) $H(s) = \dfrac{s}{(s+2)(s+3)}$;
    (4) $H(s) = \dfrac{5}{(s-1)(s+4)}$。

4 - 20 某个 LTI 系统的微分方程为 $y''(t) + y'(t) - 6y(t) = f'(t) + f(t)$,求:

(1) 系统函数 $H(s)$ 并画出其零、极点图。

(2) 冲激响应 $h(t)$ 并判断系统的稳定性。

4 - 21 已知系统框图如题图 4 - 8 所示,试写出各系统的系统函数 $H(s)$ 和描述系统的微分方程,并求其单位冲激响应 $h(t)$。

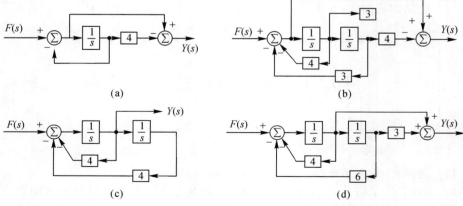

题图 4 - 8

4 - 22　线性连续系统如题图 4 - 9 所示,已知子系统函数 $H_1(s)=-\mathrm{e}^{-2s}$, $H_2(s)=\dfrac{1}{s}$。

(1)求系统的冲激响应。

(2)若 $f(t)=t\varepsilon(t)$,求零状态响应。

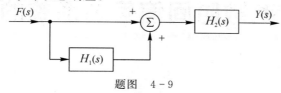

题图　4 - 9

4 - 23　利用 MATLAB 编程求解下列函数的拉普拉斯变换。

(1) $f(t)=2te^{-4t}\varepsilon(t)$;

(2) $f(t)=(t-1)\mathrm{e}^{-2(t-1)}\varepsilon(t-1)$;

(3) $f(t)=\sin(t)\sin(2t)\varepsilon(t)$;

(4) $f(t)=(t^3-2t^2+1)\varepsilon(t)$。

4 - 24　利用 MATLAB 编程求解下列函数的拉普拉斯反变换。

(1) $F(s)=\dfrac{2}{(s+2)(s^2+1)}$;

(2) $F(s)=\dfrac{2s+30}{s^2+10s+50}$;

(3) $F(s)=\dfrac{1}{s(s^2+s+1)}$;

(4) $F(s)=\dfrac{s+2}{s(s+3)(s+1)^2}$。

4 - 25　已知 $H(s)=\dfrac{s+1}{s^2+2s+2}$,试用 MATLAB 编程的方法画出其曲面图。

4 - 26　已知连续时间信号的拉普拉斯变换表达式如下,试用 residue 函数求出 $F(s)$ 的部分分式展开式,并写出 $f(t)$ 的表达式。

(1) $F(s)=\dfrac{16s^2}{s^4+5.6569s^3+816s^2+2262.7s+160\,000}$;

(2) $F(s)=\dfrac{s^3}{(s+5)(s^2+5s+25)}$;

(3) $F(s)=\dfrac{6s^2+22s+18}{(s+1)(s+2)(s+3)}$。

4 - 27　已知某连续时间系统的微分方程为

$$y''(t)+4y'(t)+3y(t)=2f'(t)+f(t)$$

激励信号 $f(t)=\varepsilon(t)$,初始状态 $y(0_-)=1$, $y'(0_-)=2$,试用 MATLAB 编程的方法求系统的零输入响应、零状态响应和完全响应,并画出相应的波形。

4 - 28　已知系统函数 $F(s)=\dfrac{s+2}{s^3+2s^2+2s+1}$,试用 MATLAB 编程的方法画出该系统的零、极点分布图,求出系统的冲激响应、阶跃响应和频率响应。

第 5 章　离散时间信号与系统的时域分析

离散时间系统的分析方法在许多方面与连续时间系统的分析方法有着相似性。对于连续时间系统，其数学模型用微分方程描述；与之相应，离散时间系统则由差分方程描述。求解差分方程与微分方程的方法在相当大的程度上是一一对应的。卷积方法的研究与应用，在连续时间系统中有着极其重要的意义，与此类似地在离散时间系统的研究中，卷积和的方法也具有同样重要的地位。对连续时间系统进行分析时，广泛采用变换域方法，如拉普拉斯变换与傅里叶变换，并运用系统函数的概念来处理各种问题。在离散时间系统中也同样普遍地采用变换域方法和系统函数的概念，这里的变换域方法主要包括 z 变换、离散傅里叶变换等。

参照连续时间系统的分析方法，学习离散时间系统理论时，必须注意它们之间存在着一些重要差异，这包括数学模型的建立与求解、系统性能分析以及系统实现原理等。正是这些差异的存在，才使得离散时间系统有可能表现出某些特殊性。

本章介绍离散时间信号和系统的基本概念和时域分析方法，包括离散时间信号的基本概念、离散时间系统的时域分析方法以及卷积和的计算等。

5.1　离散时间信号与系统

本节介绍离散时间信号的基本概念、表示方法和基本运算，常见离散时间系统的基本概念、表示方法等。

5.1.1　离散时间信号

1. 离散时间信号基本概念

广义地讲，信号可分为模拟信号和离散信号。一个模拟信号用 $x_a(t)$ 表示，其中，变量 t 可代表任何物理量，但是都假定它代表时间，以 s 计。一个离散信号用 $x(n)$ 表示，其中变量 n 是整数值并在时间上代表一些离散时刻；因此，它也称作离散时间信号。它是一个数值的序列，并用下列符号之一来表示：

$$x(n) = \{x(n)\} = \{\cdots, x(-1), x(0), x(1), \cdots\} \tag{5-1}$$

其中，向上箭头指出在 $n=0$ 的样本。

离散时间信号也称离散序列或序列，可以用函数解析式表示，也可以用图形或列表表示。图 5-1 是离散序列图形表示的示例。

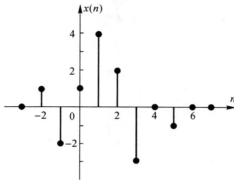

图 5 - 1　离散序列示例

2.常见的离散时间信号

(1)单位样值序列:

$$\delta(n) = \begin{cases} 1, & n = 0 \\ 0, & n \neq 0 \end{cases} = \left\{ \cdots, 0, 0, \underset{\uparrow}{1}, 0, 0, \cdots \right\} \tag{5-2}$$

此序列只在 $n=0$ 处取值为 1,其余点上都取零,如图 5 - 2 所示,也称为单位取样、单位函数、单位脉冲或单位冲激。它在离散时间系统中的作用,类似于连续时间系统中的冲激函数 $\delta(t)$。但应注意,$\delta(t)$ 可理解为在 $t=0$ 点脉宽趋于零、幅度无穷大的信号,或由分配函数定义;而 $\delta(n)$ 在 $n=0$ 点取有限值,其值等于 1。

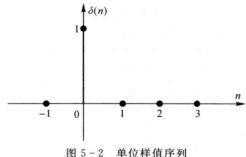

图 5 - 2　单位样值序列

单位样值序列 $\delta(n)$ 具有抽样特性,即

$$f(n)\delta(n) = f(0)\delta(n) \tag{5-3}$$

利用 $\delta(n)$ 还可以把任意序列 $x(n)$ 表示为

$$x(n) = \sum_{m=-\infty}^{\infty} x(m)\delta(n-m) \tag{5-4}$$

则图 5 - 1 所示的序列可表示成

$$x(n) = \delta(n+2) - 2\delta(n+1) + \delta(n) + 4\delta(n-1) + 2\delta(n-2) - 3\delta(n-3) - \delta(n-5) \tag{5-5}$$

(2)单位阶跃序列:

$$u(n) = \begin{cases} 1, & n \geqslant 0 \\ 0, & n < 0 \end{cases} \tag{5-6}$$

单位阶跃序列的图形如图 5-3 所示。类似于连续时间系统中的单位阶跃信号 $u(t)$。但应注意 $u(t)$ 在 $t=0$ 点发生跳变,往往没有定义或定义为 0.5,而 $u(n)$ 在 $n=0$ 点有明确定义,$u(0)=1$。

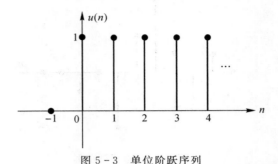

图 5-3   单位阶跃序列

单位阶跃序列 $u(n)$ 可以看作无数单位样值序列信号之和,即

$$u(n)=\delta(n)+\delta(n-1)+\delta(n-2)+\cdots=\sum_{k=0}^{\infty}\delta(n-k) \tag{5-7}$$

由 $\delta(n)$ 和 $u(n)$ 的定义式可看出

$$\delta(n)=u(n)-u(n-1) \tag{5-8}$$

在离散时间信号中,$u(n)$ 和 $\delta(n)$ 的关系是"差与和"的关系,而不再是连续时间信号中的微分积分关系。

(3)矩形序列:

$$R_N(n)=\begin{cases}1, & 0\leqslant n\leqslant N-1 \\ 0, & n<0,n\geqslant N\end{cases} \tag{5-9}$$

矩形序列从 $n=0$ 开始,到 $n=N-1$ 结束,共有 N 个幅度为 1 的数值,其余各点的值为 0,图形表示如图 5-4 所示,类似于连续时间系统中的矩形脉冲。显然,矩形序列取值为 1 的范围也可以从 $n=m$ 到 $n=m+N-1$,这种序列可以写为 $R_N(n-m)$。它与阶跃序列的关系是

$$R_N(n)=u(n)-u(n-N) \tag{5-10}$$

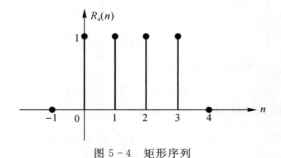

图 5-4   矩形序列

(4)斜变序列:

$$x(n)=nu(n) \tag{5-11}$$

斜变序列的波形如图 5-5 所示。

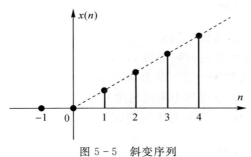

图 5-5　斜变序列

（5）指数序列：

$$x(n) = a^n u(n) \tag{5-12}$$

当 $|a| > 1$ 时，序列是发散的；当 $|a| < 1$ 时序列收敛。当 $a > 0$ 时序列都取正值；当 $a < 0$ 时序列取值正负摆动。4 种取值情况下，序列图形如图 5-6 所示。

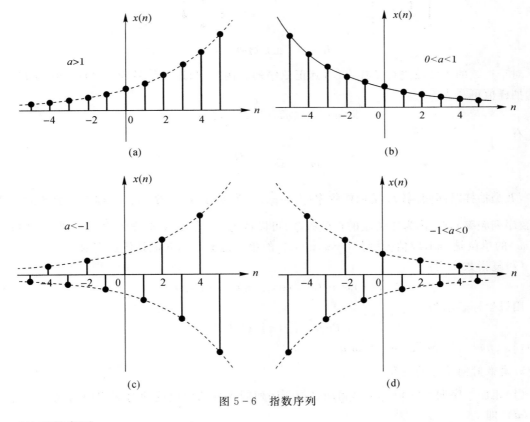

图 5-6　指数序列

（6）正弦序列：

$$x(n) = \sin(n\omega_0) \tag{5-13}$$

其中，ω_0 是正弦序列的频率，反映序列值依次周期性重复的速率。例如 $\omega_0 = \dfrac{2\pi}{12}$，则序列值每 12 个重复一次正弦包络的数值。若 $\omega_0 = \dfrac{2\pi}{50}$，则序列值每 50 个循环一次。图 5-7 给出 $\omega_0 =$

$\dfrac{2\pi}{12}$ 时的情形,每 12 个序列值循环一次。

对于正弦序列的周期性,给出如下结论:

1)当 $2\pi/\omega_0$ 为整数时,正弦序列的周期为 $2\pi/\omega_0$;

2)当 $2\pi/\omega_0 = N/m$ 时,正弦序列的周期为 $m2\pi/\omega_0$;

3)当 $2\pi/\omega_0$ 为无理数时,正弦序列为非周期序列。

无论正弦序列是否呈周期性,ω_0 都称为它的频率。

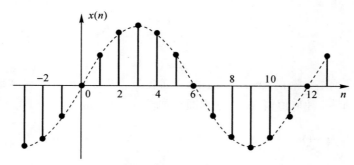

图 5-7　正弦周期序列

对于连续的正弦波进行抽样,可得到正弦序列。例如,当连续信号为 $f(t) = \sin(\Omega_0 t)$ 时,它的抽样值可写为

$$x(n) = f(nT) = \sin(n\Omega_0 t) \tag{5-14}$$

因此有

$$\omega_0 = \Omega_0 t = \frac{\Omega_0}{f_s} \tag{5-15}$$

其中,T 是抽样时间间隔;f_s 是抽样频率($f_s = \dfrac{1}{T}$)。为区分 ω_0 和 Ω_0,将 ω_0 称为离散域的频率(正弦序列频率),Ω_0 称为连续域的正弦频率,可以认为 ω_0 是 Ω_0 对抽样频率 f_s 取归一化后的值。ω_0 的单位是 rad,取值范围是 $(-\pi, \pi)$,Ω_0 的单位是 rad/s,取值是任意实数。

(7)复指数序列:

$$x(n) = e^{j\omega_0 n} = \cos(\omega_0 n) + j\sin(\omega_0 n) \tag{5-16}$$

用极坐标表示为

$$x(n) = |x(n)| e^{j\arg[x(n)]} \tag{5-17}$$

其中,$|x(n)| = 1$,$\arg[x(n)] = \omega_0 n$。

3. 离散时间信号的运算

(1)相加。序列 $x(n)$ 和 $y(n)$ 相加是指两序列同序号的数值逐项对应相加构成一个新序列 $z(n)$,即

$$z(n) = x(n) + y(n) \tag{5-18}$$

(2)相乘。序列 $x(n)$ 和 $y(n)$ 相乘是指两序列同序号的数值逐项对应相乘构成一个新序列 $z(n)$,即

$$z(n) = x(n)y(n) \tag{5-19}$$

(3)加权。序列 $x(n)$ 的每个序列值乘以标量 a 构成一个新序列 $z(n)$,即

$$z(n) = ax(n) \tag{5-20}$$

（4）移位。序列 $x(n)$ 左（右）移位指序列 $x(n)$ 的每个序列值依次向左（右）移动 m 位后构成一个新序列 $z(n)$，即

$$z(n) = x(n \pm m) \tag{5-21}$$

（5）反转。序列 $x(n)$ 的反转表示将自变量 n 更换为 $-n$ 后构成一个新序列 $z(n)$，即

$$z(n) = x(-n) \tag{5-22}$$

（6）差分。差分运算是指相邻两个样值相减，其中前向差分用符号 $\Delta x(n)$ 表示，后向差分用符号 $\nabla x(n)$ 表示，数学表达式为

$$\Delta x(n) = x(n+1) - x(n) \tag{5-23}$$

$$\nabla x(n) = x(n) - x(n-1) \tag{5-24}$$

（7）累加。累加运算与连续信号的积分运算类似，表示为

$$z(n) = \sum_{k=-\infty}^{n} x(k) \tag{5-25}$$

（8）尺度变换。尺度变换，也称尺度倍乘，将波形压缩或扩展。若将序列 $x(n)$ 的自变量 n 乘以正整数 a，构成 $x(an)$ 为压缩，若将序列 $x(n)$ 的自变量 n 除以正整数 a，构成 $x(n/a)$ 为扩展，表达式为

$$z(n) = x(an) \tag{5-26}$$

或

$$z(n) = x(n/a) \tag{5-27}$$

必须注意，它不同于连续时间信号简单地在时间轴上按比例压缩或扩展，而是以 a 抽样频率抽取或内插。

例 5.1　若 $x(n)$ 的波形如图 5-8(a)所示，求 $x(3n)$ 和 $x(n/3)$ 的波形。

解：$x(3n)$ 的波形如图 5-8(b)所示，这时对应于 $x(n)$ 波形中 n 不是 3 的倍数的各样值已经不存在，只留下 n 为 3 的倍数的各样值，波形压缩。$x(n/3)$ 的波形如图 5-8(c)所示，对于 $x(n/3)$ 的 n 不为 3 的倍数的各点应补入零值，n 为 3 的倍数的各点取得 $x(n)$ 波形中依次对应的样值，因而波形得到扩展。

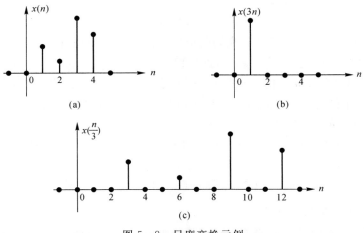

图 5-8　尺度变换示例

(9)能量。序列的能量定义为

$$E = \sum_{n=-\infty}^{\infty} |x(n)|^2 \qquad (5-27)$$

5.1.2 离散时间系统

离散时间系统的激励信号是序列 $x(n)$,响应是序列 $y(n)$,系统的功能是完成 $x(n)$ 转变为 $y(n)$ 的运算。根据离散时间系统的特性,可划分为线性、非线性、时变和时不变等各种类型。目前最常用的是线性时不变系统(LTIS),本书讨论范围也限于此。

1.离散时间系统的数学模型

在连续时间系统中,信号是时间变量的连续函数,系统可用微分方程来描述。对于离散时间系统,信号的变量 n 是离散的整数值,系统特性不能用微分方程来描述,而要用差分方程描述。

差分方程与微分方程在形式上有相似之处,一阶常系数线性微分方程的表达式为

$$\frac{\mathrm{d}y(t)}{\mathrm{d}t} = Ay(t) + x(t) \qquad (5-28)$$

为便于对比,将一阶前向差分方程写于此处:

$$y(n+1) = ay(n) + x(n) \qquad (5-29)$$

比较上述两个式子发现,若 $y(n)$ 与 $y(t)$ 相当,则离散变量序号加 1 所得之序列 $y(n+1)$ 就与连续变量 t 取一阶导数 $\frac{\mathrm{d}y(t)}{\mathrm{d}t}$ 相对应,$x(n)$ 与 $x(t)$ 分别表示各自的激励信号。它们不仅在形式上相似,而且可以在一定条件下互换。对于连续时间函数 $y(t)$,若在 $t=nT$ 各点取得样值 $y(nT)$,并假设时间间隔 T 足够小,则 $y(t)$ 的微分式可近似表示为

$$\frac{\mathrm{d}y(t)}{\mathrm{d}t} \approx \frac{y[(n+1)T] - y(nT)}{T} \qquad (5-30)$$

则一阶常系数线性微分方程式可以重写作

$$\frac{y(n+1) - y(n)}{T} \approx Ay(n) + x(n) \qquad (5-31)$$

整理得

$$y(n+1) \approx (1+AT)y(n) + Tx(n) \qquad (5-32)$$

可以发现,式(5-28)和式(5-31)具有相同的形式。需要注意的是,微分方程近似写作差分方程的条件是抽样间隔 T 要足够小,T 越小,近似程度越好。

例 5.2　某个国家在第 n 年的人口数用 $y(n)$ 表示,常数 a 表示出生率,常数 b 表示死亡率,设 $x(n)$ 是从国外移民的净增数,试列出 $y(n)$ 与 $x(n)$ 之间的关系式。

解:该国在第 n 年的人口总数为

$$y(n) = y(n-1) + ay(n-1) - by(n-1) + x(n-1) \qquad (5-33)$$

整理可得

$$y(n) - (1+a-b)y(n-1) = x(n-1) \qquad (5-34)$$

2.离散时间系统的框图构成

在连续时间系统中,线性时不变系统的数学模型是常系数线性微分方程,系统内部的数学

运算关系可归结为微分(积分)、乘系数和相加。与此对应,在离散时间系统中,线性时不变系统的数学模型是常系数线性差分方程,其基本运算关系是延时(移位)、乘系数和相加。

连续时间系统通常利用电阻、电感和电容等基本电路元件组成网络。对于离散时间系统,它的基本单元是延时(移位)器、乘法器和加法器等。在时间域描述中,用符号 D 表示单位延时,以符号 $\oplus$ 表示相加,以符号 $\otimes$ 表示相乘,各个基本单元的框图表示如图 5-9 所示。

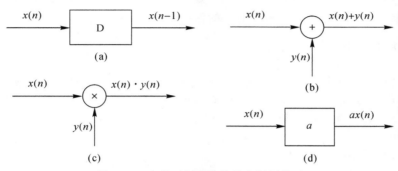

图 5-9　离散时间系统的基本框图单元

(a)延时器;(b)加法器;(c)乘法器;(d)标量乘法器

例 5.3　离散时间系统的组成框图如图 5-10 所示,写出其差分方程。

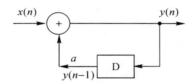

图 5-10　离散时间系统的组成框图

解:图中所示的离散时间系统的基本组成单元包括延时器和加法器,差分方程可写为

$$y(n) = ay(n-1) + x(n) \tag{5-35}$$

或者写作

$$y(n) - ay(n-1) = x(n) \tag{5-36}$$

式(5-36)的左边由未知序列 $y(n)$ 及其移位序列 $y(n-1)$ 构成,因为仅存在移位序列 $y(n-1)$,因此是一阶差分方程。若还存在未知序列的移位项 $y(n-2),\cdots,y(n-N)$,则构成 N 阶差分方程。

未知序列变量序号的最高值与最低值之差是差分方程阶数。各未知序列序号以递减方式给出 $y(n),y(n-1),y(n-2),\cdots,y(n-N)$,称为后向形式差分方程;各未知序列序号以递增方式给出 $y(n),y(n+1),y(n+2),\cdots,y(n+N)$,称为前向形式差分方程。

例 5.4　离散时间系统的组成框图如图 5-11 所示,写出其差分方程。

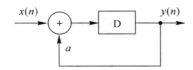

图 5-11　离散时间系统的组成框图

解：差分方程可写为

$$y(n+1)=ay(n)+x(n) \tag{5-37}$$

整理为

$$y(n)=\frac{1}{a}[y(n+1)-x(n)] \tag{5-38}$$

这是一个前向差分方程，与后向差分方程形式相比较，仅是输出信号的输出端不同。前者是从延时器的输入端取出，后者是从延时器的输出端取出。

5.1.3　仿真示例

（1）单位样值序列。在 MATLAB 中定义函数 impulse，用于产生单位样值序列，其中，$n0$ 表示单位冲激的位置，$[n1,n2]$ 是序列的位置区间。

```
function x = impulse(n0, n1, n2)
if ((n0 < n1) || (n1 > n2) || (n0 > n2))
    error('参数不满足 n1<= n0 <= n2');
end
n = n1:n2;
x = (n - n0) == 0;
```

例 5.5　使用 impulse 函数画出区间 $-5 \leqslant n \leqslant 5$ 上的单位样值序列。

解：程序为

```
n = -5:5;
x = impulse(0, -5, 5);
stem(n, x);
ylabel('\delta (n)');
xlabel('n');
```

运行结果如图 5-12 所示。

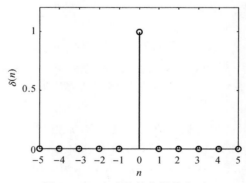

图 5-12　生成的单位样值序列

（2）单位阶跃序列。在 MATLAB 中定义函数 stepseq，用于产生单位阶跃序列，其中，$n0$ 表示阶跃的位置，$[n1,n2]$ 是序列的位置区间。

```
function x =stepseq(n0, n1, n2)
if ((n0 < n1) || (n1 > n2) || (n0 > n2))
    error('参数不满足 n1 <= n0 <= n2');
```

end

n = n1:n2;

x = (n − n0) >= 0;

例 5.6　使用 stepseq 函数画出区间 −5≤*n*≤5 上的单位阶跃序列。

解:程序为

n = −5:5;

x =stepseq(0，−5，5);

stem(n，x);

ylabel('u (n)');

xlabel('n');

运行结果如图 5 - 13 所示。

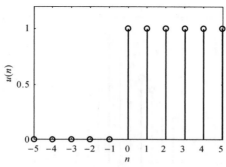

图 5 - 13　生成的单位阶跃序列

(3)一般离散序列。

例 5.7　在区间 −5≤*n*≤5 内产生并画出序列 $x(n) = -3\delta(n+3) + 2\delta(n-4)$。

解:MATLAB 程序如下:

n = −5：5;

x = −3 * impulse(−3，−5，5) + 2 * impulse(4，−5，5);

stem(n，x);

ylabel('x (n)');

xlabel('n');

运行结果如图 5 - 14 所示。

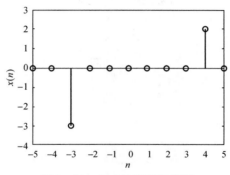

图 5 - 14　生成的序列示意图

例 5.8 画出序列 $x(n)=(n+10)[u(n+10)-u(n)]+10e^{-0.5n}[u(n)-u(n-10)]$ 的示意图，区间范围是 $-10 \leqslant n \leqslant 10$。

解：MATLAB 程序如下：

```
n = -10 : 10;
x1 = (n + 10) . * (stepseq(-10, -10, 10) - stepseq(0, -10, 10));
x2 = 10 * exp(-0.5 * n) . * (stepseq(0, -10, 10) - stepseq(10, -10, 10));
x = x1 + x2;
stem(n, x);
ylabel('x (n)');
xlabel('n');
```

运行结果如图 5-15 所示。

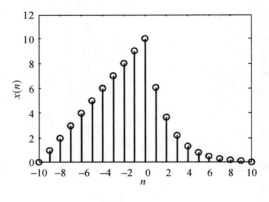

图 5-15　生成的序列示意图

5.2　常系数线性差分方程的求解

在一般情况下，线性时不变离散时间系统需要用常系数线性差分方程描述，它的通用形式为

$$a_0 y(n)+a_1 y(n-1)+\cdots+a_{N-1} y(n-N+1)+a_N y(n-N)$$
$$= b_0 x(n)+b_1 x(n-1)+\cdots+b_{M-1} x(n-M+1)+b_M x(n-M) \qquad (5-39)$$

其中，a 和 b 是常数，已知 $x(n)$ 的位移阶次是 M，未知序列 $y(n)$ 的位移阶次即是该差分方程的阶次 N。利用求和符号将式（5-39）重写为

$$\sum_{k=0}^{N} a_k y(n-k) = \sum_{r=0}^{M} b_r x(n-r) \qquad (5-40)$$

一般差分方程的求解方法包括迭代法、时域经典法、双零法和变换域方法等，下面对前三种方法进行介绍，变换域方法将在第 6 章介绍。

5.2.1　迭代法

迭代法的优点是概念清楚，计算简便，缺点是仅能得到数值解，往往不易得到一般项的解析式（闭式或封闭解答）。

以一阶差分方程为例，说明如下：

$$y(n) = ay(n-1) + x(n) \tag{5-41}$$

为使序列 $x(n)$ 的数据流依次进入系统并完成运算，计算机系统内部设有三个寄存器：第一个寄存器用于存放 $x(n)$；第二个寄存器存放 $y(n)$；第三个寄存器存放系数 a。当 a 与 $y(n-1)$ 相乘取得结果后，存放 $x(n)$ 的寄存器给出 $x(n)$ 的一个样值，并与 $ay(n-1)$ 相加，相加得到的 $y(n)$ 值再次存入第二个寄存器，这样就完成了第一次迭代，为下一步输入样值的进入做好准备。

每一个新输入的样值，在进入下一次迭代之前，系统的状态完全取决于 $y(n)$ 寄存器的数值。假定在 $n=0$ 时刻，输入 $x(n)$ 的样值为 $x(0)$，则 $y(n)$ 寄存器的起始值就是 $y(-1)$，则求得 $y(0)$ 的值为

$$y(0) = ay(-1) + x(0) \tag{5-42}$$

将 $y(0)$ 作为下一次迭代的起始值，依次求得

$$y(1) = ay(0) + x(1) \tag{5-43}$$

$$y(2) = ay(1) + x(2) \tag{5-44}$$

……

通过不断的迭代，可以求出输出响应，因此可用迭代法求解差分方程。

例 5.9　已知 $y(n) = 2y(n-1) + u(n)$，且 $y(-1) = 1$，用迭代法求解此差分方程

解： 当 $n=0$ 时，$y(0) = 2y(-1) + u(0) = 2 \times 1 + 1 = 3$

当 $n=1$ 时，$y(1) = 2y(0) + u(1) = 2 \times 3 + 1 = 7$

当 $n=2$ 时，$y(2) = 2y(1) + u(2) = 2 \times 7 + 1 = 15$

当 $n=3$ 时，$y(3) = 2y(2) + u(3) = 2 \times 15 + 1 = 31$

……

5.2.2　时域经典法

差分方程的时域经典法求解与微分方程的时域经典法类似：分别求差分方程的齐次解与特解，二者之和为完全解，再代入边界条件后确定完全解的待定系数。此种方法的优点是能够用物理概念阐明各响应分量之间的关系，缺点是求解过程比较麻烦，不适用于求解具体问题。

时域经典法求解差分方程的具体步骤包括：根据方程对应的齐次方程的形式求出齐次解的形式；根据方程右边的形式求出特解的形式，并代入原方程求出特解；根据给定的边界条件，求出完整的解。

1. 根据方程对应的齐次方程的形式求出齐次解的形式

一般差分方程对应的齐次方程形式为

$$\sum_{k=0}^{N} a_k y(n-k) = 0 \tag{5-45}$$

首先分析最简单的情况，将一阶齐次差分方程表示为

$$y(n) - \alpha y(n-1) = 0 \tag{5-46}$$

整理得到

$$\alpha = \frac{y(n)}{y(n-1)} \tag{5-47}$$

可以看到，$y(n)$ 与 $y(n-1)$ 之比为 α，意味着 $y(n)$ 是一个公比为 α 的几何级数，一般形式可写为

$$y(n) = C\alpha^n \tag{5-48}$$

其中，C 是待定系数，可由边界条件求得。

一般情况下，对于任意阶的差分方程，其齐次解由形式为 $C\alpha^n$ 的项组合而成。将 $y(n) = C\alpha^n$ 代入式（5-45）得到

$$\sum_{k=0}^{N} a_k C\alpha^k = 0 \tag{5-49}$$

消去常数 C，逐项除以 α^{n-N}，将式（5-49）化简为

$$a_0\alpha^N + a_1\alpha^{N-1} + \cdots + a_{N-1}\alpha + a_N = 0 \tag{5-50}$$

如果 α_k 是式（5-50）的根，则 $y(n) = C\alpha_k^n$ 将满足式（5-45）。式（5-50）称为差分方程式（5-45）的特征方程，特征方程的根 $\alpha_1, \alpha_2, \cdots, \alpha_N$ 称为齐次方程的特征根。

根据特征根的形式不同，差分方程齐次解的形式也不同：

（1）特征根没有重根的情况。在特征根没有重根的情况下，差分方程的齐次解为

$$C_1\alpha_1^n + C_2\alpha_2^n + \cdots + C_N\alpha_N^n \tag{5-51}$$

式中，系数 $C_1, C_2, \cdots, C_N$ 由边界条件决定。

（2）特征根有重根的情况。在特征根有重根的情况下，假定 α_1 是特征方程的 K 重根，在齐次解中，对应于 α_1 的部分将有 K 项：

$$C_1 n^{K-1}\alpha_1^n + C_2 n^{K-2}\alpha_1^n + \cdots + C_{K-1} n\alpha_1^n + C_K\alpha_1^n \tag{5-52}$$

式中，系数 $C_1, C_2, \cdots, C_N$ 由边界条件决定。

例 5.10　求解差分方程 $y(n) - y(n-1) - y(n-2) = 0$，已知 $y(1) = 1$，$y(2) = 1$。

解：该差分方程的特征方程为

$$\alpha^2 - \alpha - 1 = 0 \tag{5-53}$$

特征根为

$$\left. \begin{array}{l} \alpha_1 = \dfrac{1+\sqrt{5}}{2} \\[2mm] \alpha_2 = \dfrac{1-\sqrt{5}}{2} \end{array} \right\} \tag{5-54}$$

差分方程的齐次解为

$$y(n) = C_1\left(\frac{1+\sqrt{5}}{2}\right)^n + C_2\left(\frac{1-\sqrt{5}}{2}\right)^n \tag{5-55}$$

将边界条件 $y(1) = 1$ 和 $y(2) = 1$ 代入，得到联立方程组：

$$\left. \begin{array}{l} 1 = C_1\left(\dfrac{1+\sqrt{5}}{2}\right) + C_2\left(\dfrac{1-\sqrt{5}}{2}\right) \\[3mm] 1 = C_1\left(\dfrac{1+\sqrt{5}}{2}\right)^2 + C_2\left(\dfrac{1-\sqrt{5}}{2}\right)^2 \end{array} \right\} \tag{5-56}$$

求解得到系数 C_1 和 C_2 分别为

$$\left. \begin{array}{l} C_1 = \dfrac{1}{\sqrt{5}} \\[3mm] C_2 = -\dfrac{1}{\sqrt{5}} \end{array} \right\} \tag{5-57}$$

最后,得到差分方程的解为

$$y(n) = \frac{1}{\sqrt{5}} \left(\frac{1+\sqrt{5}}{2} \right)^n - \frac{1}{\sqrt{5}} \left(\frac{1-\sqrt{5}}{2} \right)^n \tag{5-58}$$

例 5.11　已知差分方程 $y(n)+9y(n-1)+27y(n-2)+27y(n-3)=x(n)$,求它的齐次解。

解:特征方程为

$$\alpha^3 + 9\alpha^2 + 27\alpha + 27 = 0 \tag{5-59}$$

求解得到 $\alpha_1 = -3$ 是此方程的三重特征根,则齐次解形式为

$$(C_1 n^2 + C_2 n + C_3)(-3)^n \tag{5-60}$$

2. 根据方程右边的形式求出特解的形式,并代入原方程求出特解

为求得特解,将激励函数 $x(n)$ 代入差分方程式的右端(也称自由项),根据自由项的函数形式来选择含有待定系数的特解函数式,将此特解函数代入方程后,再求解待定系数。自由项函数形式与特解函数形式的对应关系见表 5-1。

表 5-1　自由项形式与特解函数形式的对应关系

自由项形式	特解函数形式
$x(n) = e^{an}$	$y(n) = Ae^{an}$
$x(n) = e^{j\omega n}$	$y(n) = Ae^{j\omega n}$
$x(n) = \cos(\omega n)$	$y(n) = A\cos(\omega n + \theta)$
$x(n) = \sin(\omega n)$	$y(n) = A\sin(\omega n + \theta)$
$x(n) = n^k$	$y(n) = A_k n^k + A_{k-1} n^{k-1} + \cdots + A_1 n + A_0$
$x(n) = C$	$y(n) = A$
$x(n) = \alpha^n$	$y(n) = A\alpha^n$
$x(n) = \alpha^n (\alpha 与 1 重特征根相同)$	$y(n) = A_1 n\alpha^n + A_2 \alpha^n$

3. 根据给定的边界条件,求出完整的解

对于 N 阶差分方程,给定 N 个边界条件,例如给定 $y(0), y(1), \cdots, y(N-1)$。将这些边界条件代入完全解的表达式,可以构成一组联立方程组,求解得到 N 个待定系数。

考虑没有重根的情况,差分方程的完全解为

$$C_1 \alpha_1^n + C_2 \alpha_2^n + \cdots + C_N \alpha_N^n + D(n) \tag{5-61}$$

式中,$D(n)$ 表示方程的特解。

利用边界条件,建立方程组:

$$y(0) = C_1 + C_2 + \cdots + C_N + D(0) \tag{5-62}$$

$$y(1) = C_1 \alpha_1 + C_2 \alpha_2 + \cdots + C_N \alpha_N + D(1) \tag{5-63}$$

$$\cdots\cdots$$

$$y(N-1) = C_1 \alpha_1^{N-1} + C_2 \alpha_2^{N-1} + \cdots + C_N \alpha_N^{N-1} + D(N-1) \tag{5-64}$$

上述方程组共有 N 个方程,可以求解得到 N 个未知系数,C_1,C_2,$\cdots$,C_N。

例 5.12 求解差分方程 $y(n)+3y(n-1)=x(n)+x(n-1)$ 的完全解,其中激励函数 $x(n)=n^2$,且已知 $y(-1)=1$。

解:(1) 该方程的特征方程为

$$\alpha+3=0 \tag{5-65}$$

特征根为 $\alpha=-3$,齐次解形式为 $C(-3)^n$。

(2)将激励信号 $x(n)=n^2$ 代入方程的右端,得到方程自由项为 $n^2+(n-1)^2=2n^2-2n+1$。根据自由项的形式,选择具有 $D_2 n^2+D_1 n+D_0$ 形式的特解,将此代入方程得到:

$$D_2 n^2+D_1 n+D_0+3\left[D_2(n-1)^2+D_1(n-1)+D_0\right]=n^2+(n-1)^2 \tag{5-66}$$

$$4D_2 n^2+(4D_1-6D_2)n+(3D_2-3D_1+4D_0)=2n^2-2n+1 \tag{5-67}$$

比较方程两端的系数,得到方程组:

$$\left.\begin{array}{l} 4D_2=2 \\ 4D_1-6D_2=-2 \\ 3D_2-3D_1+4D_0=1 \end{array}\right\} \tag{5-68}$$

求解得到系数为

$$\left.\begin{array}{l} D_2=\dfrac{1}{2} \\[2mm] D_1=\dfrac{1}{4} \\[2mm] D_0=\dfrac{1}{16} \end{array}\right\} \tag{5-69}$$

故该差分方程的完全解表示为

$$y(n)=C(-3)^n+\frac{1}{2}n^2+\frac{1}{4}n+\frac{1}{16} \tag{5-70}$$

(3)代入边界条件 $y(-1)=1$ 得到:

$$1=C(-3)^{-1}+\frac{1}{2}-\frac{1}{4}+\frac{1}{16} \tag{5-71}$$

求解得到:

$$C=-\frac{33}{16} \tag{5-72}$$

最后,差分方程的完全解表达式为

$$y(n)=-\frac{33}{16}(-3)^n+\frac{1}{2}n^2+\frac{1}{4}n+\frac{1}{16} \tag{5-73}$$

需要注意的是,差分方程的边界条件不一定由 $y(0)$,$y(1)$,$\cdots$,$y(N-1)$ 给定。对于因果系统,常给出 $y(-1)$,$y(-2)$,$\cdots$,$y(-N)$ 为边界条件,可采用迭代法求解 $y(0)$,$y(1)$,$\cdots$,$y(N-1)$。

与连续时间系统的情况相同,线性时不变离散时间系统的完全响应也可分解为自由响应分量和强迫响应分量之和,其中自由响应分量对应的是齐次解,强迫响应分量对应的是特解,完全解可表示为

$$\sum_{k=1}^{N}C_k \alpha^k+D(n) \tag{5-74}$$

其中，C_k 由边界条件确定。

5.2.3　双零法

与连续时间系统的微分方程求解类似，离散时间系统的差分方程的响应也可分为零输入响应与零状态响应，完全响应为二者之和。其中，零输入响应是齐次差分方程的解，零状态响应可由卷积方法得到。

在线性时不变离散时间系统中，求完全响应可看作初始状态与输入激励分别单独作用于系统时产生的响应的叠加。输入激励为零时，仅由初始状态所产生的响应称为零输入响应，记作 $y_{zi}(n)$；初始状态为零时，仅由输入激励产生的响应称为零状态响应，记作 $y_{zs}(n)$。因此，差分方程的完全响应可写作：

$$y(n) = y_{zi}(n) + y_{zs}(n) \tag{5-75}$$

对于零输入响应，由于输入序列 $x(n)=0$，故方程右端为 0，零输入响应 $y_{zi}(n)$ 的形式应该是差分方程齐次解的形式，即

$$y_{zi}(n) = \sum_{k=1}^{N} C_{zik} \alpha_k^n \tag{5-76}$$

对于零状态响应，由于初始状态为零，即 $y(-1)=y(-2)=\cdots=y(-N)=0$，故零状态响应 $y_{zs}(n)$ 应该是差分方程齐次解加特解的形式，即

$$y_{zs}(n) = \sum_{k=1}^{N} C_{zsk} \alpha_k^n + D(n) \tag{5-77}$$

需要注意的是，当激励信号在 $n=0$ 时刻接入系统时，所谓零状态是指 $y(-1),y(-2),\cdots,y(-N)$ 都等于零（N 阶系统），而不是指 $y(0),y(1),\cdots,y(N-1)$ 为零。

综上所述，线性时不变离散时间系统的响应可作如下形式的分解：

$$y(n) = \underbrace{\sum_{k=1}^{N} C_k \alpha_k^n}_{\text{自由响应}} + \underbrace{D(n)}_{\text{强迫响应}} = \underbrace{\sum_{k=1}^{N} C_{zik} \alpha_k^n}_{\text{零输入响应}} + \underbrace{\sum_{k=1}^{N} C_{zsk} \alpha_k^n + D(n)}_{\text{零状态响应}} \tag{5-78}$$

式中

$$\sum_{k=1}^{N} C_k \alpha_k^n = \sum_{k=1}^{N} (C_{zik} + C_{zsk}) \alpha_k^n \tag{5-79}$$

例 5.13　设系统的差分方程为 $y(n)+5y(n-1)+6y(n-2)=x(n)-x(n-1)$，其中激励函数 $x(n)=(-3)^n u(n)$，$y(0)=y(1)=0$，求系统的零输入响应。

解：(1) 求零输入响应的形式。零输入响应满足 $y(n)+5y(n-1)+6y(n-2)=0$，特征方程为 $\alpha^2+5\alpha+6=0$，则特征根为 $\alpha_1=-2$ 和 $\alpha_2=-3$，则零输入响应可表示为

$$y_{zi}(n) = C_1 (-2)^n + C_2 (-3)^n \tag{5-80}$$

(2) 求边界条件。题目要求解的是零输入响应，但题目给出的是激励加入后的 $y(0)$ 和 $y(1)$，需要逆推求得 $y(-1)$ 和 $y(-2)$。

当 $n=1$ 时，得到 $y(1)+5y(0)+6y(-1)=(-3)u(1)-u(0)$，求解得到 $y(-1)=-2/3$。

当 $n=0$ 时，得到 $y(0)+5y(-1)+6y(-2)=u(0)-(-3)^{-1}u(-1)$，求解得到 $y(-2)=-13/18$。

(3) 根据初始状态，确定系数。将 $y(-1)$ 和 $y(-2)$ 代入零输入响应的表达式，得到

$$y_{zi}(-1) = C_1(-2)^{-1} + C_2(-3)^{-1} \Big\}$$
$$y_{zi}(-2) = C_1(-2)^{-2} + C_2(-3)^{-2} \Big\} \tag{5-81}$$

计算得到

$$C_1 = -34/3 \Big\}$$
$$C_2 = 19 \Big\} \tag{5-82}$$

最后,得到系统的零输入响应为

$$y_{zi}(n) = -34/3(-2)^n + 19(-3)^n \tag{5-83}$$

5.2.4　仿真示例

离散时间系统的零状态响应,可利用 MATLAB 进行求解。线性时不变离散时间系统用 N 阶差分方程描述:

$$\sum_{k=0}^{N} a_k y(n-k) = \sum_{r=0}^{M} b_r x(n-r) \tag{5-84}$$

其中,$a_0 = 1$,$x(n)$ 和 $y(n)$ 分别表示系统的输入和输出,已知差分方程的 N 个初始状态和输入 $x(n)$,就可编程计算系统的输出:

$$y(n) = -\sum_{k=1}^{N} a_k y(n-k) + \sum_{r=0}^{M} b_r x(n-r) \tag{5-85}$$

在零初始状态下,MATLAB 提供指令 filter,用于计算差分方程描述的系统的响应。其调用方式为

$$\gg y = filter(b,a,x)$$

式中,$b = [b0, b1, b2, \cdots, bM]$,$a = [a0, a1, a2, \cdots, aN]$,分别是差分方程左右两端的系数向量;$x$ 表示输入序列,y 表示输出序列。需要注意的是,输入序列和输出序列的长度必须相同。

例 5.14　某系统的输入信号是 $s(n) = 2n(0.9)^n$,系统受到噪声干扰,噪声信号为 $d(n)$,则系统的实际输入信号为 $x(n) = s(n) + d(n)$。已知 M 点滑动滤波器系统的输入输出关系为

$$y(n) = \frac{1}{M} \sum_{k=0}^{M-1} x(n-k) \tag{5-86}$$

试编程实现用 M 点滑动平均滤波器对受噪声干扰的信号去噪。

解:系统的真实输入信号由原始输入信号和噪声信号组成,噪声信号可用 MATLAB 的随机函数 rand 产生。取 M=6,实现 M 点滑动平均滤波器去噪过程的程序如下:

```
n = 0 : 60;
s = 2 * n .* (0.9 .^ n);
d = rand(1, length(n)) - 0.5;
x = s + d;
M = 6;
b = ones(M, 1) / M;
a = 1;
y = filter(b, a, x);
figure;
```

```
plot(n, s);
hold on;
stem(n, x);
xlabel('n');
legend('s (n)', 'x (n)')
hold off;
figure;
plot(n, s);
hold on;
stem(n, y);
xlabel('n');
legend('s (n)', 'y (n)')
hold off;
```

运行后,得到真实输入信号与原始信号的对比如图 5-16 所示,经过滑动滤波器去噪后,输出信号与原始输入信号的对比如图 5-17 所示。

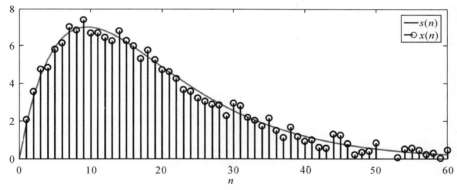

图 5-16　真实输入信号和原始输入信号的对比

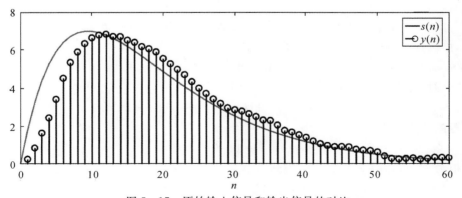

图 5-17　原始输入信号和输出信号的对比

5.3 单位样值响应

5.3.1 单位样值响应的基本概念

在分析连续时间系统时,重点研究了单位冲激信号 $\delta(t)$ 作用于系统引起的响应 $h(t)$。与之类似,在分析离散时间系统时,可研究单位样值序列 $\delta(n)$ 作用于系统时产生的零状态响应 $h(n)$,即单位样值响应。

由于信号 $\delta(n)$ 仅在 $n=0$ 处取值为1,其余点上都取零,因此可利用这一特性,采用迭代法求出 $h(1),h(2),\cdots,h(n)$。但是,迭代法求解无法得到系统单位样值响应的解析表达式。因此,可把单位样值序列 $\delta(n)$ 作为激励信号,将问题转换为求解系统的输出响应,通过例 5.15 来说明这种求解方法。

例 5.15 离散时间系统的框图如图 5-18 所示,求该系统的单位样值响应 $h(n)$。

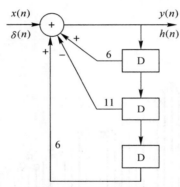

图 5-18 离散时间系统的框图

解:(1) 系统的差分方程为
$$y(n)=6y(n-1)-11y(n-2)+6y(n-3)+x(n) \tag{5-87}$$
整理得到
$$y(n)-6y(n-1)+11y(n-2)-6y(n-3)=x(n) \tag{5-88}$$
所以,单位样值响应 $h(n)$ 需要满足的方程是
$$h(n)-6h(n-1)+11h(n-2)-6h(n-3)=\delta(n) \tag{5-89}$$
当 $n>0$ 时,方程变为齐次方程
$$h(n)-6h(n-1)+11h(n-2)-6h(n-3)=0 \tag{5-90}$$
该方程的特征方程为
$$\alpha^3-6\alpha^2+11\alpha-6=0 \tag{5-91}$$
特征根为 $\alpha_1=1,\alpha_2=2$ 和 $\alpha_3=3$,得到
$$h(n)=C_1+C_2 2^n+C_3 3^n \tag{5-92}$$
(2)起始时系统是静止的,可推得 $h(-2)=h(-1)=0,h(0)=\delta(0)=1$,故根据 $h(-2)$, $h(-1)$ 和 $h(0)$ 构建方程组:

$$1 = C_1 + C_2 + C_3$$
$$0 = C_1 + C_2 \times 2^{-1} + C_3 \times 3^{-1} \Big\} \qquad (5-93)$$
$$0 = C_1 + C_2 \times 2^{-2} + C_3 \times 3^{-2}$$

求解得到

$$C_1 = \frac{1}{12}$$
$$C_2 = -\frac{4}{3} \Big\} \qquad (5-94)$$
$$C_3 = \frac{9}{4}$$

（3）系统的单位样值响应为

$$h(n) = \begin{cases} \dfrac{1}{12} - \dfrac{4}{3} \times 2^n + \dfrac{9}{4} \times 3^n, & n \geqslant 0 \\ 0, & n < 0 \end{cases} \qquad (5-95)$$

在例 5.15 中，单位样值的激励作用等效为一个起始条件 $h(0)=1$，将求解系统的单位样值响应的问题转换为求解系统的零输入响应，可以得到 $h(n)$ 的解析表达式。因此，对于求解 $h(n)$，其边界条件中至少有一项是 $n \geqslant 0$ 的。

例 5.16　已知离散时间系统的差分方程为 $y(n)+y(n-1)-6y(n-2)=x(n)-2x(n-2)$，求系统的单位样值响应。

解：（1）特征方程为

$$\alpha^2 + \alpha - 6 = 0 \qquad (5-96)$$

特征根为 $\alpha_1 = 2, \alpha_2 = -3$，得到方程的齐次解为

$$C_1 \times 2^n + C_2 (-3)^n \qquad (5-97)$$

（2）假定差分方程式右边只有 $x(n)$ 项作用，不考虑 $-2x(n-2)$ 项的作用，求此时系统的单位样值响应 $h_1(n)$。边界条件是 $h(-1)=0, h(0)=1$，由此建立系数 C 的方程组：

$$0 = C_1 \times 2^{-1} + C_2 \times (-3)^{-1} \Big\} \qquad (5-98)$$
$$1 = C_1 + C_2$$

求解得到：

$$C_1 = \frac{2}{5}$$
$$C_2 = \frac{3}{5} \Big\} \qquad (5-99)$$

此时系统的单位样值响应 $h_1(n)$ 可写作

$$h_1(n) = \begin{cases} \dfrac{2}{5} \times 2^n + \dfrac{3}{5} \times (-3)^n, & n \geqslant 0 \\ 0, & n < 0 \end{cases} \qquad (5-100)$$

（3）只考虑 $-2x(n-2)$ 项的作用引起的单位样值响应 $h_2(n)$，由系统的线性时不变性得到

$$h_2(n) = -2h_1(n-2) = \begin{cases} -\dfrac{1}{5} 2^{n-2} - \dfrac{6}{5} (-3)^{n-2}, & n \geqslant 2 \\ 0, & n < 2 \end{cases} \qquad (5-101)$$

(4)将 $h_1(n)$ 和 $h_2(n)$ 进行叠加,得到系统的单位样值响应为

$$h(n) = h_1(n) + h_2(n) = \delta(n) - \delta(n-1) + \left[\frac{7}{5} \times 2^{n-2} + \frac{21}{5} \times (-3)^{n-2}\right] u(n-2)$$

$$(5-102)$$

5.3.2　离散时间系统的因果稳定性

与连续时间系统类似,单位样值响应 $h(n)$ 表征了系统自身的性能,可以根据单位样值响应 $h(n)$ 判断系统的因果性、稳定性,以此区分因果系统和非因果系统,稳定系统和非稳定系统。

所谓因果系统,就是输出变化不领先于输入变化的系统。输出响应 $y(n)$ 只取决于此时,以及此时之前的激励。如果 $y(n)$ 不仅取决于当前及过去的输入,而且还取决于未来的输入,则在时间上违反了因果关系,属于非因果系统。

线性时不变离散时间系统属于因果系统的充分必要条件是

$$h(n) = 0 (n < 0) \quad \text{或} \quad h(n) = h(n)u(n) \quad (5-103)$$

线性时不变离散时间系统属于稳定系统的充分必要条件是单位样值响应绝对可和,即

$$\sum_{n=-\infty}^{\infty} |h(n)| \leqslant M \quad (5-104)$$

其中,M 为有界正值。

例 5.17　已知系统的单位样值响应 $h(n) = a^n u(n)$,判断系统的因果性和稳定性。

解:(1)因果性:当 $n < 0$ 时,单位样值响应 $h(n) = 0$,因此系统属于因果系统。

(2)稳定性:计算单位样值响应的绝对和为

$$\sum_{n=-\infty}^{\infty} |h(n)| = \sum_{n=-\infty}^{\infty} |a^n u(n)| = \sum_{n=0}^{\infty} |a^n| = \begin{cases} \dfrac{1}{1-|a|}, & |a| < 1 \\ +\infty, & |a| \geqslant 1 \end{cases} \quad (5-105)$$

因此,当 $|a| < 1$ 时,单位样值响应的绝对和有界,系统属于稳定系统;当 $|a| \geqslant 1$ 时,系统是非稳定系统。

5.3.3　仿真示例

例 5.18　已知差分方程 $y(n) - y(n-1) + 0.85 y(n-2) = x(n)$;计算并画出在 $n = -10, -9, \cdots,$ 100 的单位样值响应 $h(n)$,并分析系统是否稳定。

解:(1)计算单位样值响应。根据题意,差分方程的系统矩阵为 $\boldsymbol{b} = [1]$,$\boldsymbol{a} = [1, -1, 0.85]$。

求解单位样值响应的 MATLAB 程序如下:

```
b = 1;
a = [1, -1, 0.85];
n = -10 : 100;
x = impulse(0, -10, 100);
h = filter(b, a, x);
stem(n, h);
ylabel('h(n)');
```

xlabel(`n`);

运行后,得到的单位样值响应如图 5 - 19 所示:

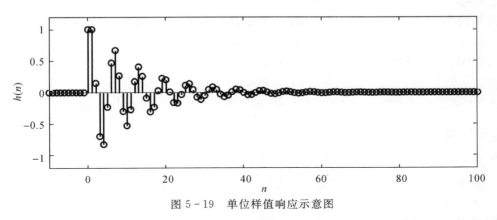

图 5 - 19 单位样值响应示意图

(2)判断系统是否稳定。根据 LTI 系统的稳定条件,当单位样值响应绝对可和时系统稳定。由图可见,$n = 100$ 处,$h(n)$ 已经为 0,则可在 $(-10, 100)$ 内求出 $\sum |h(n)|$。

使用下述的 MATLAB 语句求和:

$>>$sh $=$ sum(abs(h))

计算结果为

sh $= 10.0383$

因单位样值响应绝对可和,故系统稳定。

5.4 卷 积 和

在连续时间系统中,将激励信号分解为冲激信号的线性组合,求出每个冲激信号单独作用于系统时的冲激响应,然后把这些响应叠加,即可求得系统对应此激励信号的零状态响应,此叠加过程用卷积积分实现。类比于连续时间系统,离散时间系统也可按照此原理进行分析。

离散时间系统的激励信号 $x(n)$ 可用单位样值序列的线性组合来表示为

$$x(n) = \sum_{m=-\infty}^{\infty} x(m)\delta(n-m) \tag{5-106}$$

假定系统的单位样值响应为 $h(n)$,根据系统的线性时不变特性,对于 $\delta(n-m)$ 的延时响应表示为 $h(n-m)$;根据单位样值序列的抽样特性,对于序列 $x(m)\delta(n-m)$ 的响应可表示为 $x(m)h(n-m)$;最后根据系统的叠加性,得到系统的响应为

$$y(n) = \sum_{m=-\infty}^{\infty} x(m)h(n-m) \tag{5-107}$$

式(5-107)称为卷积和,或简称卷积。它表征的是系统的响应 $y(n)$、激励 $x(n)$ 和单位样值响应 $h(n)$ 之间的关系;$y(n)$ 是 $x(n)$ 与 $h(n)$ 的卷积和,简记为

$$y(n) = x(n) * h(n) \tag{5-108}$$

对式(5-108)进行变量替换,得到

$$y(n) = \sum_{m=-\infty}^{\infty} x(m)h(n-m) = \sum_{m=-\infty}^{\infty} h(m)x(n-m) = h(n) * x(n) \qquad (5-109)$$

这表明,两个序列进行卷积与其顺序无关,可以互换,即 $x(n) * h(n) = h(n) * x(n)$。卷积和的代数运算与连续系统中卷积的代数运算规律相似,都服从交换律、分配律和结合律。

在离散时间系统中,任意序列与单位冲激序列的卷积仍等于原序列,即

$$x(n) * \delta(n) = x(n) \qquad (5-110)$$

卷积和的求解通常有三种方法:图形法、对位相乘求和法和列表法。

5.4.1 图形法

利用图形法求解卷积和的计算步骤如下:

(1)将 $x(n)$ 和 $h(n)$ 中的自变量 n 改写为 m,使 m 成为函数的自变量。

(2)将其中一个信号进行反转,如将 $h(m)$ 反转成 $h(-m)$。

(3)将 $h(-m)$ 移位 n,得到 $h(n-m)$,其中 n 是参变量;$n>0$ 时,图形右移,$n<0$ 时,图形左移。

(4)将 $x(m)$ 和 $h(n-m)$ 相乘。

(5)对乘积后的图形求和。

例 5.19 已知 $x(n) = a^n u(n)$ $(0<a<1)$,$h(n) = u(n)$,求卷积 $y(n) = x(n) * h(n)$。

解:(1)将 $x(n)$ 和 $h(n)$ 中的自变量 n 改写为 m,$x(m)$ 和 $h(m)$ 的图形如图 5-20(a)和图 5-20(b)所示。

(2)将 $h(m)$ 反转成 $h(-m)$,$h(-m)$ 的图形如图 5-20(c)所示。

(3)$h(-m)$ 移位 n,得到 $h(n-m)$,根据 $x(m)$ 和 $h(n-m)$ 的重叠情况,对 n 分段讨论。

(4)当 $n<0$ 时,$h(-m)$ 的图形向左移动,$h(n-m)$ 与 $x(m)$ 的图形没有重合,则 $y(n)=0$。

(5)当 $n \geqslant 0$ 时,$h(-m)$ 的图形向右移动,$h(n-m)$ 与 $x(m)$ 的图形重合,重合范围是 $0 \leqslant m \leqslant n$,则

$$y(n) = \sum_{m=0}^{n} x(m)h(n-m) = \sum_{m=0}^{n} a^m u(m)u(n-m) = \frac{1-a^{n+1}}{1-a}u(n) \qquad (5-111)$$

(6)$n=0$,$n=1$ 和任意 n 值的图形如图 5-20(d)、图 5-20(e)和图 5-20(f)所示。

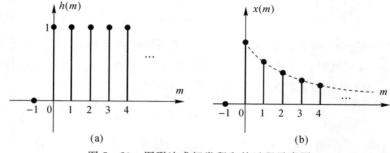

(a)   (b)

图 5-20　图形法求解卷积和的过程示意图

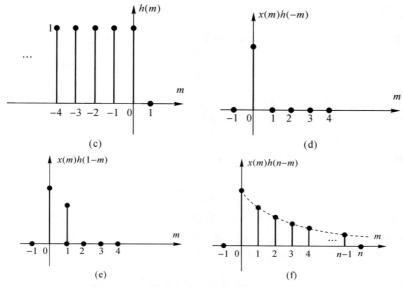

图 5 - 20　图形法求解卷积和的过程示意图

5.4.2　对位相乘求和法

对位相乘求和法的实质是将序列 $h(n)$ 进行反转平移后再和 $x(n)$ 对位相乘,它利用对位排列的方式替代了图形法中作图反转和移位的步骤。需要注意的是,对位相乘求和法只适用于两个序列都是有限长的情形,同时,卷积和的起始点坐标是两个序列起始点坐标之和,终点是两个序列终点的坐标和。

例 5.20　已知 $x(n)=\delta(n)+2\delta(n-1)+5\delta(n-2)+2\delta(n-3)$,$h(n)=3\delta(n)+2\delta(n-1)+2\delta(n-2)$,求两个序列的卷积 $y(n)=x(n)*h(n)$。

解:将序列 $x(n)$ 和 $h(n)$ 重写为

$$x(n)=\{1,2,5,2\} \qquad (5-112)$$
$$\uparrow$$

$$h(n)=\{3,2,2\} \qquad (5-113)$$
$$\uparrow$$

将两个序列的样值以各自 n 的最高值按右端对齐,如下排列:

$$
\begin{array}{lcccccc}
x(n): & & 1 & 2 & 5 & 2 & \\
h(n): & & & 3 & 2 & 2 & \\
& & & 2 & 4 & 10 & 4 \\
& & 1 & 2 & 10 & 2 & \\
& 3 & 6 & 15 & 6 & & \\
\hline
y(n): & 3 & 7 & 19 & 20 & 14 & 4
\end{array} \qquad (5-114)
$$

然后把各个样值逐个对应相乘但不要进位,最后把同一列的乘积值对位求和即可得到:

$$y(n)=\{3,7,19,20,14,4\} \qquad (5-115)$$
$$\uparrow$$

5.4.3 列表法

设序列 $x(n)$ 和 $h(n)$ 均为因果序列,则根据卷积和的定义得到:

$$x(n) * h(n) = \sum_{m=0}^{n} x(m)h(n-m) \tag{5-116}$$

当 $n=0$ 时, $y(0)=x(0)h(0)$;

当 $n=1$ 时, $y(1)=x(0)h(1)+x(1)h(0)$;

当 $n=2$ 时, $y(2)=x(0)h(2)+x(1)h(1)+x(2)h(0)$;

当 $n=3$ 时, $y(3)=x(0)h(3)+x(1)h(2)+x(2)h(1)+x(3)h(0)$;

...

以上求解过程可归纳为列表法:将 $x(n)$ 的值顺序排成一行,将 $h(n)$ 的值顺序排成一列,行与列的交叉点记入相应的 $x(n)$ 和 $h(n)$ 的乘积,如图 5-21 所示。可以看出,对角斜线上各数值就是 $x(m)h(n-m)$ 的值,对角斜线上各数值的和就是 $y(n)$ 各项的值。需要注意的是,列表法只适用于两个有限长序列的卷积。

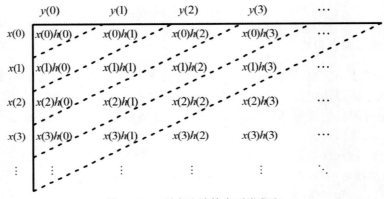

图 5-21 列表法计算序列卷积和

例 5.21 利用列表法计算 $x(n)=u(n+2)-u(n-3)$ 与 $h(n)=\delta(n+1)+4\delta(n)+2\delta(n-2)$ 的卷积和。

解:将序列 $x(n)$ 和 $h(n)$ 重写为

$$x(n) = \{1,1,1,1,1\} \tag{5-117}$$
$$\uparrow$$

$$h(n) = \{1,4,0,2\} \tag{5-118}$$
$$\uparrow$$

根据列表规律,列出如图 5-22 所示的表,由此可以计算出 $y(n)=\{1, 5, 5, 7, 7, 6, 2, 2\}$。根据卷积和序列起点的计算方法可知, $y(n)$ 的第一个非零值的位置为 $(-2)+(-1)=-3$,因此卷积结果表示为

$$y(n) = \{1 \quad 5 \quad 5 \quad 7 \quad 7 \quad 6 \quad 2 \quad 2\} \tag{5-119}$$
$$\uparrow$$

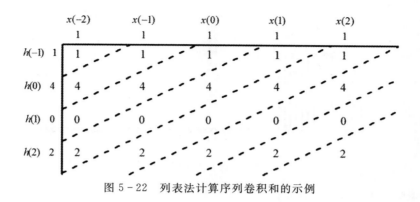

图 5－22　列表法计算序列卷积和的示例

5.4.4　仿真示例

定义 MATLAB 函数 conv_m,用于完成任意位置序列的卷积,其中,x 与 h 为进行卷积的序列,nx 与 nh 为序列的位置信息,y 与 ny 为卷积的结果与位置。

MATLAB 函数定义如下:

```
function [y,ny] = conv_m(x, nx, h, nh)
nyb = nx(1) + nh(1);
nye = nx(length(x)) + nh(length(h));
ny = nyb : nye;
y =conv(x, h);
```

例 5.22　一个线性时不变离散时间系统的单位样值响应是 $h(n)=(0.9)^n u(n)$,输入矩形脉冲 $x(n)=u(n)-u(n-10)$,求输出 $y(n)$。

解:MATLAB 程序如下:

```
n = -5 : 50;
x = stepseq(0, -5, 50) - stepseq(10, -5, 50);
h = 0.9 .^ n . * stepseq(0, -5, 50);
[y,ny] = conv_m(x, n, h, n);
figure;
stem(n, x);
ylabel('x (n)');
xlabel('n');
figure;
stem(n, h);
ylabel('h (n)');
xlabel('n');
figure;
stem(ny, y);
ylabel('y (n)');
xlabel('n');
axis([-5, 50, 0 , 8]);
```

输入序列的波形如图 5－23 所示。

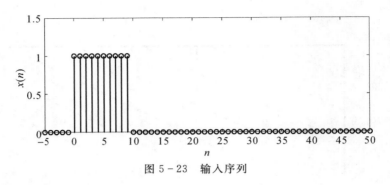

图 5 - 23　输入序列

单位样值响应如图 5 - 24 所示。

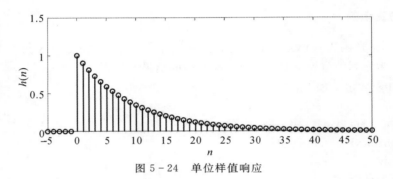

图 5 - 24　单位样值响应

输出序列如图 5 - 25 所示。

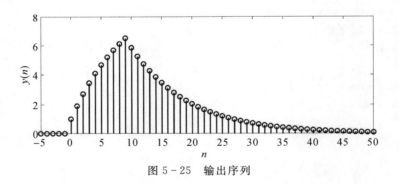

图 5 - 25　输出序列

本 章 小 结

本章首先介绍离散时间信号与系统,给出了离散时间信号的基本概念和常见的离散时间信号,建立了离散时间系统的数学模型——差分方程;然后介绍了常系数线性差分方程的三种求解方法——迭代法、时域经典法和双零法;接着介绍了离散时间系统的单位样值响应,利用单位样值响应判断系统的因果稳定性;最后介绍了离散时间序列的卷积和求解方法——图形法、对位相乘求和法和列表法。部分内容给出了 MATLAB 软件的仿真示例,以帮助理解和吸收。

习　题　5

5-1　画出下列序列的波形。

(1)$x(n)=nu(n-2)$；

(2)$x(n)=(2^n+1)u(n)$；

(3)$x(n)=\begin{cases} n-1, & n\geqslant 0 \\ 2(3)^n, & n<0 \end{cases}$；

(4) $x(n)=R_{10}(n-6)$。

5-2　绘出下列序列的波形。

(1)$x(n)=3^{-n}u(n)$；

(2)$x(n)=(1/2)^{-n}u(n)$；

(3)$x(n)=(1/2)^n u(-n)$；

(4)$x(n)=(1/2)^{n+1}u(n+1)$。

5-3　写出题图中波形所示信号的解析表达式。

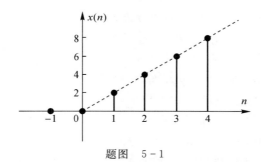

题图　5-1

5-4　判断下列序列是否为周期信号,若是则求其周期。

(1)$x(n)=\sin\left(\dfrac{2}{3}\pi n-2\right)$；

(2)$x(n)=\cos\left(\dfrac{1}{3}\pi n+\dfrac{3}{5}\right)$；

5-5　一个乒乓球自由下落至地面,高度为 H,每次弹跳起的最高值是前一次最高值的一半。若以 $y(n)$ 表示第 n 次跳起的最高值,列出描述此过程的差分方程。

5-6　如果在第 n 个月初向银行存款 $x(n)$ 元,月息为 α,每月利息不取出,试用差分方程写出第 n 个月初的本利和 $y(n)$。

5-7　根据给出的差分方程表示式画出离散系统的方框图。

$$y(n)=\sum_{m=0}^{7}b_m x(n-m)$$

5-8　根据题图 5-2 所示的框图写出差分方程。

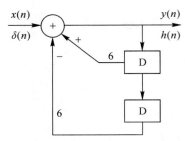

题图 5-2　离散时间系统的框图

5-9　试求下列差分方程描述的离散时间系统的响应。

(1)$y(n)+y(n-1)-2y(n-2)=0$，$y(-2)=1$，$y(-1)=2$；

(2)$y(n)+5y(n-1)+6y(n-2)=0$，$y(-2)=0$，$y(-1)=2$；

(3)$y(n)-5y(n-1)+6y(n-2)=u(n)$，$y(-2)=0$，$y(-1)=2$；

(4)$y(n)+5y(n-1)+y(n-2)=u(n+1)$，$y(-2)=0$，$y(-1)=2$。

5-10　某离散时间系统的输入输出关系可用二阶常系数线性方程描述，当输入为 $u(n)$ 时，系统的输出响应是 $y(n)=[2^n+3\times(4)^n+8]u(n)$。

(1)若系统起始是静止的，试求此二阶差分方程；

(2)若激励为 $x(n)=2[u(n)+u(n-5)]$，求响应 $y(n)$。

5-11 已知系统的差分方程是 $y(n)+y(n-1)-2y(n-2)=x(n)$，输入 $x(n)=3^n u(n)$，且 $y_{zi}(0)=1$，$y_{zi}(1)=1$。用时域经典法求解以下问题：

(1)求系统的零输入响应 $y_{zi}(n)$；

(2)求系统的单位样值响应 $h(n)$；

(3)求系统的零状态响应 $y_{zs}(n)$ 和全响应 $y(n)$。

5-12　求下列差分方程所描述的离散时间系统的单位样值响应 $h(n)$：

(1)$y(n+3)-y(n+2)+5y(n+1)=x(n)$；

(2)$y(n-2)-3y(n-1)+2y(n)=x(n)$。

5-13　判断以下差分方程所描述的离散时间系统是否是因果系统，是否是稳定系统。

(1)$y(n)=4x(n)+5$；

(2)$y(n)=3x(n-3)$；

(3)$y(n)=x(n-3)u(n-3)$；

(4)$y(n)=x(n)u(n-3)$。

5-14　采用图形法求下列序列的卷积和：

(1)$x(n)=4u(n)+5$，$x(n)=4u(n)+5$；

(2)$x(n)=4u(n)+5$，$h(n)=\delta(n)+\delta(n+1)$。

5-15　求下列序列的卷积和：

(1)$u(n)*u(n-1)$；

(2)$u(n)*\delta(n+1)$；

(3)$nu(n)*u(n+1)$；

(4)$2^n u(n)*3^n u(n+1)$；

5-16　已知 $x(n)=\delta(n)+\delta(n-1)+3\delta(n-2)+\delta(n-3)$，$h(n)=3\delta(n)+2\delta(n-1)+\delta(n+1)$，采用对位相乘求和法求两个序列的卷积 $y(n)=x(n)*h(n)$。

5-17　利用列表法计算 $x(n)=u(n+1)-2u(n-2)$ 与 $h(n)=\delta(n+1)+2\delta(n-2)$ 的卷积和。

5-18　利用 MATLAB 实现下列离散时间信号：

(1) $x(n)=10nu(n-1)$；

(2) $x(n)=u(n-1)+u(n+5)$；

(3) $x(n)=2^{n+1}u(n+1)$；

(4) $x(n)=2^n\sin(0.8\pi n)$。

5-19　已知系统的差分方程是 $y(n)-0.5y(n-1)+0.8y(n)=x(n)+x(n-1)$，利用 MATLAB 计算单位样值响应，画出前 51 个点的值。

5-20　利用 MATLAB 计算两个序列的卷积：

$$x(n)=\begin{cases} n+3, & n\leqslant -7 \\ n^2, & -6\leqslant n\leqslant 6 \\ -5, & 5\leqslant n\leqslant 10 \\ 10\sin(0.5\pi n), & 11\leqslant n\leqslant 100 \\ 0, & n\geqslant 101 \end{cases}$$

$$h(n)=\begin{cases} n+3, & n\leqslant -10 \\ 10\sin(0.5\pi n), & -9\leqslant n\leqslant 9 \\ n^2, & 10\leqslant n\leqslant 100 \\ 0, & n\geqslant 101 \end{cases}$$

第6章　离散时间信号与系统的 z 域分析

与连续时间系统的拉普拉斯变换相似,离散时间系统可用 z 变换进行分析。z 变换可以将离散时间系统的数学模型——差分方程转换为简单的代数方程,大大简化其求解过程。本章讨论 z 变换的定义、性质,在此基础上研究离散时间系统的 z 域分析,给出离散时间系统的系统函数与频率响应等概念。

6.1　z　变　换

本节将介绍 z 变换的定义和典型序列的 z 变换,并讨论 z 变换的收敛域问题。

6.1.1　定义

z 变换的定义可以由抽样信号的拉普拉斯变换引出,也可以直接对离散时间信号给出。

首先观察抽样信号的拉普拉斯变换,假定连续因果信号为 $x(t)$,利用均匀冲激抽样后,抽样信号 $x_s(t)$ 表示为

$$x_s(t) = x(t)\delta_T(t) = \sum_{n=0}^{\infty} x(nT)\delta_T(t-nT) \tag{6-1}$$

式中,T 为抽样周期。

对抽样信号 $x_s(t)$ 进行拉普拉斯变换,得到:

$$X_s(s) = \int_0^{+\infty} x_s(t)\mathrm{e}^{-st}\,\mathrm{d}t = \int_0^{+\infty}\Big[\sum_{n=0}^{\infty} x(nT)\delta_T(t-nT)\Big]\mathrm{e}^{-st}\,\mathrm{d}t \tag{6-2}$$

根据积分与求和可以对调顺序的性质,以及冲激函数的抽样特性,式(6-2)可重写为

$$X_s(s) = \sum_{n=0}^{\infty} x(nT)\int_0^{+\infty}\delta_T(t-nT)\mathrm{e}^{-st}\,\mathrm{d}t = \sum_{n=0}^{\infty} x(nT)\mathrm{e}^{-snT} \tag{6-3}$$

此时,引入新的复变量,令 $z=\mathrm{e}^{sT}$ 或写作 $s=\dfrac{1}{T}\ln z$,则式(6-3)可写为

$$X(z) = \sum_{n=0}^{\infty} x(nT)z^{-n} \tag{6-4}$$

式(6-4)即为离散信号 $x(nT)$ 的 z 变换。

一般情况下,令 $T=1$,则 z 变换定义为

$$X(z) = \sum_{n=0}^{\infty} x(n)z^{-n},\ z=\mathrm{e}^s \tag{6-5}$$

如果离散序列 $x(n)$ 各样值与抽样信号 $x(t)\delta_T(t)$ 各冲激函数的强度相对应,就可借助符

号 $z=\mathrm{e}^{sT}$，用抽样信号的拉普拉斯变换表示离散时间信号的 z 变换。

与拉普拉斯变换的定义类似，z 变换也有单边和双边之分。

序列 $x(n)$ 的单边 z 变换定义为

$$X(z) = \mathscr{Z}[x(n)] = x(0) + \frac{x(1)}{z} + \frac{x(2)}{z^2} + \cdots = \sum_{n=0}^{\infty} x(n)z^{-n} \qquad (6-6)$$

序列 $x(n)$ 的双边 z 变换定义为

$$X(z) = \mathscr{Z}[x(n)] = \sum_{n=-\infty}^{\infty} x(n)z^{-n} \qquad (6-7)$$

显而易见，如果序列 $x(n)$ 是因果序列，则其单边和双边 z 变换是一致的。

式 $(6-6)$ 和式 $(6-7)$ 表明，序列的 z 变换是复变量 z^{-1} 的幂级数，其系数是离散序列 $x(n)$ 的各样值。

6.1.2　典型序列的 z 变换

1. 单位样值序列

$$\mathscr{Z}[\delta(n)] = \sum_{n=0}^{\infty} \delta(n)z^{-n} = 1, \quad |z| \geqslant 0 \qquad (6-8)$$

2. 单位阶跃序列

$$\mathscr{Z}[u(n)] = \sum_{n=0}^{\infty} u(n)z^{-n} = \sum_{n=0}^{\infty} z^{-n} = \frac{z}{z-1} = \frac{1}{1-z^{-1}}, \quad |z| > 1 \qquad (6-9)$$

3. 斜变序列

$$\mathscr{Z}[nu(n)] = \sum_{n=0}^{\infty} nu(n)z^{-n} = \sum_{n=0}^{\infty} nz^{-n} = \frac{z}{(z-1)^2}, \quad |z| > 1 \qquad (6-10)$$

4. 指数序列

右边指数序列：
$$x(n) = a^n u(n)$$

$$\mathscr{Z}[a^n u(n)] = \sum_{n=0}^{\infty} a^n u(n)z^{-n} = \sum_{n=0}^{\infty} a^n z^{-n} = \frac{z}{z-a}, \quad |z| > |a| \qquad (6-11)$$

左边指数序列：
$$x(n) = -a^n u(-n-1)$$

$$\mathscr{Z}[-a^n u(-n-1)] = \sum_{n=-\infty}^{\infty} -a^n u(-n-1)z^{-n} = \sum_{n=-\infty}^{-1} -a^n z^{-n} = \frac{z}{z-a}, \quad |z| < |a|$$
$$(6-12)$$

5. 正弦和余弦序列

$$\mathscr{Z}[\cos(\omega_0 n)u(n)] = \sum_{n=0}^{\infty} \cos(\omega_0 n)u(n)z^{-n} = \sum_{n=0}^{\infty} \cos(\omega_0 n)z^{-n} = \frac{z(z-\cos\omega_0)}{z^2 - 2z\cos\omega_0 + 1}, \quad |z| > 1$$
$$(6-13)$$

$$\mathscr{Z}[\sin(\omega_0 n)u(n)] = \sum_{n=0}^{\infty} \sin(\omega_0 n)u(n)z^{-n} = \sum_{n=0}^{\infty} \sin(\omega_0 n)z^{-n} = \frac{z\sin\omega_0}{z^2 - 2z\cos\omega_0 + 1}, \quad |z| > 1$$
$$(6-14)$$

6.1.3 z 变换的收敛域

因序列的 z 变换是复变量 z^{-1} 的幂级数,只有当级数收敛时,z 变换才有意义。对于任意给定的有界序列 $x(n)$,令其 z 变换的级数收敛的所有 z 值的集合,称为 $X(z)$ 的收敛域(Region Of Convergence,ROC)。

与拉普拉斯变换的情况类似,单边 z 变换序列与变换式是一一对应的,收敛域也唯一。对于双边 z 变换,不同序列在不同的收敛域条件下可能对应于同一变换式。因此,为了唯一确定 z 变换对应的序列,不仅要给出序列的 z 变换表达式,还要标明它对应的收敛域。下面具体讨论几类序列的 z 变换收敛域。

1. 有限长序列

此类序列只在有限的区间内($n_1 \leqslant n \leqslant n_2$)具有非零值,如图 6-1 所示。

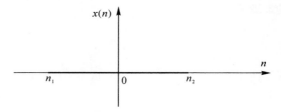

图 6-1 有限长序列示意图

有限长序列的 z 变换表示为

$$X(z) = \sum_{n=n_1}^{n_2} x(n) z^{-n} \tag{6-15}$$

由于 n_1 和 n_2 是有限整数,所以式(6-15)是一个有限项级数。因此,只要级数每项有界,则有限项之和亦有界。当 $n_1 < 0$,$n_2 > 0$ 时,收敛域为 $0 < |z| < +\infty$。当 $n_1 < 0$,$n_2 \leqslant 0$ 时,收敛域为 $|z| < +\infty$。当 $n_1 \geqslant 0$,$n_2 > 0$ 时,收敛域为 $|z| > 0$。所以,有限长序列的 z 变换的收敛域至少包含 $0 < |z| < +\infty$,且在不同的 n_1 和 n_2 取值情况下,收敛域还可能包含 $z = 0$ 或 $z = +\infty$。

2. 右边序列

此类序列是有始无终的序列,即当 $n < n_1$ 时,$x(n) = 0$,如图 6-2 所示。

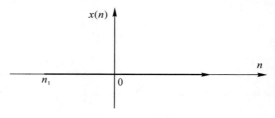

图 6-2 右边序列示意图

右边序列对应的 z 变换为

$$X(z) = \sum_{n=n_1}^{+\infty} x(n) z^{-n} \tag{6-16}$$

若满足：

$$\lim_{n \to \infty} \sqrt[n]{|x(n) z^{-n}|} < 1 \tag{6-17}$$

即

$$|z| > \lim_{n \to \infty} \sqrt[n]{|x(n)|} = R_{x1} \tag{6-18}$$

则级数收敛，其中 R_{x1} 是级数的收敛半径。可见，右边序列的收敛域是半径为 R_{x1} 的圆外部分。如果 $n_1 \geqslant 0$，则收敛域包含 $z = +\infty$，即收敛域为 $|z| > R_{x1}$；如果 $n_1 < 0$，则收敛域不包含 $z = +\infty$，即收敛域为 $R_{x1} < |z| < +\infty$。显然，当 $n_1 = 0$ 时，右边序列即为因果序列，此时的收敛域为 $|z| > R_{x1}$。

3. 左边序列

此类序列是无始有终的序列，即当 $n > n_2$ 时，$x(n) = 0$，如图 6-3 所示。

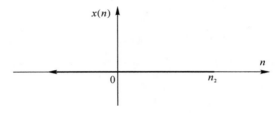

图 6-3　左边序列示意图

此左边序列对应的 z 变换为

$$X(z) = \sum_{n=-\infty}^{n_2} x(n) z^{-n} \tag{6-19}$$

若满足：

$$\lim_{n \to \infty} \sqrt[n]{|x(-n) z^{n}|} < 1 \tag{6-20}$$

即

$$|z| < \frac{1}{\lim\limits_{n \to \infty} \sqrt[n]{|x(-n)|}} = R_{x2} \tag{6-21}$$

则级数收敛，其中 R_{x2} 是级数的收敛半径。可见，左边序列的收敛域是半径为 R_{x2} 的圆内部分。如果 $n_2 > 0$，则收敛域不包含 $z = 0$，即收敛域为 $0 < |z| < R_{x2}$；如果 $n_2 \leqslant 0$，则收敛域包含 $z = 0$，即收敛域为 $|z| < R_{x2}$。

4. 双边序列

双边序列是指 $n = -\infty$ 到 $n = +\infty$ 均有值的序列，其 z 变换的通用表达式为

$$X(z) = \sum_{n=-\infty}^{+\infty} x(n) z^{-n} = \sum_{n=-\infty}^{-1} x(n) z^{-n} + \sum_{n=0}^{+\infty} x(n) z^{-n} \tag{6-22}$$

此 z 变换可拆分为左边序列和右边序列的 z 变换的叠加。上式第一个级数是左边序列，收敛域为 $|z| < R_{x2}$；第二个级数是有边序列，收敛域为 $|z| > R_{x1}$。如果 $R_{x1} < R_{x2}$，则该序列的收敛域是两个级数收敛域的重叠部分，即收敛域可写作 $R_{x1} < |z| < R_{x2}$，其中 $R_{x1} > 0$，

$R_{x2} < +\infty$，此时收敛域是一个环形。如果 $R_{x1} > R_{x2}$，则两个级数的收敛域没有重叠部分，则原双边序列的 z 变换不收敛。

例 6.1 求序列 $x(n) = a^n u(n) + b^n u(-n-2)$ 的 z 变换，并确定序列的收敛域（其中 $b > a$，$b > 0$，$a > 0$）。

解：(1) 单边 z 变换：

$$X(z) = \sum_{n=0}^{+\infty} x(n)z^{-n} = \sum_{n=0}^{+\infty} [a^n u(n) + b^n u(-n-2)]z^{-n} = \sum_{n=0}^{+\infty} a^n z^{-n} \qquad (6-23)$$

如果 $|z| > a$，则式 (6-23) 中的级数收敛，此时的 z 变换表达式为

$$X(z) = \sum_{n=0}^{+\infty} a^n z^{-n} = \frac{z}{z-a}, \quad |z| > a \qquad (6-24)$$

(2) 双边 z 变换：

$$X(z) = \sum_{n=0}^{+\infty} x(n)z^{-n} = \sum_{n=0}^{+\infty} [a^n u(n) + b^n u(-n-2)]z^{-n}$$

$$= \sum_{n=0}^{+\infty} a^n z^{-n} + \sum_{n=-\infty}^{-2} b^n z^{-n} \qquad (6-25)$$

如果 $|z| > a$，则式 (6-25) 中的第一项级数收敛，如果 $|z| < b$，则式 (6-25) 中的第二项级数收敛，因此当 $a < |z| < b$ 时，式 (6-25) 收敛，则 z 变换表示为

$$X(z) = \frac{z}{z-a} - \frac{z^2}{b(z-b)}, \quad a < |z| < b \qquad (6-26)$$

典型序列的 z 变换及其收敛域见表 6-1。

表 6-1　典型序列的 z 变换及其收敛域

序号	序列	z 变换	收敛域
1	$\delta(n)$	1	$|z| \geqslant 1$
2	$u(n)$	$\dfrac{z}{z-1}$	$|z| > 1$
3	$a^n u(n)$	$\dfrac{z}{z-a}$	$|z| > |a|$
4	$-a^n u(-n-1)$	$\dfrac{z}{z-a}$	$|z| < |a|$
5	$nu(n)$	$\dfrac{z}{(z-1)^2}$	$|z| > 1$
6	$(n+1)a^n u(n)$	$\dfrac{z^2}{(z-a)^2}$	$|z| > |a|$
7	$\cos(\omega_0 n)u(n)$	$\dfrac{z(z-\cos\omega_0)}{z^2 - 2z\cos\omega_0 + 1}$	$|z| > 1$
8	$\sin(\omega_0 n)u(n)$	$\dfrac{z\sin\omega_0}{z^2 - 2z\cos\omega_0 + 1}$	$|z| > 1$

6.1.4　仿真示例

求单边序列的 z 变换：$x_1(n) = 4^n u(n)$；$x_2(n) = \cos\left(\dfrac{\pi}{2}n\right)u(n)$。

MATLAB 程序：

```
syms n z;
x1 = 4 .^ n;
X1 = ztrans(x1)
x2 = cos((pi / 2) . * n);
X2 = ztrans(x2)
```

运行结果为：

```
X1 = z/(z−4)
X2 = z^2/(z^2 + 1)
```

6.2　z 逆变换

　　与拉普拉斯逆变换类似，z 变换也存在 z 逆变换，且在离散时间系统的分析中占据重要的位置。实际应用中大多是因果序列，因此本节仅研究单边 z 变换的逆变换，并逐一介绍求解 z 逆变换的三种方法，分别是：部分分式展开法，留数法和幂级数展开法。

　　已知序列的 z 变换为

$$X(z) = \sum_{n=0}^{\infty} x(n)z^{-n} \tag{6-27}$$

　　对式(6-27)的两端分别乘以 z^{m-1}，然后沿复平面上围线 C 积分，其中 C 是包围 $X(z)z^{n-1}$ 所有极点的逆时针闭合积分路线，通常选择复平面 z 内收敛域内以原点为圆心的圆，则可得到

$$\oint_C z^{m-1} X(z)\mathrm{d}z = \oint_C z^{m-1}\Big[\sum_{n=0}^{\infty} x(n)z^{-n}\Big]\mathrm{d}z \tag{6-28}$$

　　调换式(6-28)中的积分与求和次序，得到

$$\oint_C z^{m-1} X(z)\mathrm{d}z = \sum_{n=0}^{\infty} x(n)\oint_C z^{m-n-1}\mathrm{d}z \tag{6-29}$$

　　根据复变函数中的柯西定理

$$\oint_C z^{k-1}\mathrm{d}z = \begin{cases} 2\pi\mathrm{j}, & k = 0 \\ 0, & k \neq 0 \end{cases} \tag{6-30}$$

　　式(6-29)可重新写为

$$\oint_C z^{n-1} X(z)\mathrm{d}z = 2\pi\mathrm{j}x(n) \tag{6-31}$$

　　从而，得到 z 逆变换的表达式为

$$x(n) = \frac{1}{2\pi\mathrm{j}}\oint_C z^{n-1} X(z)\mathrm{d}z \tag{6-32}$$

6.2.1　部分分式展开法

　　部分分式展开法的依据是 z 变换通常是 z 的有理函数，可表示为有理分式形式。将 $X(z)$

展开成一些简单而常见的部分分式之和,然后分别求出各分式对应的逆变换,再把它们进行叠加即可。

将有理多项式 $X(z)$ 表示为

$$X(z) = \frac{N(z)}{D(z)} = \frac{b_0 + b_1 z + \cdots + b_{r-1} z^{r-1} + \cdots + b_{M-1} z^{M-1} + b_M z^M}{a_0 + a_1 z + \cdots + a_{k-1} z^{k-1} + \cdots + a_{N-1} z^{N-1} + a_N z^N} \quad (6-33)$$

分两种情况予以介绍。

(1)如果 $X(z)$ 仅有单极点,且 $M \leqslant N$,则式(6-33)可展开为

$$\frac{X(z)}{z} = \frac{A_0}{z} + \sum_{k=1}^{N} \frac{A_k}{z - z_k} \quad (6-34)$$

式中,z_k 是 $X(z)$ 的极点。

各分式的系数为

$$A_0 = [X(z)]\big|_{z=0} = \frac{b_0}{a_0} \quad (6-35)$$

$$A_k = \left[(z - z_k) \frac{X(z)}{z} \right]\bigg|_{z=z_k}, \quad k == 1, 2, \cdots, N \quad (6-36)$$

例 6.2 已知 $X(z) = \dfrac{z^2}{(z-1)(z-3)}$,收敛域为 $|z| > 3$,用部分分式展开法求其 z 逆变换。

解:根据 $X(z)$ 的表达式,得到其极点为 $z_1 = 1$,$z_2 = 3$,则 $X(z)$ 应能分解为

$$X(z) = \frac{A_1 z}{z - z_1} + \frac{A_2 z}{z - z_2} = \frac{A_1 z}{z - 1} + \frac{A_2 z}{z - 3} \quad (6-37)$$

其中

$$A_1 = \left[(z - z_1) \frac{X(z)}{z} \right]\bigg|_{z=z_1} = \left[(z-1) \frac{z}{(z-1)(z-3)} \right]\bigg|_{z=1} = -\frac{1}{2} \quad (6-38)$$

$$A_2 = \left[(z - z_2) \frac{X(z)}{z} \right]\bigg|_{z=z_2} = \left[(z-3) \frac{z}{(z-1)(z-3)} \right]\bigg|_{z=3} = \frac{3}{2} \quad (6-39)$$

因此,

$$X(z) = -\frac{1}{2} \frac{z}{(z-1)} + \frac{3}{2} \frac{z}{(z-3)} \quad (6-40)$$

因为收敛域为 $|z| > 3$,所以 $x(n)$ 应为右边序列:

$$x(n) = -\frac{1}{2} u(n) + \frac{3}{2} \times 3^n u(n) \quad (6-41)$$

特别需要注意的是,当收敛域不同时,根据部分分式展开的结果得到的时域序列并不相同。当收敛域为 $|z| > 3$ 时,两个分式都对应的是右边序列,得到式(6-41)所示的序列。

当收敛域是 $1 < |z| < 3$ 时,得到的时域序列为

$$x(n) = -\frac{1}{2} u(n) - \frac{3}{2} \times 3^n u(-n-1) \quad (6-42)$$

当收敛域是 $|z| > 1$ 时,得到的时域序列为

$$x(n) = \frac{1}{2} u(-n-1) - \frac{3}{2} 3^n u(-n-1) \quad (6-43)$$

(2)如果 $X(z)$ 在 $z = z_1$ 处有 s 阶极点,其余为单极点,且 $M \leqslant N$,则式(6-33)可展开为

$$\frac{X(z)}{z} = \sum_{k=1}^{s} \frac{B_k}{(z-z_1)^k} + \frac{A_0}{z} + \sum_{k=s+1}^{N} \frac{A_k}{z-z_k} \tag{6-44}$$

其中，A_0 和 A_k 根据式(6-35)和式(6-36)计算，B_k 的计算方式为

$$B_k = \frac{1}{(s-k)!} \left[\frac{\mathrm{d}^{s-k}}{\mathrm{d}z^{s-k}} (z-z_1)^s \frac{X(z)}{z} \right] \Big|_{z=z_1} \tag{6-45}$$

例 6.3　已知 $X(z) = \dfrac{1}{(z-2)^2}$，收敛域为 $|z|>2$，用部分分式展开法求其 z 逆变换。

解：根据题意，$X(z)$ 在 $z=2$ 处有 2 阶极点，对 $X(z)$ 做部分分式展开得到

$$\frac{X(z)}{z} = \sum_{k=1}^{2} \frac{B_k}{(z-2)^k} + \frac{A_0}{z} \tag{6-46}$$

其中

$$B_1 = \frac{1}{(2-1)!} \left[\frac{\mathrm{d}}{\mathrm{d}z} (z-2)^2 \frac{1}{z(z-2)^2} \right] \Big|_{z=2} = -\frac{1}{4} \tag{6-47}$$

$$B_2 = \frac{1}{(2-2)!} \left[(z-2)^2 \frac{1}{z(z-2)^2} \right] \Big|_{z=2} = \frac{1}{2} \tag{6-48}$$

$$A_0 = \left[X(z) \right] \big|_{z=0} = \frac{b_0}{a_0} = \frac{1}{4} \tag{6-49}$$

因此，

$$X(z) = -\frac{1}{4} \frac{z}{z-2} + \frac{1}{2} \frac{z}{(z-2)^2} + \frac{1}{4} \tag{6-50}$$

因收敛域为 $|z|>2$，对应于右边序列，故

$$x(n) = -\frac{1}{4} 2^n u(n) + \frac{1}{4} 2^n n u(n) + \frac{1}{4} \delta(n) \tag{6-51}$$

6.2.2　留数法

留数法又称围线积分法。由于复平面上围线 C 在 $X(z)$ 的收敛域内，且包围着坐标原点，根据复变函数的留数定理，可以把式(6-32)的积分形式表示为围线 C 内所包含的 $X(z)z^{n-1}$ 的各极点留数之和，即

$$x(n) = \frac{1}{2\pi\mathrm{j}} \oint_C z^{n-1} X(z) \mathrm{d}z = \sum_m \left[z^{n-1} X(z) \text{ 在 } C \text{ 内极点的留数} \right] \tag{6-52}$$

简记为

$$x(n) = \sum_m \mathrm{Res} \left[z^{n-1} X(z) \right]_{z=z_m} \tag{6-53}$$

其中，Res 表示极点的留数；z_m 为 $z^{n-1} X(z)$ 的极点。

如果 $z^{n-1} X(z)$ 在 $z=z_m$ 处有 s 阶极点，则其留数为

$$\mathrm{Res} \left[z^{n-1} X(z) \right]_{z=z_m} = \frac{1}{(s-1)!} \left[\frac{\mathrm{d}^{s-1}}{\mathrm{d}z^{s-1}} (z-z_m)^s z^{n-1} X(z) \right]_{z=z_m} \tag{6-54}$$

如果 $z^{n-1} X(z)$ 仅含有一阶极点，则其留数为

$$\mathrm{Res} \left[z^{n-1} X(z) \right]_{z=z_m} = \left[(z-z_m) z^{n-1} X(z) \right]_{z=z_m} \tag{6-55}$$

在利用留数法求解逆变换时，应当注意收敛域围线内所包围的极点情况，特别要注意对于不同的 n 值，在 $z=0$ 处的极点可能具有不同的阶数。

例 6.4 用留数法求解例 6.2。

解: 根据题意,得到

$$z^{n-1} X(z) = \frac{z^{n-1} z^2}{(z-1)(z-3)} = \frac{z^{n+1}}{(z-1)(z-3)} \qquad (6-56)$$

(1)当 $n \geqslant -1$ 时,$z^{n-1} X(z)$ 含有 $z_1 = 1$ 和 $z_2 = 3$ 两个一阶极点,则

$$
\begin{aligned}
x(n) &= \text{Res} \left[z^{n-1} X(z) \right] \Big|_{z=1} + \text{Res} \left[z^{n-1} X(z) \right] \Big|_{z=3} \\
&= \left[(z-1) z^{n-1} X(z) \right] \Big|_{z=1} + \left[(z-3) z^{n-1} X(z) \right] \Big|_{z=3} \\
&= \left[(z-1) \frac{z^{n+1}}{(z-1)(z-3)} \right] \Big|_{z=1} + \left[(z-3) \frac{z^{n+1}}{(z-1)(z-3)} \right] \Big|_{z=3} \\
&= \left[\frac{z^{n+1}}{(z-3)} \right]_{z=1} + \left[\frac{z^{n+1}}{(z-1)} \right] \Big|_{z=3} \\
&= -\frac{1}{2} u(n) + \frac{3^{n+1}}{2} u(n)
\end{aligned}
\qquad (6-57)
$$

(2)当 $n = -2$ 时,$z^{n-1} X(z)$ 含有 $z_1 = 1$,$z_2 = 3$ 和 $z_3 = 0$ 三个一阶极点,则

$$
\begin{aligned}
x(-2) &= \text{Res} \left[z^{n-1} X(z) \right] \Big|_{z=1} + \text{Res} \left[z^{n-1} X(z) \right] \Big|_{z=3} + \text{Res} \left[z^{n-1} X(z) \right] \Big|_{z=0} \\
&= \left[(z-1) z^{n-1} X(z) \right] \Big|_{z=1} + \left[(z-3) z^{n-1} X(z) \right] \Big|_{z=3} + \left[z z^{n-1} X(z) \right] \Big|_{z=0} \\
&= \left[(z-1) \frac{1}{z(z-1)(z-3)} \right] \Big|_{z=1} + \left[(z-3) \frac{1}{z(z-1)(z-3)} \right] \Big|_{z=3} + \\
&\quad \left[z \frac{1}{z(z-1)(z-3)} \right] \Big|_{z=0} \\
&= \left[\frac{1}{z(z-3)} \right] \Big|_{z=1} + \left[\frac{1}{z(z-1)} \right] \Big|_{z=3} + \left[\frac{1}{(z-1)(z-3)} \right] \Big|_{z=0} \\
&= -\frac{1}{2} + \frac{1}{6} + \frac{1}{3} \\
&= 0
\end{aligned}
\qquad (6-58)
$$

(3)综上所述,得到

$$x(n) = -\frac{1}{2} u(n) + \frac{3^{n+1}}{2} u(n) \qquad (6-59)$$

求解结果与例 6.2 的结果相同,但从求解过程可以发现,用留数法比用部分分式法要复杂得多,在实际求解过程中,更多地使用部分分式展开法求解 z 的逆变换。

6.2.3 幂级数展开法

幂级数展开法又称长除法。根据 z 变换的定义,$X(z)$ 是 z^{-1} 的幂级数,如果在给定的收敛域内,将 $X(z)$ 展开成幂级数,则幂级数的系数就是序列 $x(n)$ 的样值。

一般情况下,$X(z)$ 是有理函数,分子多项式表示为 $N(z)$,分母多项式表示为 $D(z)$。如果 $X(z)$ 的收敛域为 $|z| > R_{x1}$,则 $x(n)$ 必然是因果序列,此时将 $N(z)$ 和 $D(z)$ 按照 z 的降幂(或 z^{-1} 的升幂)进行排序。如果 $X(z)$ 的收敛域为 $|z| < R_{x2}$,则 $x(n)$ 必然是左边序列,此时将 $N(z)$ 和 $D(z)$ 按照 z 的升幂(或 z^{-1} 的降幂)进行排序。然后利用长除法,将 $X(z)$ 展开成幂级数,从而得到 $x(n)$。幂级数展开法比较简便直观,但一般只能得到有限项,无法得到

$x(n)$ 的闭式表达式。

例 6.5　已知 $X(z) = \dfrac{1}{(z-2)^2}$，收敛域为 $|z| > 2$，用幂级数展开法求解其 z 逆变换。

解：当收敛域为 $|z| > 2$ 时，$x(n)$ 为因果序列，则将 $X(z)$ 的分子和分母按照 z 的降幂进行排列，然后进行长除法：

$$
\begin{array}{r}
z^{-2} + 4z^{-3} + 12z^{-4} + \cdots \\
\hline
z^2 - 4z + 4 \,\big)\, 1 \\
1 - 4z^{-1} + 4z^{-2} \\
\hline
4z^{-1} - 4z^{-2} \\
4z^{-1} - 16z^{-2} + 16z^{-3} \\
\hline
12z^{-2} - 16z^{-3} \\
12z^{-2} - 48z^{-3} + 48z^{-4} \\
\hline
32z^{-3} - 48z^{-4}
\end{array}
$$

因此得到

$$x(n) = \{0, 0, 1, 4, 12, \cdots\}$$

6.2.4　仿真示例

(1) 求 $X(z) = \dfrac{z^2}{(z-1)(z-2)}$，$|z| > 2$ 的 z 反变换，利用 iztrans 函数实现。

MATLAB 程序：

```
X = z ^ 2 / ((z−1) * ( z−2));
x = iztrans(X)
```

运行结果为

```
x = 2 * 2^n − 1
```

(2) 已知 $X(z) = \dfrac{z^2}{(z-1)(z-0.5)} = \dfrac{1}{(1-z^{-1})(1-0.5z^{-1})}$，$|z| > 1$，利用部分分式法函数 residuez 计算 $X(z)$ 的 z 反变换。

MATLAB 程序：

```
n = [1, 0];
d = poly([1, 0.5]);
[r, p, k] = residuez(n, d)
```

运行结果为

```
r =
    2
   −1
p =
   1.0000
   0.5000
```

则

$$x(n) = (2 - 0.5^n)u(n)$$

6.3 z 变换的性质

序列在时域中进行诸如序列相加、平移、相乘、卷积等运算时,其 z 变换将具有相应的运算,本节讲述 z 变换的性质。

6.3.1 线性性质

z 变换的线性性质体现在它的叠加性和齐次性,若

$$\mathscr{Z}[x(n)] = X(z), R_{x1} < |z| < R_{x2} \tag{6-60}$$

$$\mathscr{Z}[y(n)] = Y(z), R_{y1} < |z| < R_{y2} \tag{6-61}$$

则

$$\mathscr{Z}[ax(n) + by(n)] = aX(z) + bY(z), \max(R_{x1}, R_{y1}) < |z| < \min(R_{x2}, R_{y2}) \tag{6-62}$$

其中,a 和 b 为任意常数。一般地,叠加后序列的 z 变换的收敛域是原两个收敛域的交集部分。需要注意的是,如果叠加后,序列的零点和极点相互抵消,则收敛域可能会扩大。

例 6.6 求序列 $a^n u(n) + n u(n)$ 的 z 变换。

解:设 $x(n) = a^n u(n)$,$y(n) = n u(n)$,利用表 6-1 中的结果,得到

$$X(z) = \frac{z}{z-a}, \quad |z| > |a| \tag{6-63}$$

$$Y(z) = \frac{z}{(z-1)^2}, \quad |z| > 1 \tag{6-64}$$

因此

$$\mathscr{Z}[a^n u(n) + n u(n)] = \frac{z}{z-a} + \frac{z}{(z-1)^2}, \quad |z| > \max(|a|, 1) \tag{6-65}$$

6.3.2 位移性质

位移性质也称时移性质,具体是指序列发生左移或右移时,z 变换的变化情况。序列位移后,单边和双边 z 变换可能会出现不同的变换形式,下面分几种情况进行讨论。

1. 双边 z 变换

若序列的双边 z 变换形式为

$$\mathscr{Z}[x(n)] = X(z) \tag{6-66}$$

则序列发生左移或右移后,其双边 z 变换为

$$\mathscr{Z}[x(n \pm m)] = z^{\pm m} X(z) \tag{6-67}$$

其中,m 为任意正整数。序列发生位移后,其 z 变换仅在 $z = 0$ 或 $z \to \infty$ 处的收敛情况发生变化。如果序列 $x(n)$ 是双边序列,其变换的收敛域是环形区域,则序列位移并不会改变其收敛域。

2. 单边 z 变换

若序列 $x(n)$ 是双边序列,其单边 z 变换为

$$\mathscr{Z}[x(n)u(n)] = X(z) \tag{6-68}$$

则序列左移后,其单边 z 变换为

$$\mathscr{Z}[x(n+m)u(n)]= z^m\Big[X(z)-\sum_{k=0}^{m-1}x(k)z^{-k}\Big] \tag{6-69}$$

证明:根据单边 z 变换的定义,得到

$$
\begin{aligned}
\mathscr{Z}[x(n+m)u(n)] &= \sum_{n=0}^{\infty}x(n+m)z^{-n}\\
&= z^m\sum_{n=0}^{\infty}x(n+m)z^{-(n+m)}\\
&= z^m\sum_{k=m}^{\infty}x(k)z^{-k}\\
&= z^m\Big[\sum_{k=0}^{\infty}x(k)z^{-k}-\sum_{k=0}^{m-1}x(k)z^{-k}\Big]\\
&= z^m\Big[X(z)-\sum_{k=0}^{m-1}x(k)z^{-k}\Big]
\end{aligned}
\tag{6-70}
$$

序列右移后,其单边 z 变换为

$$\mathscr{Z}[x(n-m)u(n)]= z^{-m}\Big[X(z)+\sum_{k=-m}^{-1}x(k)z^{-k}\Big] \tag{6-71}$$

证明:根据单边 z 变换的定义,得到

$$
\begin{aligned}
\mathscr{Z}[x(n-m)u(n)] &= \sum_{n=0}^{\infty}x(n-m)z^{-n}\\
&= z^{-m}\sum_{n=0}^{\infty}x(n-m)z^{-(n-m)}\\
&= z^{-m}\sum_{k=-m}^{\infty}x(k)z^{-k}\\
&= z^{-m}\Big(\sum_{k=0}^{\infty}x(k)z^{-k}+\sum_{k=-m}^{-1}x(k)z^{-k}\Big)\\
&= z^{-m}\Big[X(z)+\sum_{k=-m}^{-1}x(k)z^{-k}\Big]
\end{aligned}
\tag{6-72}
$$

6.3.3　线性加权性质

序列的线性加权也称 z 域微分,若

$$\mathscr{Z}[x(n)]= X(z) \tag{6-73}$$

则

$$\mathscr{Z}[nx(n)]=- z\frac{\mathrm{d}}{\mathrm{d}z}X(z) \tag{6-74}$$

同理,可以得到

$$\mathscr{Z}[n^m x(n)]= \Big(-z\frac{\mathrm{d}}{\mathrm{d}z}\Big)^m X(z) \tag{6-75}$$

其中

$$\left[-z\frac{\mathrm{d}}{\mathrm{d}z}\right]^m = -z\frac{\mathrm{d}}{\mathrm{d}z}\left\{-z\frac{\mathrm{d}}{\mathrm{d}z}\left[-z\frac{\mathrm{d}}{\mathrm{d}z}\cdots\left(-z\frac{\mathrm{d}}{\mathrm{d}z}\right)\right]\right\} \qquad (6-76)$$

即共求 m 次导数。

例 6.7 求序列 $n^2 a^n u(n)$ 的 z 变换。

解: 因为

$$\mathscr{Z}[a^n u(n)] = \frac{z}{z-a}, \quad |z| > |a| \qquad (6-77)$$

所以

$$\mathscr{Z}[n^2 a^n u(n)] = -z\frac{\mathrm{d}}{\mathrm{d}z}\left[-z\frac{\mathrm{d}}{\mathrm{d}z}\left(\frac{z}{z-a}\right)\right] = -z\frac{\mathrm{d}}{\mathrm{d}z}\left[\frac{az}{(z-a)^2}\right] \qquad (6-78)$$

$$= \frac{az(z+a)}{(z-a)^3} \quad (|z| > |a|)$$

6.3.4 指数加权性质

序列的指数加权性质又称 z 域尺度变换。

若已知

$$\mathscr{Z}[x(n)] = X(z), \quad R_{x1} < |z| < R_{x2} \qquad (6-79)$$

则

$$\mathscr{Z}[a^n x(n)] = X\left(\frac{z}{a}\right), \quad R_{x1} < \left|\frac{z}{a}\right| < R_{x2} \qquad (6-80)$$

例 6.8 求序列 $\beta^n \cos(\omega_0 n) u(n)$ 的 z 变换。

解: 因为

$$\mathscr{Z}[\cos(\omega_0 n)u(n)] = \frac{z(z-\cos\omega_0)}{z^2 - 2z\cos\omega_0 + 1}, \quad |z| > 1 \qquad (6-81)$$

所以

$$\mathscr{Z}[\beta^n \cos(\omega_0 n)u(n)] = \frac{\frac{z}{\beta}\left(\frac{z}{\beta} - \cos\omega_0\right)}{\left(\frac{z}{\beta}\right)^2 - 2\frac{z}{\beta}\cos\omega_0 + 1}, \quad \left|\frac{z}{\beta}\right| > 1$$

$$= \frac{z(z - \beta\cos\omega_0)}{z^2 - 2z\beta\cos\omega_0 + \beta^2}, \quad |z| > |\beta| \qquad (6-82)$$

6.3.5 初值与终值定理

若 $x(n)$ 是因果序列,且

$$X(z) = \mathscr{Z}[x(n)] = \sum_{n=0}^{\infty} x(n)z^{-n} \qquad (6-83)$$

则

$$x(0) = \lim_{z\to\infty} X(z) \qquad (6-84)$$

$$\lim_{n\to\infty} x(n) = \lim_{z\to1}[(z-1)X(z)] \qquad (6-85)$$

证明:(1)根据式(6-83),求解 $z \to \infty$ 时 $X(z)$ 的极限为

$$\lim_{z \to \infty} X(z) = \lim_{z \to \infty} \sum_{n=0}^{\infty} x(n)z^{-n} = \lim_{z \to \infty}(x(0) + x(1)z^{-1} + x(2)z^{-2} + \cdots + x(n)z^{-n})$$

$$(6-86)$$

当 $z \to \infty$ 时,式(6-86)中,除 $x(0)$ 不为零外,其他各项级数均为零,故

$$\lim_{z \to \infty} X(z) = x(0) \qquad (6-87)$$

(2)因 $x(n)$ 是因果序列,根据式(6-83),求解序列 $x(n+1) - x(n)$ 的 z 变换为

$$\mathscr{Z}[x(n+1) - x(n)] = zX(z) - zx(0) - X(z) = (z-1)X(z) - zx(0) \quad (6-88)$$

求解 $z \to 1$ 时 $(z-1)X(z)$ 的极限为

$$\begin{aligned}
\lim_{z \to 1}[(z-1)X(z)] &= \lim_{z \to 1}\{\mathscr{Z}[x(n+1) - x(n)] + zx(0)\} \\
&= \lim_{z \to 1}\left\{\sum_{n=0}^{\infty}[x(n+1) - x(n)]z^{-n} + zx(0)\right\} \\
&= x(0) + [x(1) - x(0)] + [x(2) - x(1)] + \cdots \\
&= x(\infty) \\
&= \lim_{n \to \infty} x(n)
\end{aligned} \qquad (6-89)$$

从上述证明过程可以看到,终值定理只有在 $n \to \infty$ 时 $x(n)$ 收敛才可应用,也就是说要求 $X(z)$ 的极点必须在单位圆内(若极点在单位圆上,则极点必须是 $z = 1$ 且阶数为 1)。

例 6.9 已知 $X(z) = \dfrac{z^2}{z^2 - 0.8z + 0.15}$,求 $x(0)$ 和 $\lim_{n \to \infty} x(n)$ 。

解:根据初值定理得到

$$x(0) = \lim_{z \to \infty} X(z) = \lim_{z \to \infty} \frac{z^2}{z^2 - 0.8z + 0.15} = 1 \qquad (6-90)$$

因 $X(z)$ 的极点 $z = 0.3$ 和 $z = 0.5$ 均位于单位圆内,故应用终值定理得到

$$\lim_{n \to \infty} x(n) = \lim_{z \to 1}[(z-1)X(z)] = \lim_{z \to 1}\left[(z-1)\frac{z^2}{z^2 - 0.8z + 0.15}\right] = 0 \qquad (6-91)$$

6.3.6 卷积定理

已知两序列 $x(n)$ 和 $h(n)$ 的 z 变换分别是 $X(z)$ 和 $H(z)$

$$\mathscr{Z}[x(n)] = X(z), \quad R_{x1} < |z| < R_{x2} \qquad (6-92)$$

$$\mathscr{Z}[h(n)] = H(z), \quad R_{h1} < |z| < R_{h2} \qquad (6-93)$$

则

$$\mathscr{Z}[x(n) * h(n)] = X(z)H(z), \quad \max(R_{x1}, R_{h1}) < |z| < \min(R_{x2}, R_{h2}) \qquad (6-94)$$

一般情况下,卷积序列的 z 变换收敛域是原两个收敛域的交集,但当两个序列的零点和极点相互抵消后,收敛域将可能扩大。

证明:根据卷积公式,得到卷积序列的 z 变换为

$$\begin{aligned}
\mathscr{Z}[x(n) * h(n)] &= \sum_{n=-\infty}^{\infty}[x(n) * h(n)]z^{-n} \\
&= \sum_{n=-\infty}^{\infty} \sum_{m=-\infty}^{\infty} x(m)h(n-m)z^{-n} \\
&= \sum_{m=-\infty}^{\infty} x(m) \sum_{n=-\infty}^{\infty} h(n-m)z^{-n}
\end{aligned}$$

$$= \sum_{m=-\infty}^{\infty} x(m)z^{-m} \sum_{n=-\infty}^{\infty} h(n-m)z^{-(n-m)}$$

$$= X(z)H(z), \quad \max(R_{x1}, R_{h1}) < |z| < \min(R_{x2}, R_{h2}) \tag{6-95}$$

可见,序列时域卷积的 z 变换对应于原序列 z 变换的乘积。

例 6.10 求下列两个单边指数序列的卷积:

$$x(n) = a^n u(n), \quad h(n) = b^n u(n) \tag{6-96}$$

解: 根据表 6-1,得到

$$X(z) = \frac{z}{z-a} \quad (|z| > |a|), \quad H(z) = \frac{z}{z-b} \quad (|z| > |b|) \tag{6-97}$$

利用卷积定理,得到

$$Y(z) = X(z)H(z) = \frac{z^2}{(z-a)(z-b)}, \quad |z| > \max(|a|, |b|) \tag{6-98}$$

将 $Y(z)$ 展开成部分分式,得到

$$Y(z) = \frac{1}{a-b} \left(\frac{az}{z-a} - \frac{bz}{z-b} \right) \tag{6-99}$$

其逆变换为

$$y(n) = \frac{1}{a-b} (a^{n+1} - b^{n+1}) u(n) \tag{6-100}$$

6.4　离散时间系统的 z 域分析

与拉普拉斯变换相似,z 变换是离散时间信号系统分析的有力工具。系统函数是 z 域描述离散时间信号与系统的重要特征参数,是分析和设计离散时间系统的基础。利用 z 变换可以快速、有效地求解离散时间系统的响应。

6.4.1　系统函数

线性时不变离散系统的差分方程的一般形式是

$$\sum_{k=0}^{N} a_k y(n-k) = \sum_{r=0}^{M} b_r x(n-r) \tag{6-101}$$

对等式两边取单边 z 变换,并利用位移性质,得到

$$\sum_{k=0}^{N} a_k z^{-k} \left[Y(z) + \sum_{l=-k}^{-1} y(l)z^{-l} \right] = \sum_{r=0}^{M} b_r z^{-r} \left[X(z) + \sum_{m=-r}^{-1} x(m)z^{-m} \right] \tag{6-102}$$

(1)若激励 $x(n) = 0$,即系统处于零输入状态,则差分方程式(6-101)成为齐次方程,即

$$\sum_{k=0}^{N} a_k y(n-k) = 0 \tag{6-103}$$

则式(6-102)变成

$$\sum_{k=0}^{N} a_k z^{-k} \left[Y(z) + \sum_{l=-k}^{-1} y(l)z^{-l} \right] = 0 \tag{6-104}$$

重新整理得到

$$Y(z) = \frac{-\sum_{k=0}^{N} a_k z^{-k} \left[\sum_{l=-k}^{-1} y(l) z^{-l} \right]}{\sum_{k=0}^{N} a_k z^{-k}} \qquad (6-105)$$

对应的响应序列是式(6-105)的逆变换,因该响应由系统的起始状态产生,故为零输入响应。

(2)若系统的起始状态 $y(l)=0, l=-N, -(N-1), \cdots, -1$,即系统处于零起始状态,则式(6-102)变成

$$\sum_{k=0}^{N} a_k z^{-k} Y(z) = \sum_{r=0}^{M} b_r z^{-r} \left[X(z) + \sum_{m=-r}^{-1} x(m) z^{-m} \right] \qquad (6-106)$$

如果激励 $x(n)$ 为因果序列,则式(6-106)可重写为

$$\sum_{k=0}^{N} a_k z^{-k} Y(z) = \sum_{r=0}^{M} b_r z^{-r} X(z) \qquad (6-107)$$

故

$$Y(z) = X(z) \frac{\sum_{r=0}^{M} b_r z^{-r}}{\sum_{k=0}^{N} a_k z^{-k}} \qquad (6-108)$$

令

$$H(z) = \frac{\sum_{r=0}^{M} b_r z^{-r}}{\sum_{k=0}^{N} a_k z^{-k}} \qquad (6-109)$$

则

$$Y(z) = X(z) H(z) \qquad (6-110)$$

此时得到的响应是系统的零状态响应,完全由激励 $x(n)$ 所产生。此处引入的 z 变换式 $H(z)$ 由系统的特性决定,称为系统函数,它表示系统零状态响应的 z 变换与激励 z 变换的比值。

从第 5 章已经知道,系统的零状态响应也可以用激励与单位样值响应的卷积表示,即

$$y(n) = x(n) * h(n) \qquad (6-111)$$

根据卷积定理得到

$$H(z) = \mathscr{Z}[h(n)] \qquad (6-112)$$

可见,系统函数 $H(z)$ 是单位样值响应 $h(n)$ 的 z 变换。可以借助卷积求系统的零状态响应,也可以借助系统函数与激励的 z 变换求解零状态响应的 z 变换后,再求解 z 的逆变换得到零状态响应。

例 6.11 已知系统的差分方程为 $y(n)+3y(n-1)+2y(n-2)=x(n)-x(n-1)$,当
$x(n) = \begin{cases} (-3)^n, & n \geqslant 0 \\ 0, & n < 0 \end{cases}$,且 $y(0)=y(1)=1$ 时,求该系统的零输入响应和零状态响应。

解:用 z 变换求解差分方程时,需要知道 $y(-1)$ 和 $y(-2)$,经过方程迭代可得

$$y(-1)=-4, \quad y(-2)=6 \tag{6-113}$$

对方程两边同时做 z 变换,得到

$$Y(z)+3[z^{-1}Y(z)+y(-1)]+2[z^{-2}Y(z)+z^{-1}y(-1)+y(-2)]=X(z)-z^{-1}X(z) \tag{6-114}$$

(1)求零状态响应。

当 $y(-1)=y(-2)=0$ 时,式(6-114)变成

$$Y_{zs}(z)(1+3z^{-1}+2z^{-2})=\frac{z}{z+3}-\frac{1}{z+3} \tag{6-115}$$

则有

$$Y_{zs}(z)=\frac{z^2(z-1)}{(z+1)(z+2)(z+3)} \tag{6-116}$$

对式(6-116)做 z 逆变换,得到零状态响应为

$$y_{zs}(n)=(-1)^n u(n)-6(-2)^n u(n)+6(-3)^n u(n) \tag{6-117}$$

(2)求零输入响应。当 $x(n)=0$ 时,z 域方程变为

$$Y_{zi}(z)(1+3z^{-1}+2z^{-2})=-3y(-1)-2z^{-1}y(-1)+y(-2) \tag{6-118}$$

即

$$Y_{zi}(z)=\frac{8z^{-1}+18}{1+3z^{-1}+2z^{-2}}=\frac{z(18z+8)}{(z+1)(z+2)} \tag{6-119}$$

对式(6-119)做 z 逆变换,得到零输入响应为

$$y_{zi}(n)=-10\times(-1)^n u(n)+28\times(-2)^n u(n) \tag{6-120}$$

例 6.12 已知系统的差分方程为 $y(n)+5y(n-1)+6y(n-2)=x(n)+2x(n-1)$,当 $x(n)=(-2)^n u(n)$ 时,求系统的系统函数和零状态响应。

解: 在零状态条件下,对差分方程两边同时做单边 z 变换,得到

$$Y(z)+5z^{-1}Y(z)+6z^{-2}Y(z)=X(z)+2z^{-1}X(z) \tag{6-121}$$

则

$$H(z)=\frac{Y(z)}{X(z)}=\frac{1+2z^{-1}}{1+5z^{-1}+6z^{-2}}=\frac{z^2+2z}{z^2+5z+6}=\frac{z}{z+3} \tag{6-122}$$

系统的零状态响应的 z 变换为

$$Y_{zs}(z)=H(z)X(z)=\frac{z}{z+3}\frac{z}{z+2} \tag{6-123}$$

因此

$$y_{zs}(n)=3\times(-3)^n u(n)-2\times(-2)^n u(n) \tag{6-124}$$

6.4.2 系统函数的零极点分布对系统特性的影响

与拉普拉斯变换在连续时间系统中的作用类似,z 变换建立了离散时间序列 $x(n)$ 与 z 域函数 $X(z)$ 之间的转换关系,可从 $X(z)$ 的形式反映出 $x(n)$ 的内在性质。

1.系统函数确定单位样值响应

若离散时间系统的系统函数 $H(z)$ 是有理函数,将式(6-109)的分子多项式与分母多项式进行因式分解,则可将系统函数改写为

$$H(z) = G \frac{\prod_{r=1}^{M}(1 - z_r z^{-1})}{\prod_{k=1}^{N}(1 - p_k z^{-1})} \qquad (6-125)$$

其中，z_r 是系统函数 $H(z)$ 的零点；p_k 是系统函数 $H(z)$ 的极点，它们由差分方程的系数 a_k 和 b_r 决定。

由于系统函数 $H(z)$ 与单位样值响应 $h(n)$ 是一对 z 变换，因此，可从 $H(z)$ 的零极点分布情况，确定单位样值响应 $h(n)$ 的性质。如果将系统函数 $H(z)$ 进行部分分式展开，则每个极点将决定一项对应的时间序列。当 $H(z)$ 具有 N 个一阶极点时，若 $N > M$，则 $h(n)$ 可表示为

$$h(n) = \mathscr{Z}^{-1}[H(z)] = \mathscr{Z}^{-1}\left[G \frac{\prod_{r=1}^{M}(1 - z_r z^{-1})}{\prod_{k=1}^{N}(1 - p_k z^{-1})} \right] = Z^{-1}\left[\sum_{k=0}^{N} \frac{A_k z}{z - p_k} \right] \qquad (6-126)$$

其中，$p_0 = 0$，可将式(6-126)重写为

$$h(n) = \mathscr{Z}^{-1}\left[A_0 + \sum_{k=1}^{N} \frac{A_k z}{z - p_k} \right] = A_0 \delta(n) + A_k \ (p_k)^n u(n) \qquad (6-127)$$

在式(6-127)中，极点 p_k 可以是实数，但一般情况下，它是以成对的共轭复数形式出现。由此可见，单位样值响应 $h(n)$ 的特性，取决于 $H(z)$ 的极点，幅值由系数 A_k 决定，而 A_k 与 $H(z)$ 的零点分布相关。也就是说，$H(z)$ 的极点决定 $h(n)$ 的波形特征，$H(z)$ 的零点决定 $h(n)$ 的幅度和相位。

(1)单实数极点 $p = a$，此时

$$h(n) = a^n u(n) \qquad (6-128)$$

若 $a > 1$，极点在单位圆外，$h(n)$ 为增幅指数序列；若 $a < 1$，极点在单位圆内，$h(n)$ 为衰减指数序列；若 $a = 1$，极点在单位圆上，$h(n)$ 为等幅序列。

(2)共轭极点 $p_1 = re^{j\theta}$，$p_2 = re^{-j\theta}$，此时

$$H(z) = \frac{A}{1 - re^{j\theta}z^{-1}} + \frac{A}{1 - re^{-j\theta}z^{-1}} \qquad (6-129)$$

为简化运算，令 $A = 1$，得到对应的单位样值响应为

$$h(n) = 2r^n \cos(n\theta)u(n) \qquad (6-130)$$

若 $r > 1$，极点在单位圆外，$h(n)$ 为增幅振荡序列；若 $r < 1$，极点在单位圆内，$h(n)$ 为衰减振荡序列；若 $r = 1$，极点在单位圆上，$h(n)$ 为等幅振荡序列。

2. 系统函数确定稳定性和因果性

从第 5 章可知，离散时间系统稳定的充要条件是单位样值响应绝对可和，即

$$\sum_{n=-\infty}^{\infty} |h(n)| \leqslant M \qquad (6-131)$$

其中，M 为有限正值，也可写作

$$\sum_{n=-\infty}^{\infty} |h(n)| < +\infty \qquad (6-132)$$

由系统函数和 z 变换的定义可知

$$H(z) = \sum_{n=-\infty}^{\infty} h(n)z^{-n} \qquad (6-133)$$

当 $z = 1$（z 在单位圆上）时，有

$$H(z) = \sum_{n=-\infty}^{\infty} h(n) \qquad (6-134)$$

为保证系统稳定，则应满足

$$H(z)\big|_{z=1} = \sum_{n=-\infty}^{\infty} h(n) < +\infty \qquad (6-135)$$

也就是说，若系统稳定，则 $H(z)$ 的收敛域必须包含单位圆在内。

对于因果系统，为保证单位样值响应 $h(n) = h(n)u(n)$ 为因果序列，$H(z)$ 的收敛域应包含 $+\infty$ 点，通常收敛域应该表示为圆外区域 $a < |z| \leqslant +\infty$。

因此，因果稳定系统的系统函数的收敛域应同时满足以下两个条件，即

$$\left. \begin{array}{c} a < |z| \leqslant +\infty \\ a < 1 \end{array} \right\} \qquad (6-136)$$

此时，全部极点落在单位圆内。

例 6.13 已知线性时不变离散系统的单位样值响应为 $h(n) = 0.6^n u(-n)$，判断其稳定性和因果性。

解：(1)从时域判断：

因为

$$u(-n) = \begin{cases} 1, & n \leqslant 0 \\ 0, & n > 0 \end{cases} \qquad (6-137)$$

不满足因果性的要求，因此该系统是非因果的。

$$h(n) = 0.6^n u(-n) = 1 + 0.6^{-1} + 0.6^{-2} + 0.6^{-3} + \cdots = 1 + \frac{1}{0.6} + \frac{1}{0.6^2} + \frac{1}{0.6^3} + \cdots$$
$$(6-138)$$

式(6-138)表示的级数求和并不收敛，即

$$\sum_{n=-\infty}^{\infty} |h(n)| = +\infty \qquad (6-139)$$

因此该系统不稳定。

(2)从 z 域判断：

根据单位样值响应，求解得到系统函数为

$$H(z) = \sum_{n=-\infty}^{\infty} 0.6^n u(-n) z^{-n} = \sum_{n=-\infty}^{0} 0.6^n z^{-n} = \sum_{n=0}^{\infty} \left(\frac{5}{3} z \right)^n = \frac{1}{1 - \frac{5}{3}z} \qquad (6-140)$$

收敛域是 $|z| < 0.6$，极点位于 $z = 0.6$。

由于系统函数的收敛域不是圆外区域，所以是非因果系统；且因收敛域不包含单位圆，故该系统不是稳定系统。

例 6.14 已知线性时不变离散系统的差分方程描述为 $y(n) + 0.3y(n-1) - 0.4y(n-2) = x(n) + x(n-1)$，求该系统的系统函数；讨论此因果系统 $H(z)$ 的收敛域和系统的稳定性；求单位样值响应；当激励信号为 $x(n) = u(n)$ 时，求解系统的零状态响应。

解:(1)根据系统函数的定义,该系统的系统函数可表示为

$$H(z) = \frac{1+z^{-1}}{1+0.3z^{-1}-0.4z^{-2}} = \frac{z(z+1)}{(z+0.8)(z-0.5)} \tag{6-141}$$

(2)系统函数 $H(z)$ 的极点是 $z=-0.8$ 和 $z=0.5$,它们都在单位圆内,故此因果系统的收敛域为 $|z|>0.8$,且包含 $|z|=+\infty$ 点,是一个稳定的因果系统。

(3)将 $H(z)$ 展开为部分分式,得到

$$H(z) = -\frac{2}{13}\frac{z}{z+0.8} + \frac{15}{13}\frac{z}{z-0.5} \tag{6-142}$$

取逆变换,得到单位样值响应为

$$h(n) = -\frac{2}{13} \times (-0.8)^n u(n) + \frac{15}{13} \times (0.5)^n u(n) \tag{6-143}$$

(4)激励信号的 z 变换为

$$X(z) = \frac{z}{z-1}, \quad |z|>1 \tag{6-144}$$

则零状态响应的 z 变换可表示为

$$Y_{zs}(z) = X(z)H(z) = \frac{z^2(z+1)}{(z+0.8)(z-0.5)(z-1)} \tag{6-145}$$

利用部分分式展开法,将 $Y_{zs}(z)$ 展开为

$$Y_{zs}(z) = -\frac{8}{117}\frac{z}{z+0.8} - \frac{15}{13}\frac{z}{z-0.5} + \frac{20}{9}\frac{z}{z-1} \tag{6-146}$$

取逆变换,得到零状态响应为

$$y_{zs}(n) = -\frac{8}{117} \times (-0.8)^n u(n) - \frac{15}{13} \times (0.5)^n u(n) + \frac{20}{9}u(n) \tag{6-147}$$

6.4.3　离散时间系统的频率响应特性

与连续时间系统的频率响应相对应,本节研究离散系统在正弦序列激励下的稳态响应,说明离散时间系统的频率响应特性及其意义。

1. 离散时间系统频率响应的定义

对于稳定的因果离散系统,令单位样值响应为 $h(n)$,系统函数为 $H(z)$。激励信号是正弦序列,表示为

$$x(n) = A\sin(n\omega)u(n) \tag{6-148}$$

其 z 变换表示为

$$X(z) = \frac{Az\sin\omega}{z^2 - 2z\cos\omega + 1} = \frac{Az\sin\omega}{(z-e^{j\omega})(z-e^{-j\omega})} \tag{6-149}$$

因此,系统的零状态响应的 z 变换可写作

$$Y_{zs}(z) = X(z)H(z) = \frac{Az\sin\omega}{(z-e^{j\omega})(z-e^{-j\omega})}H(z) \tag{6-150}$$

因为系统稳定,$H(z)$ 的极点均在单位圆内,而 $X(z)$ 的极点 $e^{j\omega}$ 和 $e^{-j\omega}$ 则位于单位圆上,所以二者的极点不会重合,则利用部分分式展开法可将 $Y_{zs}(z)$ 展开为

$$Y_{zs}(z) = \frac{az}{z-e^{j\omega}} + \frac{bz}{z-e^{-j\omega}} + \sum_{m=1}^{M}\frac{A_m z}{z-z_m} \tag{6-151}$$

其中,z_m 是 $H(z)$ 的极点。

可以求出相应的系数为

$$a = \left[(z - \mathrm{e}^{\mathrm{j}\omega}) \frac{Y_{zs}(z)}{z} \right] \Bigg|_{z=\mathrm{e}^{\mathrm{j}\omega}} = A \frac{H(\mathrm{e}^{\mathrm{j}\omega})}{2\mathrm{j}} \tag{6-152}$$

$$b = \left[(z - \mathrm{e}^{-\mathrm{j}\omega}) \frac{Y_{zs}(z)}{z} \right] \Bigg|_{z=\mathrm{e}^{-\mathrm{j}\omega}} = -A \frac{H(\mathrm{e}^{-\mathrm{j}\omega})}{2\mathrm{j}} \tag{6-153}$$

将 $H(\mathrm{e}^{\mathrm{j}\omega})$ 和 $H(\mathrm{e}^{-\mathrm{j}\omega})$ 表示为幅值和相位的形式,得到

$$H(\mathrm{e}^{\mathrm{j}\omega}) = |H(\mathrm{e}^{\mathrm{j}\omega})| \mathrm{e}^{\mathrm{j}\varphi} \tag{6-154}$$

$$H(\mathrm{e}^{-\mathrm{j}\omega}) = |H(\mathrm{e}^{-\mathrm{j}\omega})| \mathrm{e}^{-\mathrm{j}\varphi} = |H(\mathrm{e}^{\mathrm{j}\omega})| \mathrm{e}^{-\mathrm{j}\varphi} \tag{6-155}$$

将上述结果代入式(6-151),得到

$$Y_{zs}(z) = A \frac{|H(\mathrm{e}^{\mathrm{j}\omega})|}{2\mathrm{j}} \left(\frac{z\mathrm{e}^{\mathrm{j}\varphi}}{z - \mathrm{e}^{\mathrm{j}\omega}} - \frac{z\mathrm{e}^{-\mathrm{j}\varphi}}{z - \mathrm{e}^{-\mathrm{j}\omega}} \right) + \sum_{m=1}^{M} \frac{A_m z}{z - z_m} \tag{6-156}$$

取逆变换,得到零状态响应为

$$y_{zs}(n) = A \frac{|H(\mathrm{e}^{\mathrm{j}\omega})|}{2\mathrm{j}} (\mathrm{e}^{\mathrm{j}(\omega_n + \varphi)} - \mathrm{e}^{-\mathrm{j}(\omega_n + \varphi)}) u(n) + \sum_{m=1}^{M} A_m (z_m)^n u(n) \tag{6-157}$$

对于稳定系统,系统函数 $H(z)$ 的极点 z_m 均在单位圆内,即 $|z_m| < 1$。当 $n \to \infty$ 时,由于 $H(z)$ 所对应产生的响应趋于零,故系统的稳态响应 $y_{ss}(n)$ 是式(6-157)中的第一项:

$$y_{ss}(n) = A \frac{|H(\mathrm{e}^{\mathrm{j}\omega})|}{2\mathrm{j}} \left[\mathrm{e}^{\mathrm{j}(\omega_n + \varphi)} - \mathrm{e}^{-\mathrm{j}(\omega_n + \varphi)} \right] u(n) = A |H(\mathrm{e}^{\mathrm{j}\omega})| \sin(\omega_n + \varphi) u(n)$$

$$\tag{6-158}$$

由此可见,当激励为正弦序列时,系统的稳态响应也是正弦序列。若令

$$x(n) = A\sin(\omega_n - \theta_1) \tag{6-159}$$

$$y_{ss}(n) = B\sin(\omega_n - \theta_2) \tag{6-160}$$

则

$$H(\mathrm{e}^{\mathrm{j}\omega}) = \frac{B}{A} \mathrm{e}^{\mathrm{j}[-(\theta_2 - \theta_1)]} \tag{6-161}$$

$$|H(\mathrm{e}^{\mathrm{j}\omega})| = \frac{B}{A} \tag{6-162}$$

$$\varphi = -(\theta_2 - \theta_1) \tag{6-163}$$

其中,$H(\mathrm{e}^{\mathrm{j}\omega})$ 定义为离散时间系统的频率响应,它表示输出序列的幅度和相位相对于输入序列的变化,是正弦序列的包络频率 ω 的连续函数。图6-4给出了正弦输入和输出序列的示意图。

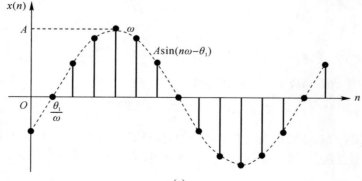

(a)

图6-4 正弦输入和输出序列对比

(a)输入序列

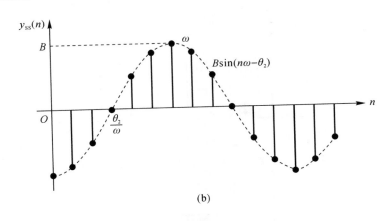

(b)

续图 6-4　正弦输入和输出序列对比

(b)输出序列

将频率响应 $H(e^{j\omega})$ 写为幅值和相位的形式：

$$H(e^{j\omega}) = |H(e^{j\omega})| e^{j\varphi\omega} \qquad (6-164)$$

式中，$|H(e^{j\omega})|$ 称为离散时间系统的幅度响应；$\varphi(\omega)$ 称为离散时间系统的相位响应。

单位样值响应 $h(n)$ 的傅里叶变换表示为

$$H(e^{j\omega}) = \sum_{n=-\infty}^{\infty} h(n) e^{-j\omega n} \qquad (6-165)$$

因此，离散时间系统的单位样值响应 $h(n)$ 与系统的频率响应 $H(e^{j\omega})$ 是一对傅里叶变换。

由于 $e^{j\omega}$ 是周期函数，所以频率响应 $H(e^{j\omega})$ 必然也是周期函数，其周期是 $\omega_s = \dfrac{2\pi}{T}$（若令 $T = 1$，则 $\omega_s = 2\pi$），这是离散时间系统与连续时间系统的突出区别之一。

类似于模拟滤波器，离散系统对应的数字滤波器按频率特性也分为低通、高通、带通、带阻和全通等种类。因离散系统的频率响应具有周期性，因此这些滤波器的特性可以在 $-\dfrac{\omega_s}{2} \leqslant \omega \leqslant \dfrac{\omega_s}{2}$ 频率范围内进行分析。五种离散滤波器的频率响应示意图如图 6-5 所示。

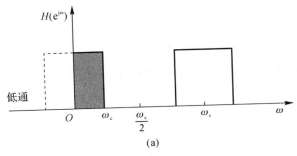

(a)

图 6-5　离散滤波器的频率响应示意图

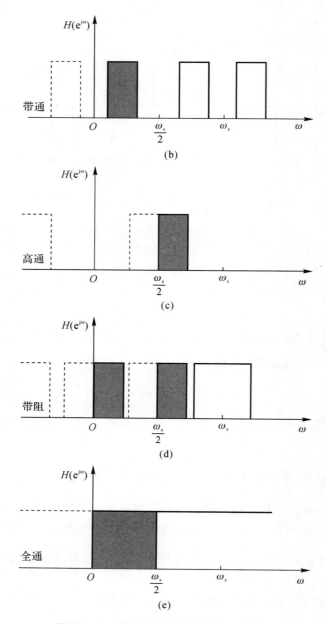

续图 6-5　离散滤波器的频率响应示意图

2. 离散时间系统频率响应的几何确定法

类似于连续时间系统,利用系统函数的零极点分布,通过几何方法确定系统的频率响应。已知系统函数表示为

$$H(z)=\frac{\displaystyle\prod_{r=1}^{M}(z-z_r)}{\displaystyle\prod_{k=1}^{N}(z-p_k)}\qquad(6-166)$$

则

$$H(e^{j\omega}) = \frac{\prod\limits_{r=1}^{M}(e^{j\omega} - z_r)}{\prod\limits_{k=1}^{N}(e^{j\omega} - p_k)} = |H(e^{j\omega})| e^{j\varphi\omega} \tag{6-167}$$

令

$$e^{j\omega} - z_r = A_r e^{j\psi_r} \tag{6-168}$$

$$e^{j\omega} - p_k = B_k e^{j\theta_k} \tag{6-169}$$

得到幅度响应为

$$|H(e^{j\omega})| = \frac{\prod\limits_{r=1}^{M}A_r}{\prod\limits_{k=1}^{N}B_k} \tag{6-170}$$

相位响应为

$$\varphi(\omega) = \sum_{r=1}^{M}\psi_r - \sum_{k=1}^{N}\theta_k \tag{6-171}$$

从式(6-168)和式(6-169)可以看出，A_r 和 ψ_r 分别表示 z 平面上的零点 z_r 到单位圆上某点 $e^{j\omega}$ 的矢量（$e^{j\omega} - z_r$）的长度与夹角，相应的，B_k 和 θ_k 分别表示 z 平面上的极点 p_k 到单位圆上某点 $e^{j\omega}$ 的矢量（$e^{j\omega} - p_k$）的长度与夹角。如果单位圆上的点 D 不断移动，就可以得到全部的频率响应。图中 C 点对应于 $\omega = 0$，E 点对应于 $\omega = \omega_s/2$。因离散时间系统的频率响应具有周期性，故 D 点转一周就可以了。利用这种方法能够比较方便地求出系统的频率响应，该频率响应由系统函数 $H(z)$ 的零极点分布决定。

频率响应 $H(e^{j\omega})$ 的几何确定方法如图 6-6 所示，从图中可以看出，位于 $z=0$ 处的零点或极点对幅度响应没有影响，若在 $z=0$ 处添加或去除零点，不会使幅度响应发生变化，仅会影响相位响应。当点 D 旋转到某个极点 p_i 附近时，如果矢量的长度 B_i 最短，则频率响应会在此处产生峰值。极点越靠近单位圆，B_i 越短，则频率响应在此处的波形越尖锐。如果极点落在单位圆上，$B_i = 0$，则频率响应的峰值趋于无穷大。而零点对于频率响应的作用则与极点相反。

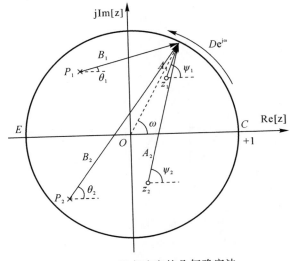

图 6-6　频率响应的几何确定法

例 6.15 已知离散时间系统的框图组成如图 6 - 7 所示，求该系统的频率响应。

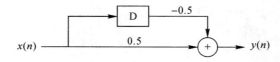

图 6 - 7 例 6.14 框图

解：根据框图，得到离散时间系统的差分方程为

$$y(n) = 0.5x(n) - 0.5x(n-1) \tag{6-172}$$

对方程两边同时取 z 变换，得到系统函数为

$$H(z) = 0.5 - 0.5z^{-1} \tag{6-173}$$

因此，系统的频率响应为

$$H(e^{j\omega}) = 0.5(1 - e^{-j\omega}) = j\sin\frac{\omega}{2}e^{-j\frac{\omega}{2}} \tag{6-174}$$

幅频响应为

$$\left| H(e^{j\omega}) \right| = \left| \sin\frac{\omega}{2} \right| \tag{6-175}$$

相位响应为

$$\varphi(\omega) = \frac{\pi}{2} - \frac{\omega}{2} \tag{6-176}$$

响应曲线为图 6 - 8 所示。

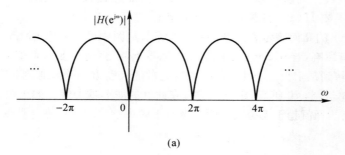

(a)

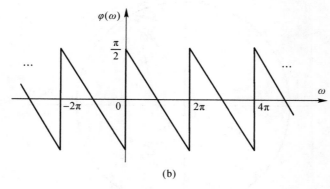

(b)

图 6 - 8 例 6.14 频率响应图
(a)幅频响应曲线；(b)相频响应曲线

6.4.4　仿真示例

1. 零状态响应

已知离散系统差分方程 $y(n) - by(n-1) = x(n)$ ，其中 $x(n) = a^n u(n)$ ，$y(-1) = 0$ ，利用 MATLAB 求 $y(n)$ 。

分析：因为 $y(-1) = 0$ ，因此需要求解的是零状态响应。

MATLAB 程序：

```
n = 0：30；
b = 1；
a = [1, -1/2]；
x = (1 / 3) .^ n . * stepseq(0, 0, 30)；
Y = 0；
y = filter(b, a, x, Y)；
figure；
stem(n, x)；
ylabel('x(n)')；
xlabel('n')；
axis([-5, 15, 0 , 1.2])；
figure；
stem(n, y)；
ylabel('y(n)')；
xlabel('n')；
```

计算结果：输入序列如图 6 - 9 所示，零状态响应如图 6 - 10 所示。

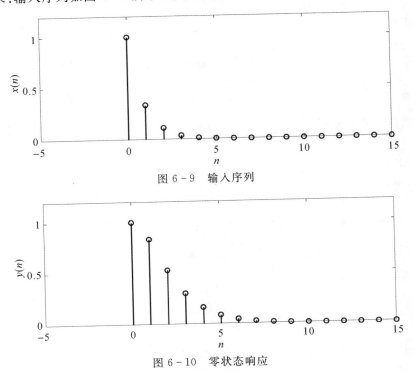

图 6 - 9　输入序列

图 6 - 10　零状态响应

2.零输入响应

已知离散系统差分方程 $y(n)-by(n-1)=x(n)$,其中 $x(n)=0$,$y(-1)=-1/b$,利用 MATLAB 求解求 $y(n)$。

分析:激励 $x(n)=0$,因此需要求解的是零输入响应。

MATLAB 程序:

```
n = 0 : 30;
b = 1;
a = [1, -1/2];
x = 0 .^ n . * stepseq(0, 0, 30);
Y = -2;
y = filter(b, a, x, Y);
figure;
stem(n, y);
ylabel('y(n)');
xlabel('n');
```

计算结果:零输入响应如图 6-11 所示。

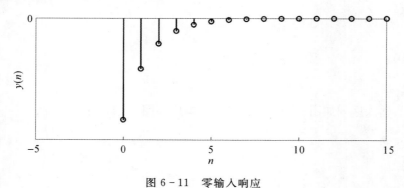

图 6-11 零输入响应

3.全响应

已知离散系统差分方程 $y(n)-by(n-1)=x(n)$,其中 $y(0)=0$,利用 MATLAB 求解 $y(n)$。

MATLAB 程序:

```
n = -1 : 30;
b = 1;
a = [1, -1/2];
x = (1 / 3) .^ n . * stepseq(0, -1, 30);
Y = -2;
y = filter(b, a, x, Y);
figure;
stem(n, x);
ylabel('x(n)');
xlabel('n');
```

```
axis([-5, 15, 0 , 1.2]);
figure;
stem(n, y);
ylabel('y(n)');
xlabel('n');
```

计算结果:输入序列如图 6-12 所示,全响应如图 6-13 所示。

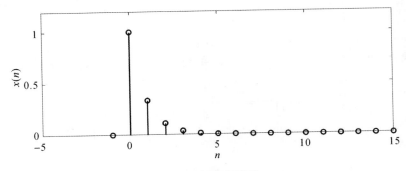

图 6-12　输入序列

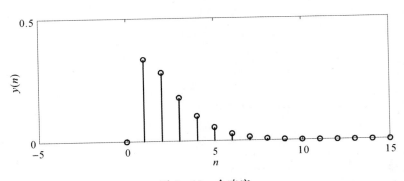

图 6-13　全响应

4. 零极点图与频率响应

已知因果系统 $y(n) = 0.9y(n-1) + x(n)$,求 $H(z)$ 并利用 MATLAB 画出零极点图,画出 $H(e^{j\omega})$ 的幅度和相位。

分析:差分方程可写为 $y(n) - 0.9y(n-1) = x(n)$。

由于该系统属于因果系统,所以系统函数写为 $H(z) = \dfrac{1}{1 - 0.9z^{-1}}$,收敛域为 $|z| > 0.9$。

MATLAB 程序:

```
b = [1, 0];
a = [1, -0.9];
zplane(b, a);
ylabel('虚部');
xlabel('实部');
[H, w] = freqz(b, a, 100);
magH = abs(H);
```

```
phaH = angle(H);
figure;
plot(w / pi, magH);
ylabel('幅值');
xlabel('\omega');
figure;
plot(w / pi, phaH / pi);
ylabel('相位');
xlabel('\omega');
```

计算结果:零极点图如图 6 - 14 所示,幅频响应如图 6 - 15 所示,相频响应如图 6 - 16 所示。

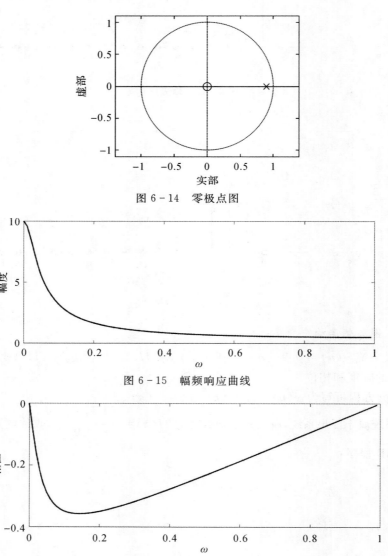

图 6 - 14　零极点图

图 6 - 15　幅频响应曲线

图 6 - 16　相频响应曲线

本 章 小 结

本章首先介绍了 z 变换的基本概念,给出了 z 变换的定义和典型序列的 z 变换,并探讨了 z 变换的收敛域;然后介绍了 z 逆变换的三种求解方法——部分分式展开法、留数法和幂级数展开法;接着介绍了 z 变换的性质,包括线性性质、位移性质、线性加权性质和指数加权性质,并介绍了初值与终值定理和卷积定理;最后介绍了离散时间系统的系统函数,分析了系统函数的零极点分布对系统特性的影响,并利用零极点求解了系统的频率响应。部分内容给出了 MATLAB 软件的仿真示例,以帮助理解和吸收。

习　题　6

6-1　求下列序列的 z 变换,并标明收敛域。

(1) $x(n) = nu(n-2)$;

(2) $x(n) = (2^n + 1)u(n)$;

(3) $x(n) = (2^n + 1)u(-n-1)$;

(4) $x(n) = \delta(n) - \delta(n-5)$。

6-2　运用 z 变换的性质,求下列序列的 z 变换。

(1) $x(n) = u(n) - u(n-5)$;

(2) $x(n) = na^n u(n)$;

(3) $x(n) = a^n u(n) * b^n u(n)$;

(4) $x(n) = \left(\dfrac{1}{3}\right)^n \cos\dfrac{n\pi}{3} u(n)$。

6-3　已知 $X(z) = \mathscr{Z}[x(n)]$, $x(n) = a^n u(n)$,不计算 $X(z)$,利用 z 变换的性质,求下列各式对应的时域表达式。

(1) $Y_1(z) = z^{-N} X(z)$;

(2) $Y_2(z) = X(3z)$;

(3) $Y_3(z) = \dfrac{z}{z-1} X(z)$;

(4) $Y_4(z) = X(-z)$;

6-4　利用幂级数展开法求下列逆 z 变换。

(1) $Y_1(z) = \dfrac{6z}{3z^2 + 7z + 2}, |z| > 2$;

(2) $Y_2(z) = \dfrac{6z}{3z^2 + 7z + 2}, \dfrac{1}{3} < |z| < 2$。

6-5　利用留数法求下列逆 z 变换。

(1) $Y_1(z) = \dfrac{z}{(z+1)(z-1)^2}, |z| > 1$;

(2) $Y_2(z) = \dfrac{z}{2z^2 + 7z + 6}, |z| < \dfrac{3}{2}$。

6 - 6 利用三种逆 z 变换方法求下列逆 z 变换。

$$X(z) = \frac{z}{(z+1)(z+2)}, \quad |z| > 2$$

6 - 7 求三种情况下，$X(z) = \dfrac{z}{(z+2)(z+3)}$ 的逆 z 变换。

(1) $|z| < 2$；

(2) $2 < |z| < 3$；

(3) $|z| > 3$。

6 - 8 利用卷积定理，求 $y(n) = x(n) * h(n)$。

(1) $x(n) = u(n)$，$h(n) = a^n u(n)$；

(2) $x(n) = a^n u(n)$，$h(n) = a^n u(-n-1)$。

6 - 9 因果系统的系统函数如下所示，判断该系统是否稳定。

(1) $H(z) = \dfrac{2z}{2z^2 + z - 1}$；

(2) $H(z) = \dfrac{3z - 1}{2z^2 + 5z + 2}$；

6 - 10 求下列系统在 $5 < |z| \leqslant +\infty$ 和 $0.6 < |z| < 5$ 两种情况下的单位样值响应，并判断系统的因果性和稳定性。

$$H(z) = \frac{8z}{(z+0.6)(z-5)}$$

6 - 11 离散时间系统的差分方程为 $y(n) + 0.3y(n-1) = x(n) + x(n-1)$。

(1)求系统函数 $H(z)$ 和单位样值响应 $h(n)$，并判断系统的稳定性。

(2)若系统的起始状态为零，且 $x(n) = u(n)$，求系统的响应。

6 - 12 离散时间系统的差分方程为 $y(n) + 3y(n-1) + 2y(n-2) = x(n) + x(n-1)$，$n \geqslant 0$，已知 $x(n) = u(n)$，$y(-1) = 2$，$y(-2) = 3$，由 z 域求解：

(1)零输入响应 $y_{zi}(n)$，零状态响应 $y_{zs}(n)$ 和全响应 $y(n)$；

(2)该系统的系统函数 $H(z)$ 和单位样值响应 $h(n)$。

6 - 13 已知离散时间系统的差分方程为 $y(n) + 3y(n-1) = x(n)$。

(1)求系统函数 $H(z)$ 和单位样值响应 $h(n)$；

(2)求系统的频率响应 $H(e^{j\omega})$；

(3)粗略画出幅频响应曲线；

(4)画出系统框图。

6 - 14 离散系统的框图如题图 6 - 1 所示。

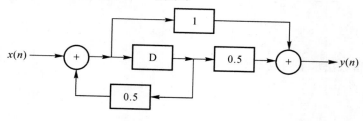

题图 6 - 1 离散系统的框图

(1)写出系统的差分方程;

(2)求系统函数 $H(z)$,判断系统的稳定性;

(3)求单位样值响应 $h(n)$;

(4)求系统的频率响应 $H(e^{j\omega})$。

6-15　利用 MATLAB 求下列离散序列的 z 变换。

(1) $x(n) = (n2^n + 1)u(n)$;

(2) $x(n) = n2^n u(-n-1)$;

(3) $x(n) = \delta(n-1) + u(n)$;

(4) $x(n) = \cos\left(\dfrac{\pi}{2}n\right)u(n)$。

6-16　利用 MATLAB 求下列表达式的逆 z 变换。

(1) $Y_1(z) = \dfrac{z + 0.5}{(z + 0.5)(z - 0.5)^2}$;

(2) $Y_2(z) = \dfrac{z}{(z + 0.2)(z - 3)(z - 2)}$。

6-17　已知离散系统的差分方程为 $y(n) + 0.3y(n-1) + 0.2y(n-2) = x(n) - 0.1x(n-1)$,利用 MATLAB 求出系统的系统函数和单位样值响应,并绘出系统的幅频和相频响应曲线。

6-18　已知离散系统的单位样值响应为 $h(n) = a^n u(n) + u(n-1)$,$a > 0$,求系统函数 $H(z)$,并绘出系统的幅频和相频响应曲线。

第 7 章　傅里叶分析在通信和滤波中的应用

　　万物皆有频率,大到宇宙星云,小到电子量子,频率既是大自然的客观存在,又是我们了解万物的新维度,就像用眼睛看着琴弦在时域上的震动,看不出什么,用耳朵从频域上听就可以听到频率的变化带来的音乐。不同物质的波有不同的属性,声波是声带振动空气产生的,靠空气压缩传播,传播范围为几米到几百米,电磁波是电磁场振荡产生的,可以在真空中传播,传播范围可达数万数百万千米,如果让电磁波来传送声波的信息,就可以实现远距离通信了,这就是最早的无线通信原理。信息源是物质,有频率,信道也是物质,也有频率,我们要把用到的频率转换成适合在信道中传输的频率,这就是调制,让信道传输信息源的信息。例如:声波的频率在 20 Hz 到 10 kHz 之间,在这个频率上的电磁波的波长有几十千米,也没有这么长的天线,很难发射出电磁波。即使能发射出去,带宽也很窄,也就只够几个人通话使用,需要把频率升到容易发射的频段上进行发射,因此需要把频率搬移到指定信道去工作,也就是转换成在信道中传输的频率。调制有以下几个目的:提高无线通信时天线的辐射效率;把多个基带信号分别搬移到不同的信道处,实现信道的多路复用。

　　接收设备接收信号后需要把频率转换到调制前的频率,即还原到声波频率,用一种数学工具描述这个过程,这就是傅里叶分析在通信中的应用。进一步,如果对频带进行取舍,滤除不希望用的频率,也可以用同样的数学工具进行描述,这就是傅里叶分析在滤波中的应用。

7.1　应用于通信

7.1.1　抑制载波调幅

　　原始的声信号经过麦克风转化为和声信号同频率的电信号,频率谱没变,波形也没变,因此含有的信息也没变,只是改了属性,变成了电信号,而且这个电信号在电磁波领域来说是低频信号,而且频率太低,比较难发射,把原始的低频率电信号加载到高频率较容易发射的电磁波上就是调制,高频率的电磁波就像载货的卡车一样,载有低频电信号的信息,所以叫作载波,低频电信号也叫作基带信号。

　　如果世界万物都是线性的,输出和输入是固定比例的,则低频信号就是低频信号,高频信号就是高频信号,不会产生新的频率分量出来,然而世界上就是有非线性的物质存在,两个信号 a 和 b 通过这个非线性物质之后,输出不是 $k(a+b)$,而含有 $k(a+b)^2$,也就是有 a^2+b^2+2ab 存在了,如果 a 和 b 都是用三角函数来表示,则 $2ab$ 这一乘积项,根据三角函数和差化积与积化和差的转换关系,就有 a 的频率和 b 的频率的和频率以及差频率产生了,这正是我们要的新频率,如果 a 是载波,b 是低频电信号,a 的频率 ω_a 的频率是载波的高频,b 的频率 ω_b 是低频的电信号的频率,那么差频率 $\omega_a - \omega_b$,以及和频率 $\omega_a + \omega_b$ 就是在载波频点附近的可以发射的电磁波了,而且还含有信号 b 的信息,这就实现了调制。

幅度调制就是用低频信号去控制高频无线电波的幅度,幅度变化的高频无线电波的幅度包络波形就是低频信号的波形。

基带信号为 $f(t)$,一般为随机信号,通常认为平均值为 0,如果强调其直流分量 A_0,也可以表示为 $A_0 + f(t)$。

因此,载波信号可以表示为

$$c(t) = \cos(\omega_0 t + \theta_0) \tag{7-1}$$

式中,ω_0 表示载波角频率;θ_0 表示载波的初始相位。我们研究的幅度调制不是角调制,因此可以令 $\theta_0 = 0$,不考虑相位角度信息。

那么幅度调制信号(已调制信号)$s(t)$ 可以表示为

$$s(t) = [f(t)\cos(\omega_0 t)] * h(t) \tag{7-2}$$

式中,$h(t)$ 表示系统的冲激响应;$*$ 表示卷积运算。

卷积,是一种运算方式,准确地表达了信号和系统作用的过程,就是把时域信号在时间上切割成一系列加权并移位的 δ 冲激函数的序列,权值就是信号幅度,移位就是时间偏移,$h(t)$ 就是该系统对 δ 冲激函数的响应,该序列经过系统后的叠加就是个积分的过程,而时域上先入的冲激,在经过系统后,都是响应的末端在该时刻起作用,所以要翻转一下再去叠加,也就是卷回来再积分,这就是卷积,其描述了冲激响应和输入信号的作用得到系统输出的过程。

卷积是纯时域的操作,但是在数学上,时域和频域描述的是同一件事物,只是表述不同,如果要用高速摄影机录制下来琴弦的震动,当然也可以数出来频率,但是很麻烦,一首曲子下来,数来数去很乏味,但用耳朵听起来会直观便捷一些。同样的道理,用傅里叶变换在频域上观测信号就更直观便捷,而且对于要把频率变来变去便于远距离传输的通信行业来说,傅里叶变换是经常用到的。

调制之后的信号 $s(t)$ 的频谱为 $S(\omega)$,则在时域中的卷积在频域中就是直接相乘,频域没有时间先后的关系,就是看系统对不同频率的响应能力,这一点很好理解,从公式看也很直观,在时域上是卷积,在频域上直接就是相乘,所以在一些场合下,利用频域往往特别方便。

$$S(\omega) = \frac{1}{2}[F(\omega - \omega_0) + F(\omega + \omega_0)]H(\omega) \tag{7-3}$$

由式(7-3)可以看出,幅度已经调制在载波上了,调制信号的幅度和基带信号的幅度成正比变化,只是频率在频域内简单的搬移,而且呈线性变化,所以幅度调制又称为线性调制,调制本身是利用非线性特性产生的和频及差频,但是产生的这个结果可以在频域内线性变化,所以当选择适当的系统就有适当的 $h(t)$ 和低频电信号 $f(t)$,就可以得到不同幅度调制信号。

如图 7-1(b)所示,对于含有直流分量的基带信号 $A_0 + f(t)$,AM(幅度调制)已调制信号的时域表达式为

$$s_{AM}(t) = [A_0 + f(t)]\cos(\omega_0 t) \tag{7-4}$$

式中,$f(t)$ 是基带信号的交流分量;A_0 是其直流分量。

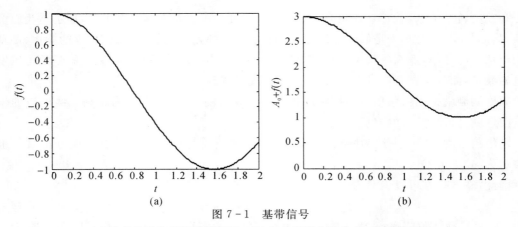

图 7-1　基带信号

（a）只有交流分量的基带信号；（b）含有直流分量为 A_0 的基带信号

AM 已调制信号的频域表达式为

$$S_{AM}(\omega) = \pi A_0 [\delta(\omega - \omega_0) + \delta(\omega + \omega_0)] + \frac{1}{2} [F(\omega - \omega_0) + F(\omega + \omega_0)] \qquad (7-5)$$

AM 的信号波形如图 7-2（b）所示，从图上可以看出来，AM 信号的波形包络与基带信号 $f(t)$ 成正比，用包络检波的办法可以恢复出基带信号，要保证包络检波时不发生失真，必须满足条件：

$$A_0 > |f(t)|_{MAX} \qquad (7-6)$$

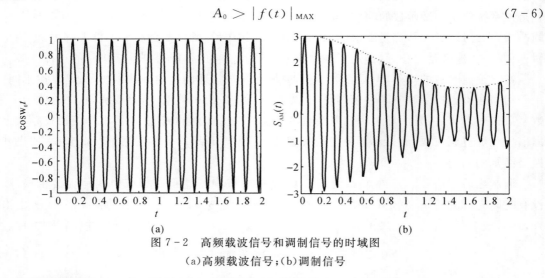

图 7-2　高频载波信号和调制信号的时域图

（a）高频载波信号；（b）调制信号

如果不满足式（7-6），将会出现过调幅现象，带来失真。令

$$\beta_{AM} = \frac{|f(t)|_{MAX}}{A_0} \qquad (7-7)$$

则 $\beta_{AM} \leqslant 1$，β_{AM} 被称为调幅指数。

当 $f(t)$ 是确知信号时，AM 调制信号的频谱如图 7-3（c）所示（图中只显示了正频率部分，未显示负频率部分，关于负频率的物理意义，详细了解请参考陈爱军所著的《深入浅出通信原理》），假设基带信号 $f(t)$ 的上限频率为 ω_m，则 $f(t)$ 的带宽为 $B_f = \omega_m$。

把频谱中高频的部分称为上边带，把低频的部分称为下边带，AM 调制信号的频谱由载频分量和上下边带组成，当 $f(t)$ 是实函数时，上下边带是完全对称的，都含有原来基带信号的所有完整信息，所以 AM 调制信号是带有载波的双边带信号。它的带宽为基带信号带宽的两倍，即 $B_{AM} = B_f = 2\omega_m = 2f_m$，很容易理解，图 7-3(c) 中的基带信号选用了低频余弦信号，所以上限边带为两根细线，带宽非常窄。

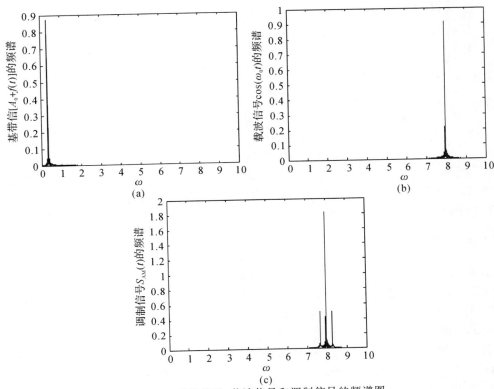

图 7-3　基带信号、载波信号和调制信号的频谱图
(a)频域基带信号；(b)频域载波信号；(c)调制信号的频谱图

从频谱结构上看，调制信号的频谱是基带频谱在频域内的线性搬移，所以称之为线性调制。

和频率 $\omega + \omega_0$ 与差频率 $\omega - \omega_0$ 的频率已经在容易发射的频段了，可以直接发射出去，但是对于标准的调幅信号来说，载波频率是存在的，然而传递信息的频率是和频率 $\omega + \omega_0$ 跟差频率 $\omega - \omega_0$，所以说载波频率分量是浪费发射能量，应该把载波频率分量抑制掉，只发射有信息含量的和频率与差频率分量，这就是载波抑制调幅。

从公式上看是要去掉直流分量 A_0，在频域上就可以去掉载波频率了。如图 7-4(a) 所示，在幅度调制的一般模型中，如果滤波器为全通网络 $[H(\omega) = 1]$ 调制信号 $f(t)$ 中没有直流分量，则输出的已调制信号就是无载波分量的双边带调幅信号，简称双边带(DSB)信号，DSB 已调制信号的时域表达式为

$$s_{DSB}(t) = f(t)\cos(\omega_0 t) \tag{7-8}$$

当 $f(t)$ 为确知信号时，DSB 已调信号的频域表达式为

$$S_{DSB}(\omega) = \frac{1}{2}[F(\omega + \omega_0) + F(\omega - \omega_0)] \tag{7-9}$$

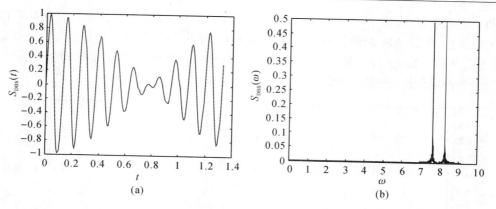

图 7 - 4 无直流分量的时域和频域调制信号图
(a)无直流分量的时域调制信号;(b)无直流分量的频域调制信号

由图 7 - 4(b)可知,抑制了基带信号的直流分量,就抑制了载波发射,节省了大量的功率,抑制载波的双边带调幅信号虽然节省了载波功率,但是已经调制的信号宽度仍然是调制信号的两倍,上下边带完全对称,所以可以采用一个边带来传输全部信息,即单边带调幅 SSB。

7.1.2 商用调幅

商用广播中的载波是加在调幅信号上的,这样接收机就可以获得载波信息,从而有助于识别电台,载波工作频点是识别发射电台的重要参数,不过对于解调而言这个信息并不重要。商用调幅用的是包络检波器,通过使已调制的包络看起来像消息信号,如图 7 - 1(b)中的实线和图 7 - 2(b)中的虚线包络看起来很像。检测包络就是解调要做的全部工作了。

商用调幅信号的形式如式(7 - 4)所示,直流分量 A_0 只需要使得对于所有 t 值都满足:$A_0 + f(t) > 0$。这样包络就正比于消息。

与抑制载波调幅相比,将载波添加到信息中的优点是能使用简单的包络检波器,但是为此付出的代价是需要增大发射功率,或者也可以说在同等发射功率的情况下,抑制载波调幅可以有更远的通信距离。

商用调幅中的解调被称为是非相干的,相干解调是用一个频率和相位都与载波相同的正弦波乘以接收信号,该正弦波由一个本级振荡器产生,或者远距离保持时时刻刻相位都同步。商用调幅的非相干性决定了其接收端的廉价性,也就是说接收时只要能收到发射的电磁波,能区分出来信号的强弱,即振幅,然后能检出强弱变化的包络曲线,而这正是原始的信息,所以商用调幅的商业价值在于低成本的接收端,有利于商业上的推广。

绝大多数的调幅接收机都采用费森登和阿姆斯特朗发明的超外差接收机技术。

商用调幅和抑制载波调幅的共同缺点是比较消息带宽,传输信号的带宽加倍了,考虑到幅度谱和相位谱的对称性,显然没有必要为了在解调时还原信号而发送频谱的上下两个边带,于是就有了上边带调幅和下边带调幅,即单边带调幅。

7.1.3 单边带调幅

对于和频率与差频率分量来说,都携带低频电信号的信息,因此只发射一个就可以用,这样可以节省一半的功率,也可以节省一半的带宽,因为在无线电领域,频谱带宽是一种宝贵的资源,在通信中,要尽量减小带宽的使用。和频率与差频率分量都是载波频率的边带,只发射一个就叫作单边带调幅(SSB)。产生 SSB 的方法有滤波法和移相法。

1. 滤波法

产生 SSB 信号最直接的方法是先产生一个双边带信号,然后让其通过一个边带滤波器,滤除不需要的边带,即可得到一个单边带信号。这就是滤波法,一般认为是最简单也是最常用的办法。

滤波在频域上通过一个滤波器,该滤波器的传递函数 $H_{SSB}(\omega)$ 为阶跃函数,对于保留上边带的调幅来说,该传递函数为

$$H_{SSB}(\omega) = \begin{cases} 1, & |\omega| > \omega_0 \\ 0, & |\omega| \leqslant \omega_0 \end{cases} \tag{7-10}$$

如果要保留下边带,则传递函数为

$$H_{SSB}(\omega) = \begin{cases} 1, & |\omega| < \omega_0 \\ 0, & |\omega| \geqslant \omega_0 \end{cases} \tag{7-11}$$

单边带信号的频谱为

$$S_{SSB}(\omega) = S_{DSB}(\omega) \cdot H_{SSB}(\omega) \tag{7-12}$$

由滤波法产生单边带信号,原理简单直观,但是不可能有理想滤波器,现实中的滤波器从带通到带阻有一个过渡带。滤波器实现的困难度与过渡带相对于载频的归一化值有关,过渡带的归一化值越小,分割上下边带就越困难,如果调制信号有直流信号以及低频分量,则需要过渡带带宽为 0 的理想滤波器才能将上下边带分开,而这又是不可能实现的。

2. 移相法

SSB 的时域信号表达式为

$$s_{SSB}(t) = \frac{1}{2}f(t)\cos(\omega_0 t) \pm \frac{1}{2}\hat{f}(t)\sin(\omega_0 t) \tag{7-13}$$

式中,相减"—"对应上边带信号;相加"+"对应下边带信号;$\hat{f}(t)$ 是 $f(t)$ 的希尔波特变换,即把 $f(t)$ 的所有频率分量均相移 $-\pi/2$。

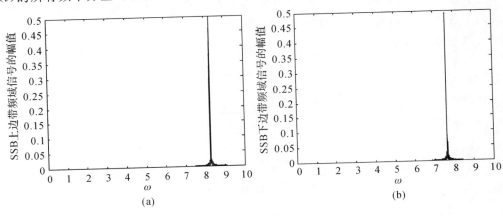

图 7-5　相移法生成 SSB 信号

(a)移相时采用"—"产生的上边带信号;(b)移相时采用"+"产生的下边带信号

由相移法生成的 SSB 信号模型，如图 7-5 所示，图中 $H_h(\omega)$ 为希尔伯特滤波器，为一个宽带相移网络，对每个频率分量都能相移 $-\pi/2$。

7.1.4 正交幅度调制和频分复用

1. 正交幅度调制

前面讲的双边带调制和单边带调制都是利用一路载波传递一路信号，如果采用两路载波一路载波为 $\cos(\omega t)$，另一路载波为 $-\sin(\omega t)$，可以同时并行传输两路信号，这就是 IQ 调制，又叫作正交调制。我们知道 $\cos(\omega t)$、$\cos(2\omega t)$、$\cos(3\omega t)$、… 都是互不相关的，是正交的，$\cos(\omega t)$ 和 $-\sin(\omega t)$ 同样也是互不相关的，并且是正交的，这就是正交幅度调制 QAM。

如图 7-6 所示的就是两个时刻保持垂直的向量，分别为 $x(t)$ 和 $y(t)$，其旋转速度 $\omega = 2\pi f$，二者的和向量用 s 表示，因为 $x(t)$ 和 $y(t)$ 都是随时间 t 而变化的，所以向量 s 的长度在旋转过程中也是不断变化的，向量 s 在实轴上的投影就是 IQ 调制信号：

$$s(t) = x(t)\cos(\omega t) - y(t)\sin(\omega t) \tag{7-14}$$

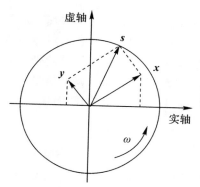

图 7-6　用旋转向量表示 IQ 图

因为长度分别为 $x(t)$ 和 $y(t)$ 的两个向量，在旋转过程中一直保持垂直状态，所以图 7-6 用旋转向量表示 IQ 调制，又被称为"正交调制"。

正交调制原理如图 7-7 所示。

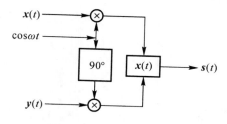

图 7-7　IQ 调制原理图

如图 7-8 所示，正交调制的两个时刻保持垂直的向量合成的向量在旋转。

同其他调制方式类似，QAM 通过载波某些参数的变化传输信息。在 QAM 中，数据信号由相互正交的两个载波的幅度变化表示。从信息上说，如果对幅度和相位划分得越精细，那么幅度和相位可代表的信息就越多，传输的信息量就越大，但是由于噪声的存在，过细的划分在接收端就会出现判决混淆，所以要保证幅度值之间，相位值之间有一定的距离，通过幅度和相位同时划分来携带信息是一种比较好的选择。

正交调制信号波形
t
1
0.8
0.6
0.4
0.2
0
−0.2
−0.4
−0.6
−0.8
−1
0
0.1
0.2
0.3
0.4
0.5
0.6
0.7

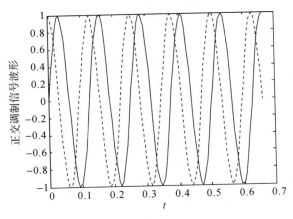

图 7－8　正交调制信号波形图

模拟信号的相位调制和数字信号的 PSK 可以被认为是幅度不变、仅有相位变化的特殊的正交幅度调制。由此，模拟信号频率调制和数字信号 FSK 也可以被认为是 QAM 的特例，因为它们本质上就是相位调制。虽然模拟信号 QAM 也有很多应用，例如 NTSC 和 PAL 制式的电视系统就利用正交的载波传输不同的颜色分量，鉴于数字信号应用更为广泛，这里主要讨论数字信号的 QAM。

类似于其他数字调制方式，QAM 发射信号集可以用星座图方便地表示。星座图上每一个星座点对应发射信号集中的一个信号。设正交幅度调制的发射信号集大小为 N，称为 N－QAM。星座点有多种配置方式，经常采用水平和垂直方向等间距的正方网格配置。数字通信中数据常采用二进制表示，这种情况下星座点的个数一般是 2 的幂。常见的 QAM 形式有 16－QAM、64－QAM、256－QAM 等。星座点数越多，每个符号能传输的信息量就越大。但是，如果在星座图的平均能量保持不变的情况下增加星座点，会使星座点之间的距离变小，进而导致误码率上升。因此高阶星座图的可靠性比低阶要差。

2. 频分复用

在一个信道上传递多个信号数据的技术称为复用技术。频分复用(FDM)，就是按照频率将信道划分为 N 个载波，并行传输 N 路数据，这就是频分复用，如图 7－9 所示。

频分多址(FDMA)，就是将 N 个载波动态的分给多个用户使用，如图 7－10 所示。

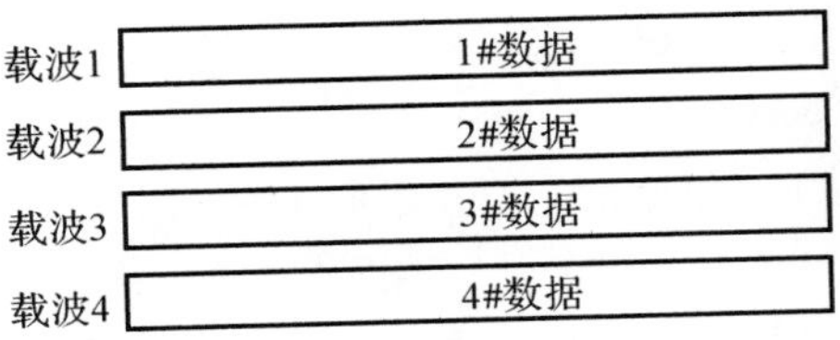

载波1
1#数据
载波2
2#数据
载波3
3#数据
载波4
4#数据

图 7－9　频分复用

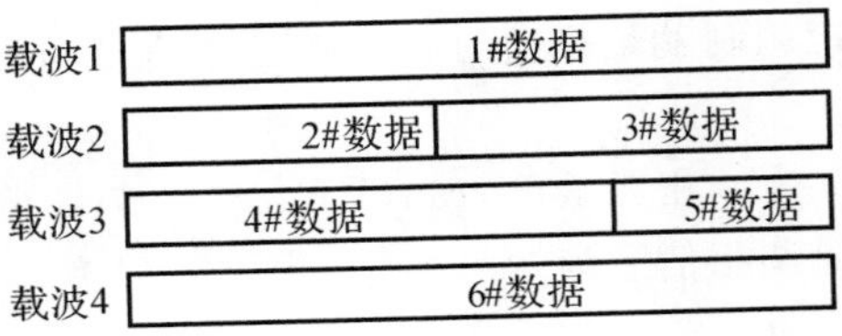

载波1
1#数据
载波2
2#数据
3#数据
载波3
4#数据
5#数据
载波4
6#数据

图 7－10　频分多址

7.1.5　角调制

正弦载波有三个参量:幅度、频率和相位。我们不仅可以把调制信号的信息载荷于载波的幅度变化中,还可以载荷于载波的频率或相位变化中。

打个比方,长城每隔一段距离就会有一处烽火台,在古代用于传递信息。借助烽火台上的狼烟大小和颜色,传递不同的紧急状况和不同的敌人规模信息。其中,狼烟的大小可以理解为幅度调制,颜色可以理解为频率调制,信源就是敌人情况,传播的信道就是可见光,每个参与传递敌情的烽火台就是中继站,后方的将军就是信宿,他根据收到的信息决定增援方案。

对于现代通信系统,有专门的光纤、电缆和微波作为信道,可以借助量化编码减噪技术提高信道容量,传递更多的信息,但是基本原理与烽火台的通信是一样的。在调制时,若载波的频率随着信源信号而变化,称为频率调制或调频(FM);若载波的相位随着信源信号的变化而变化,称为相位调制或调相(PM),在这两种调制过程中,载波的幅度都会保持不变,而频率和相位的变化都表现为载波瞬时相位的变化,故把调频和调相统称为角度调制,简称角调制。

角度调制和幅度调制不同的是已调信号的频谱不再是信源信号频谱的线性搬移,而是频谱的非线性变换,会产生与频谱搬移不同的新的频率成分,故又称为非线性调制。FM 和 PM在通信系统中使用非常广泛,FM 广泛用于高保真音乐广播、电视伴音信号的传输、卫星通信和蜂窝电话系统等。PM 除直接应用于传输外,也可作间接产生 FM 信号的过渡。调频和调相之间存在密切的关系。

与调幅技术相比,角调制最突出的优势是有较高的抗噪声性能,但是角度调制比幅度调制占有更宽的带宽。这一点很好理解,烽火狼烟传递信息时,烟的大小会受到风力和空气能见度的干扰,抗噪性能就差,但是狼烟的颜色却传递得很准,抗干扰能力强,但是要把能烧出不同颜色的柴草和干粪区分,色谱占用的就宽了。

数字通信和模拟通信的区别也是这个道理,如果用一道狼烟表示 0,承载的信息为小股敌军,两道狼烟表示 1,承载的信息为大量敌军,每个烽火台上看到上一个烽火台都是一道狼烟或者两道狼烟,很明显,一道就是一道,两道就是两道,信息传递下去,误差就不会累积,如果要是靠大小连续变化的狼烟来传递敌情,受到风力和能见度的影响,每个烽火台都会有一定的误判率和误发率,这样错误就会累积,最终传递一个错误敌情的可能性就升高了,因此说数字通信比起模拟通信有噪声不累积的优点,很适合远距离、多中继传输。

角度调制信号的一般表达式为

$$s_M(t) = A\cos[\omega_c t + \varphi(t)] \tag{7-15}$$

式中,A 为载波的恒定振幅;$\omega_c t + \varphi(t)$ 为信号瞬时相位,记为 $\theta(t)$;$\varphi(t)$ 为相对于载频相位 $\omega_c t$ 的瞬时相位偏移;$d[\omega_c t + \varphi(t)]/dt$ 为信号的瞬时角频率,记为 $\omega(t)$;$d\varphi(t)/dt$ 为相对于载频 ω_c 的瞬时偏移。

相位调制就是指瞬时相位随信源信号 $m(t)$ 作线性变化,即

$$\varphi(t) = K_p m(t) \tag{7-16}$$

式中,K_p 为调相灵敏度,rad/V,物理含义是单位信源信号幅度引起的 PM 信号的相位偏移量。因此调相信号为

$$s_{PM}(t) = A\cos[\omega_c t + K_p m(t)] \tag{7-17}$$

频率调制就是指频率偏移量随信源信号 $m(t)$ 成正比例变化,即

$$\frac{\mathrm{d}\varphi(t)}{\mathrm{d}t} = K_{\mathrm{f}}m(t) \tag{7-18}$$

式中，K_{f} 为调频灵敏度，rad/V。此时相位偏移为

$$\varphi(t) = K_{\mathrm{f}}\int m(\tau)\mathrm{d}\tau \tag{7-19}$$

因此，调频信号的表达式为

$$s_{\mathrm{FM}}(t) = A\cos\left[\omega_{\mathrm{c}}t + K_{\mathrm{f}}\int m(\tau)\mathrm{d}\tau\right] \tag{7-20}$$

可见，PM 和 FM 的区别仅仅在于 PM 信号的相位偏移量随信源信号 $m(t)$ 的调制而变化，FM 的相位偏移量随 $m(t)$ 的积分呈线性变化，如果预先不知道调制信号的具体形式，则无法判断已调信号是调相信号还是调频信号。

如图 7-11(a)所示，预设信源信号 $m(t)$ 为余弦信号，所得到的 PM 波形如图 7-11(b)所示，其频谱如图 7-11(d)所示，所得到的 FM 波形如图 7-11(c)所示，其频谱如图 7-11(e)所示。

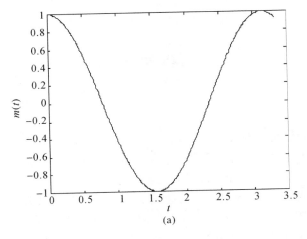

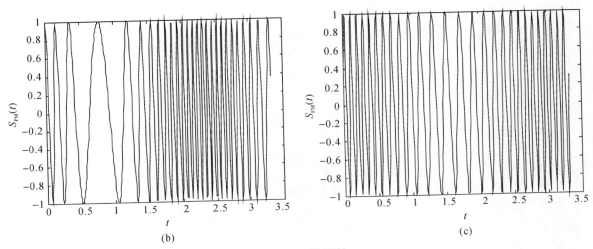

图 7-11　角调制

(a)信源信号 $m(t)$ 的波形；(b)PM 信号波形；(c)FM 波形；

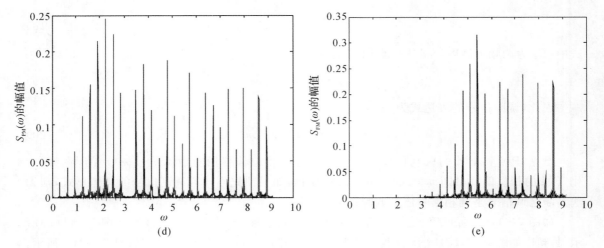

续图 7 - 11　角调制

(d)PM 的频谱图；(e)FM 的频谱图

7.2　应用于滤波

7.2.1　滤波基础

滤波器就是能够过滤波动信号的器具，它从具有各种不同频率的信号中，取出具有特定频率成分的信号。如果不想要高频率，通过设计一个装置把这些不想要的高频率滤除掉，留下有用的低频率，这种装置就是低通滤波器。

除了时域特性外，利用系统频率响应的频域特征是一种可供选择的表示方法。在时域中的微分差分和卷积运算，在频域中都成了代数运算，因此利用频域往往比较方便，尤其是对于频率选择性滤波器。本节只介绍低通滤波器，对于其他类型的频率选择性滤波器，如高通或者带通滤波器，类似的概念和结果也都成立。

对于一个连续时间理想低通滤波器，具有如下形式的频率响应：

$$H(\mathrm{j}\omega) = \begin{cases} 1, & |\omega| \leqslant \omega_{\mathrm{c}} \\ 0, & |\omega| > \omega_{\mathrm{c}} \end{cases} \tag{7-21}$$

理想低通滤波器的单位冲激响应为

$$h(t) = \frac{\sin\omega_{\mathrm{c}}t}{\pi t} \tag{7-22}$$

理想的低通滤波器就如图 7 - 12 所示，能让零频（即直流）到截止频率 ω_{c} 之间所有信号都没有任何损失的通过，而除去高于截止频率 ω_{c} 的所有信号。

理想高通滤波器正好与理想低通滤波器相反。理想的带通滤波器是让中心频率 ω_{c} 附近某一频率范围内的所有信号都毫无损失地通过，除去频率范围以外的任何信号。理想带阻滤波器正好与理想带通滤波器相反。还有一种全通滤波器，信号通过该滤波器时，其任何频率成分都不会有任何损失，但是各个频率成分的延时情形会随着频率而不同，这一点通常用于需要对系统延时进行补偿的场合，这样的滤波器也被称为延时均衡器或者移相器。

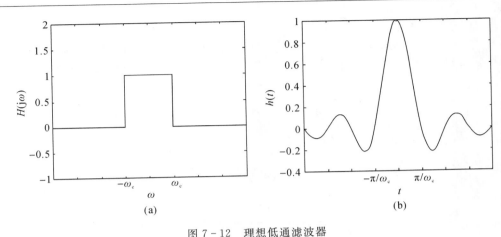

图 7 - 12　理想低通滤波器

(a)理想低通滤波器；(b)理想低通滤波器的冲激响应

　　需要注意的是，实际所设计出的滤波器其特性是不可能达到图 7 - 12 中的理想特性，实际滤波器对信号的衰减量是以截止频率 ω_c 为分界线而缓慢变化的。实际的滤波器是按照其对频率成分的过滤特性和设计滤波器所用的函数形式的组合形式来区分命名的，其中函数形式大多采用了某个数学家的名字。例如，所用函数形式为巴特沃斯函数的低通滤波器就叫作巴特沃斯型低通滤波器，所用函数形式为切比雪夫函数的低通滤波器就叫作切比雪夫型低通滤波器，所以滤波器的名字一般包含函数名称和过滤特性两个部分。这些函数特性的滤波器是在所使用的电容器和电感器都具有理想特性的前提下得到的，实际上的滤波器的滤波特性状况更为复杂。我们学习的过程就是先建立理想滤波器概念，然后学习理想函数滤波器，然后学习设计理想器件构成的函数滤波器，最后在学习各种实际器件构成的滤波器，通过这个循环渐进的过程，掌握滤波器技术。

7.2.2　巴特沃斯低通滤波器

　　巴特沃斯滤波器是最为有名的滤波器，其设计简单，性能方面没有明显的缺点，因而得到了广泛的应用。由于它对构成滤波器的元件 Q 值要求比较低，所以易于制作和达到设计性能。巴特沃斯滤波器的衰减曲线中没有任何波纹，所以也被称为最大平滑滤波器。巴特沃斯滤波器的特点是通频带内的频率响应曲线最大限度平坦，没有起伏，而在阻频带则逐渐下降为零。在振幅的对数对角频率的波特图上，从某一边界角频率开始，振幅随着角频率的增加而逐步减少，趋向负无穷大。

　　一阶巴特沃斯滤波器的衰减率为每倍频 6 dB，每十倍频 20 dB。二阶巴特沃斯滤波器的衰减率为每倍频 12 dB。三阶巴特沃斯滤波器的衰减率为每倍频 18 dB，如此类推。巴特沃斯滤波器的振幅对角频单调下降，并且也是唯一的无论阶数，振幅对角频率曲线都保持同样的形状的滤波器。只不过滤波器阶数越高，在阻频带振幅衰减速度越快。其他滤波器高阶的振幅对角频率图和低级数的振幅对角频率有不同的形状。

　　巴特沃斯滤波器的函数表达式如下：

$$|H(\omega)|^2 = \frac{1}{1 + \left(\dfrac{\omega}{\omega_c}\right)^{2n}} \tag{7-23}$$

式中,n 为滤波器的阶数;ω_c 为截止频率。

图 7-13 是以 1 为截止频率的巴特沃斯滤波器的特性曲线,这种特性曲线是频率 f 的函数,利用它可以获得某个希望的截止频率的巴特沃斯型低通滤波器的衰减特性和延时特性。

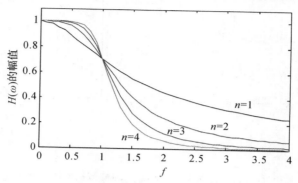

图 7-13   一阶到四阶巴特沃斯滤波器

7.2.3 切比雪夫低通滤波器

切比雪夫滤波器在过渡带比巴特沃斯滤波器衰减得快,但频率响应的幅频特性不如后者平坦。切比雪夫滤波器和理想滤波器的频率响应曲线之间的误差最小,但是在通频带内存在幅度波动。切比雪夫滤波器又称为等起伏滤波器或者等纹波滤波器,这也是指其在通频带内的衰减特性具有纹波起伏这一显著特点。由于允许通带内特性有起伏,所以截止特性变陡峭了,但是与之相伴的群延时特性也变差了。因此,当切比雪夫滤波器作为 AD/DA 变换器的前置或者后置滤波器,或者作为数字信号的滤波器时来使用时,就不能仅考虑其截止特性是否满足要求,而是还要考虑它是否满足实际输入信号做允许波形失真范围的要求。

切比雪夫低通滤波器的函数表达式如下:

$$|H_n(\mathrm{j}\omega)| = \frac{1}{\sqrt{1 + \varepsilon^2 T_n^2\left(\dfrac{\omega}{\omega_c}\right)}} \tag{7-24}$$

式中,$T_n\left(\dfrac{\omega}{\omega_c}\right)$ 是 n 阶切比雪夫多项式。

$$T_n\left(\frac{\omega}{\omega_c}\right) = \cos\left[n\arccos\left(\frac{\omega}{\omega_c}\right)\right], \quad 0 \leqslant \frac{\omega}{\omega_c} \leqslant 1 \tag{7-25}$$

$$T_n\left(\frac{\omega}{\omega_c}\right) = \cosh\left[n\operatorname{arccosh}\left(\frac{\omega}{\omega_c}\right)\right], \quad \frac{\omega}{\omega_c} > 1 \tag{7-26}$$

7.2.4 频率变换

1. 巴特沃斯滤波器的频率变换

本书所给出来的归一化低通滤波器设计数据指的是特征阻抗为 1Ω 且截止频率为 $\dfrac{1}{2\pi}$(约等于 $0.159\mathrm{Hz}$)的低通滤波器的数据,用这一归一化低通滤波器的设计数据作为基准滤波器,按照图 7-14 所示的设计步骤,能够很简单地计算出具有任何截止频率和任何特征阻抗的低通滤波器。

图 7-15 中，2 阶归一化巴特沃斯低通滤波器的截止频率为 $\frac{1}{2\pi}$（约等于 $0.159\,\mathrm{Hz}$），特征阻抗为 1Ω。

图 7-14　归一化低通滤波器的设计步骤　　　图 7-15　2 阶归一化巴特沃斯低通滤波器

在巴特沃斯型低通滤波器的情况下，就是以巴特沃斯的归一化低通滤波器的设计数据为基准滤波器，将它的截止频率和特征阻抗变换为待设计滤波器的相应值。

滤波器的截止频率变换是通过先求出待设计滤波器截止频率与基准滤波器截止频率的比值 M，再用这个 M 值去除滤波器中的所有元件值来实现。其计算公式如下：

$$M = \frac{待设计滤波器的截止频率}{基准滤波器的截止频率} \tag{7-27}$$

$$L_{\mathrm{new}} = \frac{L_{\mathrm{old}}}{M} \tag{7-28}$$

$$C_{\mathrm{new}} = \frac{C_{\mathrm{old}}}{M} \tag{7-29}$$

滤波器特征阻抗的变换是通过先求出待设计滤波器特征阻抗与基本滤波器的特征阻抗的基本比值 K，再用这个 K 乘基准滤波器中的所有电感元件和利用这个 K 去除基准滤波器的所有电容元件来实现。其计算公式如下：

$$K = \frac{待设计滤波器的特征阻抗}{基准滤波器的特征阻抗} \tag{7-30}$$

$$L_{\mathrm{new}} = L_{\mathrm{old}}K \tag{7-31}$$

$$C_{\mathrm{new}} = \frac{C_{\mathrm{old}}}{K} \tag{7-32}$$

式(7-27)~式(7-32)有一个口诀方便记忆：通除频率新旧比，电感去乘阻抗比。

例 7.1　依据归一化巴特沃斯低通滤波器的设计数据，设计特征阻抗为 1Ω，且截止频率为 $100\,\mathrm{Hz}$ 的 2 阶巴特沃斯型低通滤波器。

解：(1)为进行频率变换而首先求出待设计滤波器（新滤波器）的截止频率与基准滤波器（旧滤波器）截止频率的比值 M。

$$M = \frac{待设计滤波器的截止频率}{基准滤波器的截止频率} = \frac{100}{1/2\pi} = 628.318\,53$$

(2) 把所有元件值除以 M 来实现频率变换。

$$L_{\mathrm{new}} = \frac{L_{\mathrm{old}}}{M} = \frac{1.414\,21}{628.318\,53} = 0.002\,250\,79\,(\mathrm{H}) = 2.250\,79\,(\mathrm{mH})$$

$$C_{\text{new}} = \frac{C_{\text{old}}}{M} = \frac{1.414\ 21}{628.318\ 53} = 0.002\ 250\ 79\ \text{F} = 2.250\ 79\ \text{mF}$$

所设计的特征阻抗为 1Ω,截止频率为 100Hz 的 2 阶巴特沃斯型低通滤波器的电路图如图 7 - 16 所示。

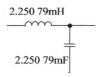

2.250 79mH

2.250 79mF

图 7 - 16   新设计的 100Hz 滤波器(特征阻抗为 1Ω)

例 7.2   设计特征阻抗为 50Ω,且截止频率为 300kHz 的 2 阶巴特沃斯型低通滤波器。

解:(1)为进行频率变换而首先求出待设计滤波器(新滤波器)的截止频率与基准滤波器(旧滤波器)截止频率的比值 M。

$$M = \frac{\text{待设计滤波器的截止频率}}{\text{基准滤波器的截止频率}} = \frac{300\ 000}{1/2\pi} = 1\ 884\ 955.592$$

(2)把所有元件值除以 M 来实现频率变换。

$$L_{\text{new}} = \frac{L_{\text{old}}}{M} = \frac{1.414\ 21}{1\ 884\ 955.592} = 0.750\ 26\ (\mu\text{H})$$

$$C_{\text{new}} = \frac{C_{\text{old}}}{M} = \frac{1.414\ 21}{1\ 884\ 955.592} = 0.750\ 26\ (\mu\text{F})$$

(3)为进行特征阻抗变换而求待设计滤波器的特征阻抗与基准滤波器的特征阻抗的比值 K。

$$K = \frac{\text{待设计滤波器的特征阻抗}}{\text{基准滤波器的特征阻抗}} = \frac{50}{1} = 50$$

(4)将上一步得到的滤波器的所有电感元件乘以 K,将其所有电容元件除以 K,从而实现阻抗变换。

$$L'_{\text{new}} = L_{\text{new}} \times K = 0.750\ 26 \times 50 = 37.513\ (\mu\text{H})$$

$$C'_{\text{new}} = \frac{C_{\text{new}}}{K} = \frac{0.750\ 26}{50} = 0.015\ 005 = 15\ 005\ (\text{pF})$$

最终完成的滤波器电路如图 7 - 17 所示。

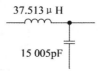

37.513 μH

15 005pF

图 7 - 17   最终设计的经过频率变换和阻抗变换的巴特沃斯低通滤波器

滤波器的器件的种类很多,通过设计 LC 滤波器可以更好地应用滤波器。

2.切比雪夫滤波器的频率变换

本书所给出来的归一化低通滤波器设计数据指的是特征阻抗为 1Ω 且截止频率为 $\frac{1}{2\pi}$(约

等于 0.159Hz)的低通滤波器的数据,用这一归一化低通滤波器的设计数据作为基准滤波器,按照图 7 - 14 设计步骤,能够计算出具有任何截止频率和任何特征阻抗的低通滤波器。

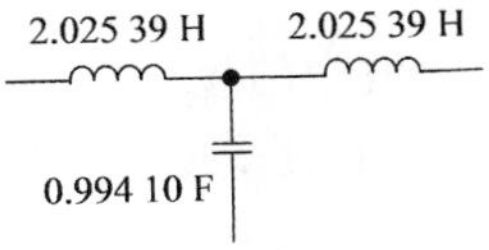

$$2.025\,39\,\text{H} \qquad 2.025\,39\,\text{H}$$

$$0.994\,10\,\text{F}$$

图 7 - 18　通频带起伏为 1dB 的 3 阶归一化切比雪夫低通滤波器

图 7 - 18 中,3 阶归一化切比雪夫低通滤波器的截止频率为 $\dfrac{1}{2\pi}$(约等于 0.159Hz),特征阻抗为 1Ω。

在切比雪夫型低通滤波器的情况下,就是以切比雪夫的归一化低通滤波器的设计数据为基准滤波器,将它的截止频率和特征阻抗变换为待设计滤波器的相应值。求解过程类似于巴特沃斯型低通滤波。

滤波器的截止频率变换是通过先求出待设计滤波器截止频率与基准滤波器截止频率的比值 M,再用这个 M 值去除滤波器中的所有元件值来实现。其计算公式为式(7 - 27)~式(7 - 29)。

滤波器特征阻抗的变换是通过先求出待设计滤波器特征阻抗与基本滤波器的特征阻抗的基本比值 K,再用这个 K 去乘基准滤波器中的所有电感元件和利用这个 K 去除基准滤波器的所有电容元件来实现。其计算公式为式(7 - 30)~式(7 - 32)。

例 7.3　依据归一化切比雪夫低通滤波器的设计数据,设计特征阻抗为 1Ω,且截止频率为 1kHz 的 3 阶切比雪夫型低通滤波器。

解:(1)为进行频率变换而首先求出待设计滤波器(新滤波器)的截止频率与基准滤波器(旧滤波器)截止频率的比值 M。

$$M = \frac{\text{待设计滤波器的截止频率}}{\text{基准滤波器的截止频率}} = \frac{1\,000}{1/2\pi} = 6\,283.185\,3$$

(2)把所有元件值除以 M 来实现频率变换。

$$L_{\text{new}} = \frac{L_{\text{old}}}{M} = \frac{2.025\,39}{6\,283.185\,3} = 0.000\,322\,350 = 0.322\,350\ (\text{H})$$

$$C_{\text{new}} = \frac{C_{\text{old}}}{M} = \frac{0.994\,10}{6\,283.185\,3} = 0.000\,158\,215\,9 = 0.158\,215\,9\ (\text{F})$$

所设计的特征阻抗为 1Ω,截止频率为 1kHz 的 3 阶切比雪夫型低通滤波器的电路图如图 7 - 19 所示。

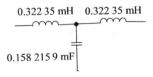

$$0.322\,35\,\text{mH} \qquad 0.322\,35\,\text{mH}$$

$$0.158\,215\,9\,\text{mF}$$

图 7 - 19　新设计的 1kHz 切比雪夫滤波器(特征阻抗为 1Ω)

本 章 小 结

本章说明了傅里叶分析在通信和滤波中的应用,起到了联系连续时间信号和系统的理论与应用的作用。在通信方面,本章阐述了通过傅里叶变换建立起来的频率以及带宽、频谱和调制等最基础概念,并解释说明了不同的调制系统。在滤波方面,本章主要介绍了巴特沃斯低通滤波器和切比雪夫低通滤波器的设计。

习 题 7

7-1 考虑一个滤波器,其转移函数为

$$H(s) = \frac{1}{s^2 + \sqrt{2}s + 1}$$

(1)确定该滤波器的直流增益,幅度响应;

(2)求频率 ω_{max},要使该滤波器的幅度响应在 ω_{max} 处最大。

7-2 考虑一个二阶滤波器,其转移函数为

$$H(s) = \frac{s/Q}{s^2 + (s/Q) + 1}$$

(1)确定该滤波器在 $\omega = 0, 1$ 和 ∞ 处的幅值,并依此判断该滤波器是什么类型的滤波器;

(2)证明该滤波器的带宽为 $BW = 1/Q$。

7-3 考虑一个一阶系统,其转移函数为

$$H(s) = K \frac{s + z_1}{s + p_1}, \text{其中 } K > 0 \text{ 是增益}$$

(1)如果想要单位直流增益,即 $|H(j0)| = 1$,K 的值应该等于多少?

(2)对该一阶系统进行变换可以获得什么类型的滤波器(低通、带通、带阻、全通和高通)?

7-4 二阶模拟低通滤波器,其转移函数为

$$H(s) = \frac{1}{s^2 + (s/Q) + 1}$$

其中,Q 为滤波器品质因数,证明

1)当 $Q < 1/\sqrt{2}$,最大幅值出现在 $\omega = 0$;

2)当 $Q \geqslant 1/\sqrt{2}$,最大幅值出现在一个非零的频率处。

7-5 依据归一化巴特沃斯低通滤波器的设计数据,设计特征阻抗为 10Ω,且截止频率为 $100Hz$ 的 2 阶巴特沃斯型低通滤波器。

7-6 依据归一化切比雪夫低通滤波器的设计数据,设计特征阻抗为 10Ω,且截止频率为 $1kHz$ 的 3 阶切比雪夫型低通滤波器。

第8章 信号与系统实验

8.1 常用信号的实验观察

8.1.1 实验目的

(1)了解双通道示波器的使用方法;

(2)通过示波器观察信号与系统中多种典型信号的波形;

(3)通过示波器测量信号与系统中正弦信号的幅度和频率值;

(4)掌握多种典型信号的重要特性,了解其在信号与系统分析中的应用。

8.1.2 实验设备

(1)Intel I5/8G/500GB 计算机一台;

(2)PSI – STP – SIGNAL – SYSTEM 信号与系统实验箱 1 台;

(3)10Mhz 以上带宽双通道示波器 1 台。

8.1.3 实验原理

在信号与系统中,有以下典型信号:①正弦函数信号;②方波函数信号;③三角波函数信号;④斜波函数信号;⑤指数函数信号;⑥指数衰减振荡函数信号。

正弦函数信号的函数式为

$$f(t) = k\sin(\omega t + \theta)$$

其波形如图 8 – 1 所示。

方波函数信号的函数式为

$$f(t) = \begin{cases} 1, & 0 < t \leqslant \dfrac{T}{2} \\ 0, & \dfrac{T}{2} < t \leqslant T \end{cases}$$

其波形如图 8 – 2 所示。

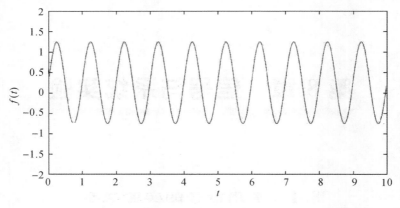

图 8-1　正弦函数信号

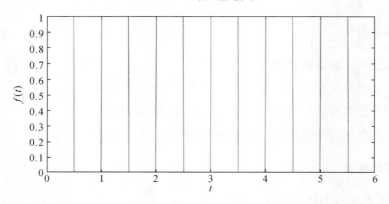

图 8-2　方波函数信号

三角波函数信号的函数式为

$$f(t) = \begin{cases} \dfrac{2}{T}t, & 0 < t \leqslant \dfrac{T}{2} \\[2mm] \dfrac{2}{T}t + 2, & \dfrac{T}{2} < t \leqslant T \end{cases}$$

其波形如图 8-3 所示。

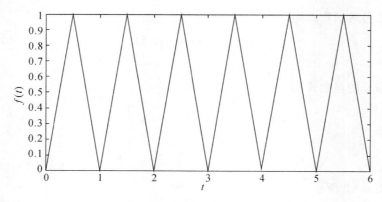

图 8-3　三角波函数信号

斜波函数信号的函数式为

$$f(t) = \begin{cases} kt, & 0 < t \leqslant T \\ 0, & \text{其他} \end{cases}$$

其波形如图 8-4 所示。

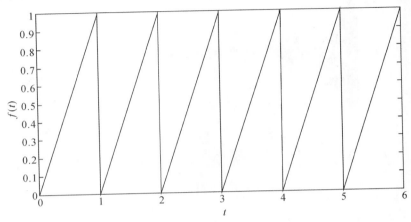

图 8-4　斜波函数信号

单边指数信号的函数式为

$$f(t) = \begin{cases} 0, & t < 0 \\ A e^{\alpha t}, & t \geqslant 0 \end{cases}$$

其波形如图 8-5 所示。其中 α 为实常数,可大于、等于、小于零。

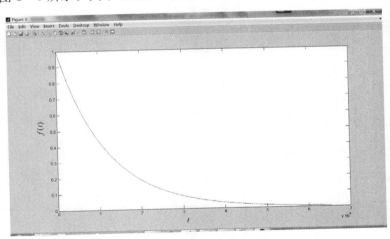

图 8-5　单边指数信号

指数衰减振荡函数信号指振幅按指数规律衰减的正弦信号,其函数式为

$$f(t) = \begin{cases} 0, & t < 0 \\ A e^{\alpha t} \sin\omega t, & t \geqslant 0 \end{cases}$$

其图形如图 8-6 所示。其中 α 为大于零的实常数。

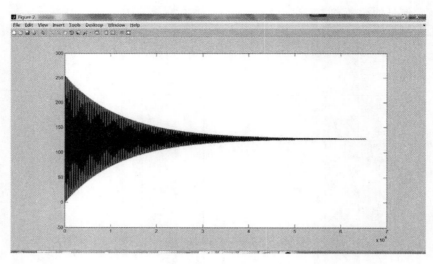

图 8 - 6　单边衰减正弦型号信号

8.1.4　实验内容

PSI - STP - SIGNAL - SYSTEM 信号与系统实验箱通过实验箱上的 FPGA 处理器产生信号与系统中常用的多种数字化波形,并通过实验箱上的双通道 DAC 芯片转换成模拟波形。将示波器 CH1 探针插在实验箱上的金属测试点 DAC_OUT1 上来观察实际的波形,并通过实验箱上右下角位置的拨码开关 DIP13 和 DIP14 和 DIP15 的组合来切换观察不同的波形,见表 8 - 1。

表 8 - 1

DIP13	DIP14	DIP15	CH1 上观测到的波形
0	0	0	正弦波形
0	0	1	方波波形
0	1	0	三角波波形
0	1	1	斜波波形
1	0	0	指数函数波形
1	0	1	指数衰减函数波形

8.1.5　实验步骤

(1)将 PSI - STP - SIGNAL - SYSTEM 信号与系统实验箱的配置的电源适配器插入实验箱的＋5VDC 输入端口,电源开关 J19 向上打到 ON 的位置,此时 D35LED 灯被点亮,如图 8 - 7 所示。

(2)将示波器的 CH2 探针插在实验箱上的金属测试点 DAC_OUT1 上,将探针的地线夹在实验箱的 GND 处,如图 8 - 8 所示。

图　8-7　　　　　　　　　　　　　　　　　　图　8-8

（3）将 DIP13 向下拨到"0"的位置，DIP14 向下拨到"0"的位置，将 DIP15 向下拨到"0"的位置，此时在示波器的 CH2 通道上能看到实验箱产生的正弦波形，如图 8-9 所示。

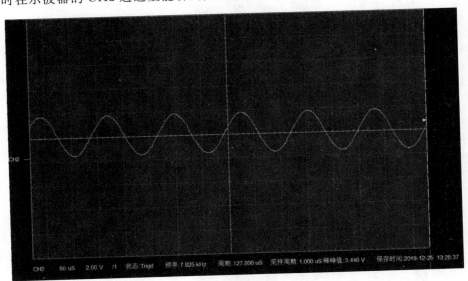

图 8-9　正弦波波形

（4）将 DIP13 向下拨到"0"的位置，DIP14 向下拨到"0"的位置，将 DIP15 向下拨到"1"的位置，此时在示波器的 CH2 通道上能看到实验箱产生的方波波形，如图 8-10 所示。

（5）将 DIP13 向下拨到"0"的位置，DIP14 向下拨到"1"的位置，将 DIP15 向下拨到"1"的位置，此时在示波器的 CH2 通道上能看到实验箱产生的三角波波形，如图图 8-11 所示。

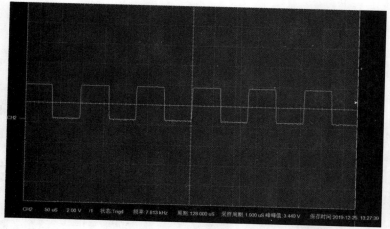

图 8 - 10　方波波形

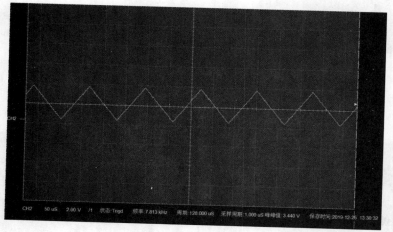

图 8 - 11　三角波波形

（6）将 DIP13 向下拨到"0"的位置，DIP14 向下拨到"1"的位置，将 DIP15 向下拨到"1"的位置，此时在示波器的 CH2 通道上能看到实验箱产生的斜波波形，如图 8 - 12 所示。

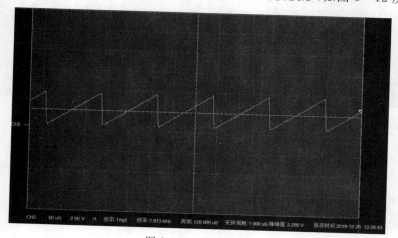

图 8 - 12　斜波波形

（7）将 DIP13 向下拨到"1"的位置，DIP14 向下拨到"0"的位置，将 DIP15 向下拨到"0"的位置，此时在示波器的 CH2 通道上能看到实验箱产生的指数函数波形，如图 8-13 所示。

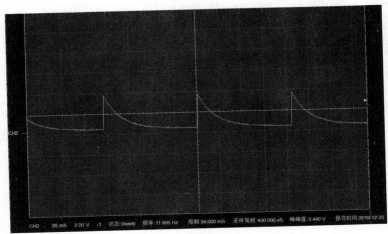

图 8-13　指数函数波形

（8）将 DIP13 向下拨到"1"的位置，DIP14 向下拨到"0"的位置，将 DIP15 向下拨到"1"的位置，此时在示波器的 CH2 通道上能看到实验箱产生的指数衰减函数波形，如图 8-14 所示。

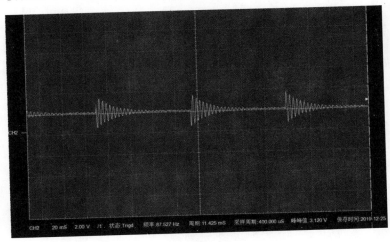

图 8-14　指数衰减函数波形

8.2　系统的阶跃响应和冲激响应实验

8.2.1　实验目的

（1）通过双通道示波器观测阶跃信号的波形和该信号通过低通滤波器的阶跃响应；
（2）通过双通道示波器观测冲击信号的波形和该信号通过低通滤波器的冲击响应。

8.2.2　实验设备

(1)PSI－STP－S&S信号与系统实验箱1台；

(2)10MHz以上带宽双通道示波器1台；

(3)Intel I5/8G/500GB计算机一台。

8.2.3　实验原理

阶跃函数是一种特殊的连续时间函数，是一个从0跳变到1的过程，属于奇异函数。在电路分析中，阶跃函数是研究动态电路阶跃响应的基础。利用阶跃函数可以进行信号处理、积分变换。在其他各个领域如自然生态、计算和工程等等均有不同程度的研究。其波形如图8－15所示。

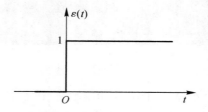

图8－15　单位阶跃信号波形真图

阶跃响应 $g(t)$ 定义为系统在单位阶跃信号 $u(t)$ 的激励下产生的阶跃响应。在电子工程和控制理论中，阶跃响应是在非常短的时间之内，一般系统的输出在输入量从0跳变为1时的体现。其波形如图8－16所示。

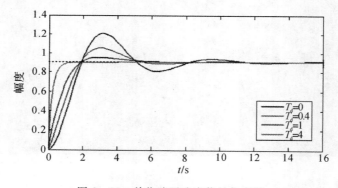

图8－16　单位阶跃响应信号仿真图

冲激函数也是个奇异函数，它是对强度极大、作用时间极短暂且积分有限的一类理想化数学模型。冲激函数可用于对连续信号进行线性表达，也可用于求解线性非时变系统的零状态响应。其波形如图8－17所示。

冲激响应一般是指系统在输入为单位冲激函数时的输出（响应）。其通过低通滤波器的波形如图8－18所示。

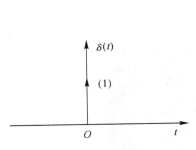

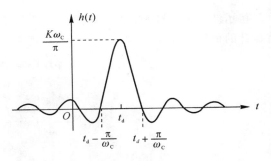

图 8-17　单位冲激信号波形图　　　图 8-18　单位冲激响应信号仿真图

8.2.4　实验内容

在实验箱的 FPGA 处理器内部产生一个幅度为 1 的单位阶跃信号,并在 FPGA 里面设计了一个 FIR 低通滤波器,经过 D/A 转换后在双通道示波器上观察阶跃信号以及该信号的阶跃响应。为便于观察,产生的是周期性的阶跃信号,为防止后面的阶跃信号对当前阶跃信号的影响,将阶跃信号的频率设置得非常低,使得两个阶跃信号之间的间距远远大于前一个阶跃信号的阶跃响应。

在实验箱的 FPGA 处理器内部产生一个幅度为 1 的单位冲击信号,并在 FPGA 里面设计了一个 FIR 低通滤波器,经过 D/A 转换后在双通道示波器上观察冲击信号以及该信号的冲击响应。为便于观察,产生的是周期性的冲击信号,为防止后面的冲击信号对当前冲击信号的影响,将冲击信号的频率设置得非常低,使得两个冲击信号之间的间距远远大于前一个冲击信号的冲击响应。

8.2.5　实验步骤

(1)将 PSI-STP-S&S 信号与系统实验箱的配置的电源适配器插入实验箱的+5VDC输入端口,电源开关 J19 向上打到 ON 的位置,此时 D35 LED 灯被点亮,如图 8-19 所示。

图　8-19

（2）将示波器的 CH1CH2 探针插在实验箱上的金属测试点 DAC_OUT1,DAC_OUT2 上,将探针的地线夹在实验箱的 GND 处,如图 8-20 所示。

图　8-20

（3）将实验箱上的 DIP15 开关向下拨动,使得 DIP15＝0,如图 8-21 所示。

图　8-21

（4）将示波器的参数设置时基为 1s,在示波器的屏幕上将看到 CH1 通道的阶跃信号和 CH2 通道的阶跃响应信号的波形,如图 8-22 所示。

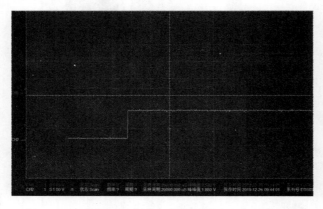

图 8-22　单位阶跃信号与单位阶跃响应信号实测图

（5）将实验箱上的 DIP15 开关向上拨动，使得 DIP15＝1，如图 8-23 所示。

图　8-23

（6）将示波器的参数设置时基为 1s，在示波器的屏幕上将看到 CH1 通道的阶跃信号和 CH2 通道的阶跃响应信号的波形，如图 8-24 所示。

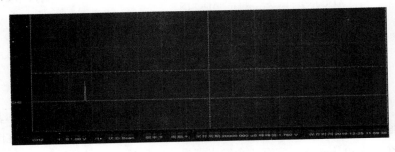

图 8-24　单位冲激信号与单位冲激响应信号实测图

8.3　抽样定理与信号重建实验

8.3.1　实验目的

（1）了解双通道示波器的测量使用方法；

（2）了解双通道信号源的测量使用方法；

（3）通过 BNC 转 SMA 给将信号源的输出与 PSI-STP-S&S 信号与系统实验箱的 ADC_IN1 的 SMA 输入连接，输入信号。

（4）通过示波器观察 PSI-STP-S&S 信号与系统实验箱的 DAC_OUT1 的输出信号，并与信号源的输入的原始信号做比对，观察信号经过采集和还原前后的波形失真情况。

8.3.2　实验设备

（1）Intel I5/8G/500GB 计算机一台；

（2）PSI-STP-S&S 信号与系统实验箱 1 台；

（3）10MHz 以上带宽双通道示波器 1 台；

（4）5MHz 以上带宽双通道信号源 1 台；

（5）BNC 转 SMA 信号传输线 1 根；

8.3.3 实验原理

PSI－STP－S&S 信号与系统实验箱上集成了 4 通道 ADC 芯片 ADC084S021，采样率范围为 50 kSPS 到 200 kSPS。该转换器是基于具有内部跟踪和保持电路的逐次逼近寄存器结构。它有四个输入端进行信号输入（IN1～IN4）。通过 J2 的 SMA 连接器与信号源连接。其原理图如图 8－25 所示。

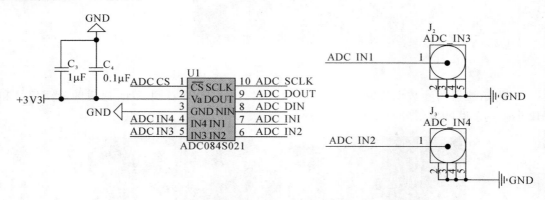

图 8－25　ADC 信号输入电路

PSI－STP－S&S 信号与系统实验箱上集成了 4 通道 DAC 芯片 DAC084S085，其采样率范围为 0 SPS 到 1MSPS。片内输出放大器允许轨到轨输出摆幅和三线串行接口工作在时钟频率高达 40MHz 以上整个电源电压范围。它有 4 个输出端进行电压输出，我们通过 J4 的 SMA 连接器或者 DAC_OUT1 测试点在示波器上进行信号的观测。其原理图如图 8－26 所示。

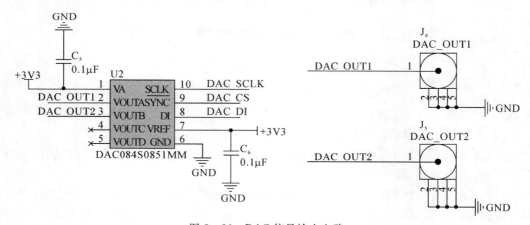

图 8－26　DAC 信号输出电路

8.3.4 实验内容

该实验通过改变采样时钟与信号频率之间的倍数关系，使得当采样频率分别为 100 倍信号频率、10 倍信号频率和 1.8 倍信号频率时来观察不同采样频率下采样到的数字信号的波形情况,以加深学生对过采样、常规采样、欠采样等采样定理中所说的各种采样情况的认识与理解。

8.3.5　实验步骤

(1)将 PSI‐STP‐S&S 信号与系统实验箱的配置的电源适配器插入实验箱的+5VDC 输入端口,电源开关 J19 向上打到 ON 的位置,此时 D35 LED 灯被点亮,如图 8‐27 所示。

图　8‐27

(2)将信号源的 CH1 输出端口通过 BNC 转 SMA 线接入实验箱的 J2 的 SMA 连接器上,同时将示波器的 CH1 探针插在实验箱上的金属测试点 DAC_OUT1 上,将示波器的 CH2 探针插在实验箱上的金属测试点 DAC_OUT2 上,将两个探针的地线夹在实验箱的 GND 处,如图 8‐28 所示。

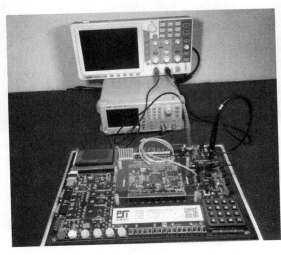

图　8‐28

(3)为验证 100 倍采样速率下(过采样)的情况,将信号源的 CH1 输出频率设置为 312.5Hz,3.3Vpp,直流偏移 1.65V 的正弦信号,通过示波器的 CH1 在 ADC 的输入端的 ADC_IN1 测试点处观测信号源发出的原始正弦信号,同时通过示波器的 CH2 在 DAC 的输出端的 DAC_OUT1 测试点处观测采集和还原后的正弦信号,观察到的波形红色为原始信号,黄色为采样还原后的信号,如图 8-29 所示。

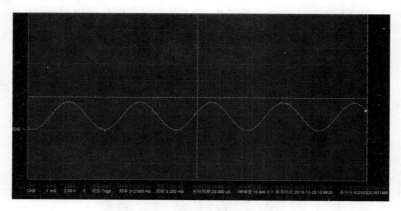

图 8-29   100 倍采样与还原

此时,输入的原始正弦信号经过 ADC 的抽样和 DAC 的还原后,能够完好地恢复出原先的正弦信号。

(4)为验证 10 倍采样速率下(常规采样)的情况,只需将信号源产生的模拟正弦信号的频率从 312.5Hz 调整到 3.125kHz 即可,然后在示波器上即可看到常规采样下的波形(见图 8-30)。

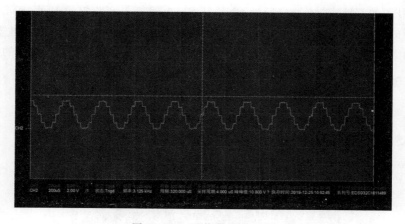

图 8-30   10 倍采样与还原

此时虽然能够恢复出原始的波形,但是波形不是很好,有明显的台阶感。

(5)为验证 1.8 倍采样速率下(欠采样)的情况,只需将信号源产生的模拟正弦信号的频率从 3.125kHz 调整到 17.36kHz 即可,然后在示波器上即可看到常规采样下的波形(见图 8-31)。

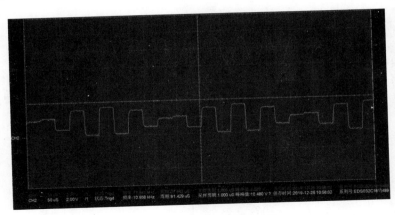

图 8 - 31　1.8 倍采样与还原

8.4　信号卷积实验

8.4.1　实验目的

（1）了解双通道示波器的测量使用方法；

（2）了解双通道信号源的测量使用方法；

（3）通过 BNC 转 SMA 给将信号源的输出与 PSI－STP－S&S 信号与系统实验箱的 ADC_IN1 的 SMA 输入连接，输入信号；

（4）通过示波器观察 PSI－STP－S&S 信号与系统实验箱的 DAC_OUT1 的输出信号，并与信号源的输入的原始信号做比对，观察信号经过采集和还原前后的波形失真情况。

8.4.2　实验设备

（1）Intel I5/8G/500GB 计算机一台；

（2）PSI－STP－S&S 信号与系统实验箱 1 台；

（3）10MHz 以上带宽双通道示波器 1 台；

（4）5MHz 以上带宽双通道信号源 1 台。

8.4.3　实验原理

在 MATLAB 下，建立一个新的文件，调用 conv 函数，直接对两序列进行卷积运算，程序如下：

```
clear
c=[1 2 2 1]；
x=[0 0 0 0 1 3 2 1 0 0 0 0 0 0 0 1 3 2 1 0 0 0 0 0 0 0 0 1 3 2 1 0 0 0 0 0 0 0 0 1 3 2 1 0 0 0 0]
y=conv(x,c)；
subplot(3,1,1)；
stem(c)；
subplot(3,1,2)；
```

```
stem(x);
subplot(3,1,3);
stem(y);
```

由该卷积程序,可以看到,c 序列是 1,2,2,1 四个点组成,x 是 0,0,0,0,1,3,2,1,0,0,0,0 十二个点为循环组成的序列,点击运行该脚本,产生的波形散点图如图 8-32 所示。

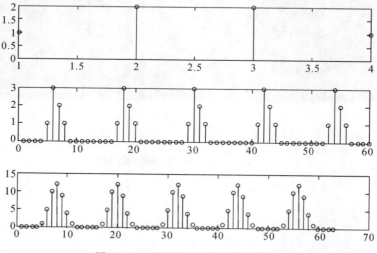

图 8-32　MATLAB 仿真卷积信号

PSI-STP-S&S 信号与系统实验箱上集成了 4 通道 DAC 芯片 DAC084S085,其采样率范围为 0 SPS 到 1MSPS。片内输出放大器允许轨到轨输出摆幅和三线串行接口工作在时钟频率高达 40MHz 以上整个电源电压范围。它有 4 个输出端进行电压输出,通过 J4 的 SMA 连接器或者 DAC_OUT1 测试点在示波器上进行原始信号的观测。通过 J5 的 SMA 连接器或者 DAC_OUT2 测试点在示波器上进行卷积后信号的观测。其原理图如图 8-33 所示。

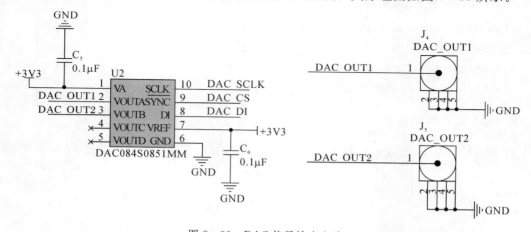

图 8-33　DAC 信号输出电路

8.4.4　实验内容

为了观测信号卷积前后的波形,FPGA 将内部产生的数字输入信号 x 通过 DAC1 通道输出到 J4 的 SMA 连接器和 DAC－OUT1 观测点上,同时将卷积后的数字输出信号 y 通过 DAC2 通道输出到 J5 的 SMA 连接器和 DAC－OUT2 观测点上,然后通过示波器的两个通道同时观察 x 与 y,并分析两个波形有变化的原因。

8.4.5　实验步骤

(1)将 PSI－STP－S&S 信号与系统实验箱的配置的电源适配器插入实验箱的＋5VDC 输入端口,电源开关 J19 向上打到 ON 的位置,此时 D35 LED 灯被点亮,如图 8－34 所示。

图　8－34

(2)将示波器的 CH1 探针插在实验箱上的金属测试点 DAC_OUT1 上,将探针的地线夹在实验箱的 GND 处。将示波器的 CH2 探针插在实验箱上的金属测试点 DAC_OUT2 上,将探针的地线夹在实验箱的 GND 处,如图 8－35 所示。

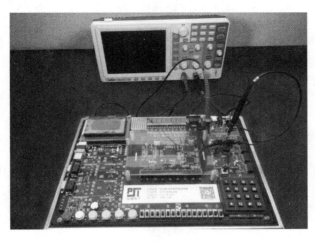

图　8－35

(3)用示波器观察 DAC 输出的信号。其中示波器的通道 1 接 DAC_OUT1,观察 rom 源信号 x;示波器的通道 2 接 DAC_OUT2,观察 x 与 c 卷积后的信号(见图 8 - 36)。

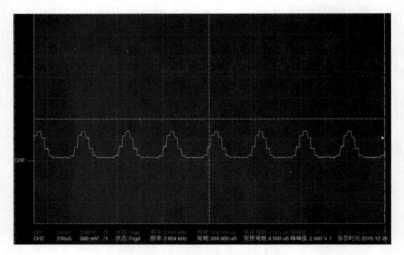

图 8 - 36　示波器观察卷积前后信号

8.5　矩形脉冲的分解与合成

8.5.1　实验目的

(1)通过分析矩形脉冲信号了解其各个谐波分量的组成;

(2)将矩形脉冲信号通过多个数字滤波器后观察其分解出的各个谐波分量;

(3)通过将矩形脉冲的分解实验中得到的多个频率分量的信号合成在一起,得到一个矩形脉冲信号;

(4)将合成后的矩形脉冲信号与分解前的原始矩形脉冲信号通过双通道示波器进行同时观察,比较和分析分解前后的两个矩形脉冲在波形、幅度和相位上等的差别。

8.5.2　实验设备

(1)PSI - STP - S&S 信号与系统实验箱 1 台;

(2)10MHz 以上带宽双通道示波器 1 台;

(3)Intel I5/8G/500GB 计算机一台。

8.5.3　实验原理

一个周期为 T 的时域周期信号记为 $f(t)$ 满足狄利克雷条件时可以用傅里叶级数求出其各分量:

$$f(t) = a_0 + \sum_{k=1}^{+\infty} A_k \cos(k\omega_0 + \theta_k)$$

上述公式中 A_k ,, a_0 $a_k b_k w_0$ 的计算方法如下:

$$A_k = \sqrt{a_k{}^2 + b_k{}^2}$$

$$a_0 = \frac{1}{T} \int_0^T f(t)\,\mathrm{d}t$$

$$a_k = \frac{2}{T} \int_0^T f(t)\cos(k\omega_0 t)\,\mathrm{d}t$$

$$b_k = \frac{2}{T} \int_0^T f(t)\sin(k\omega_0 t)\,\mathrm{d}t$$

$$\omega_0 = \frac{2\pi}{T}$$

根据上述的公式可以分析出一个周期性的矩形信号可以根据不同的值分解出不同的三角函数信号。

对于输入为 $f=1\mathrm{Hz}$ 的矩形信号，根据上述实验原理中的公式，通过 MATLAB 的仿真，可以计算得出各个奇次谐波分量的波形如图 8-37 至图 8-40 所示。

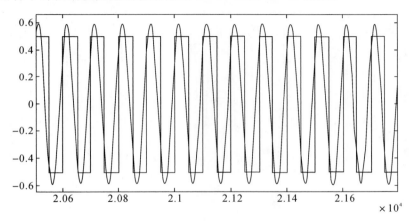

图 8-37　1Hz 谐波分量仿真图

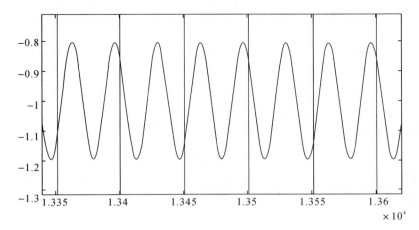

图 8-38　3Hz 谐波分量仿真图

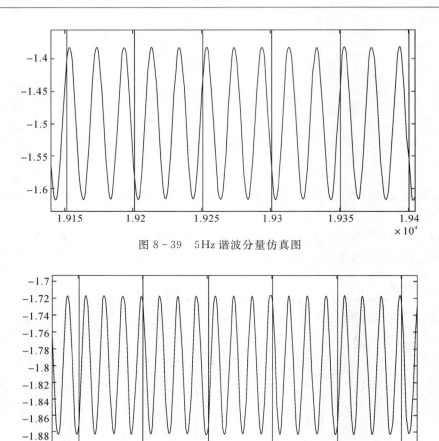

图 8 - 39   5Hz 谐波分量仿真图

图 8 - 40   7Hz 谐波分量仿真图

实验中由于不可能将所有倍数的 ω_0 频率分量的正弦波输出后再合成在一起,所有合成后的矩形脉冲信号跟原始的矩形脉冲信号相比,肯定有一点点失真的情况,如图 8 - 41 所示。

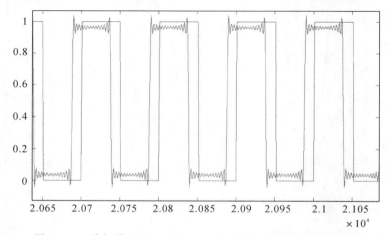

图 8 - 41   分解前和 $1f, 3f, 5f, 7f$ 合成后矩形脉冲信号仿真图

8.5.4　实验内容

使用实验箱实际操作，将分解后的 $1f,3f,5f,7f$ 的频率分量的正弦波信号加在一起，将双通道示波器的 CH1 接分解前的矩形脉冲信号，将 CH2 接合成后的矩形脉冲信号，同时观察 CH1 和 CH2 上的波形，比较和分析它们在波形、幅度和相位上等的差别。

8.5.5　实验步骤

（1）将 PSI－STP－S&S 信号与系统实验箱的配置的电源适配器插入实验箱的＋5VDC 输入端口，电源开关 J19 向上打到 ON 的位置，此时 D35 LED 灯被点亮，如图 8－42 所示。

（2）将示波器的 CH1，CH2 探针插在实验箱上的金属测试点 DAC_OUT1，DAC_OUT2 上，将探针的地线夹在实验箱的 GND 处，如图 8－43 所示。

图 8－42

图 8－43

（3）将实验箱上的 DIP13 开关向上拨动，使得 DIP13＝1；将实验箱上的 DIP14 开关向下拨动，使得 DIP14＝0；将实验箱上的 DIP15 开关向下拨动，使得 DIP15＝0，如图图 8－44 所示。

图 8－44

（4）在示波器的屏幕上将看到 CH1 和 CH2 两个通道的矩形脉冲信号的波形如图 8 - 45 至图 8 - 48 所示。其中 CH1 是分解前的原始的矩形脉冲信号，CH2 是频率分量为 f，$3f$，$5f$，$7f$ 四组信号合成后的矩形脉冲信号（见图 8 - 49）。

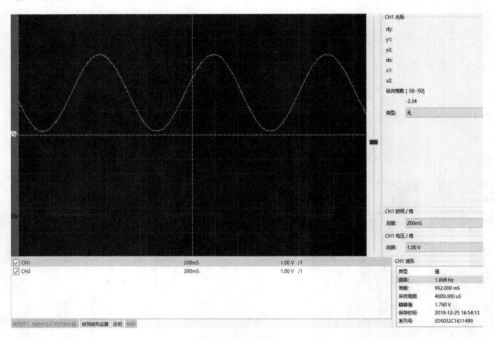

图 8 - 45　频率分量为 $1f$ 的信号波形

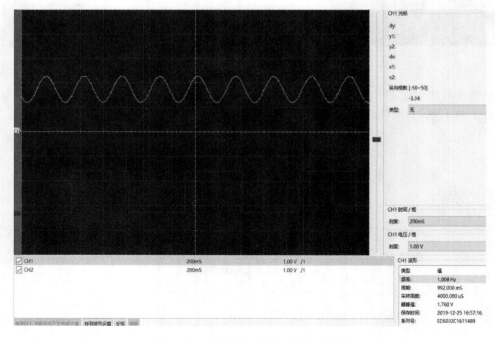

图 8 - 46　频率分量为 $3f$ 的信号波形

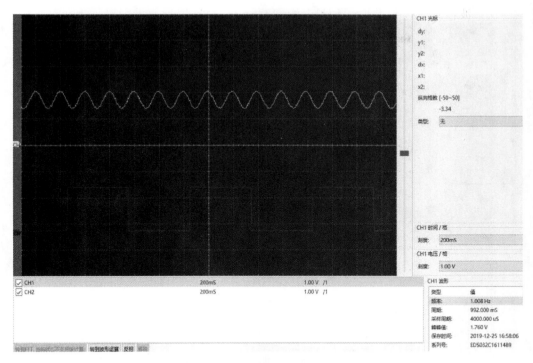

图 8 - 47　频率分量为 5f 的信号波形

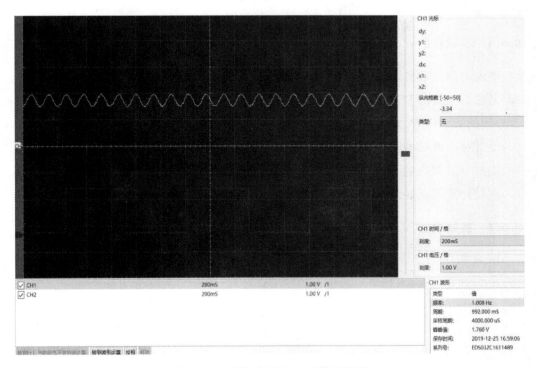

图 8 - 48　频率分量为 7f 的信号波形

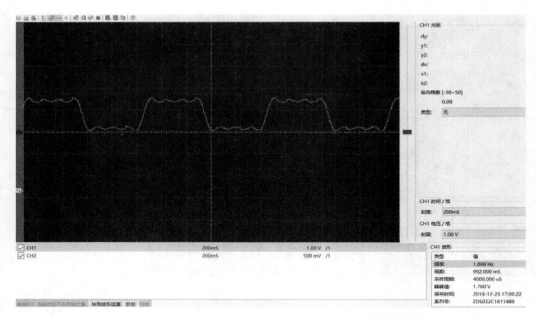

图 8-49　$1f,3f,5f,7f$ 合成后矩形脉冲信号实测图

8.6　语言信号的时域与频域分析实验

8.6.1　实验目的

（1）了解双通道示波器的时域和频域测量使用方法；

（2）通过音频线给 PSI-STP-S&S 信号与系统实验箱 LINEIN 输入计算机或者其他音频设备输出的音乐信息，并通过实验箱 LINEOUT 接口输出到耳机或者音箱等设备上播放。

（3）通过示波器观察音乐播放时在 DAC_OUT1 上观察音频的时域波形；

（4）通过示波器观察音乐播放时在 DAC_OUT1 上观察音频的频域波形；

（5）通过计算机观察音乐播放时 FPGA 内部的数字音乐的时域波形。

8.6.2　实验设备

（1）Intel I5/8G/500GB 计算机一台；

（2）PSI-STP-S&S 信号与系统实验箱 1 台；

（3）10MHz 以上带宽双通道示波器 1 台；

（4）3.5mm 接口的耳机或者音箱一套；

（5）3.5mm 接口的音频传输线一根；

8.6.3 实验原理

音频(audio)信号是带有语音、音乐和音效的有规律的声波的频率、幅度变化信息载 20Hz～20kHz,根据奈奎斯特采样定律,通常其采样频率与应用范围见表 8 - 2。

表 8 - 2 采样频率与应用范围

采样频率	应用范围
8 000 Hz	电话所用采样率,对于人的说话已经足够
11 025 Hz	AM 调幅广播所用采样率
22 050 Hz 和 24 000 Hz	FM 调频广播所用采样率
32 000 Hz	商用 PCM
44 100 Hz	音频 CD,也常用于音频 MPEG - 1 音频(VCD,SVCD,MP3)所用采样率
47 250 Hz	商用 PCM 录音机所用采样率
48 000 Hz	miniDV、数字电视、DVD、DAT、电影和专业音频所用的数字声音所用采样率
50 000 Hz	商用数字录音机所用采样率
96 000 或者 192 000 Hz	DVD - Audio、一些 LPCM DVD 音轨、BD - ROM(蓝光盘)音轨、和 HD - DVD(高清晰度 DVD)音轨所用采样率
2.822 4 MHz	Direct Stream Digital 的 1 位 sigma - delta modulation 过程所用采样率。

PSI - STP - S&S 信号与系统实验箱上集成了一款 18 位采样精度、全双工 AC'97 2.2 兼容的立体声音频编解码器 ALC101。该芯片采样来自 MIC、LINEIN_LEFT、LINEIN_RIGHT 的多种模拟语音信号,将其按 AC'97 音频标准编码后,通过 SDATA - O 串行输出管脚输出给 FPGA 处理器。同时,该芯片通过 SDATA - I 串行输入管脚将来自 FPGA 处理器的串行音频数据流解码后,通过 LINEOUT_LEFT 和 LINEOUT_RIGHT 输出模拟语言信号,在立体声耳机、立体声音箱等音频播放设备上播放出音乐。

ALC101 音频编解码器的电路工作原理图如图 8 - 50 所示。

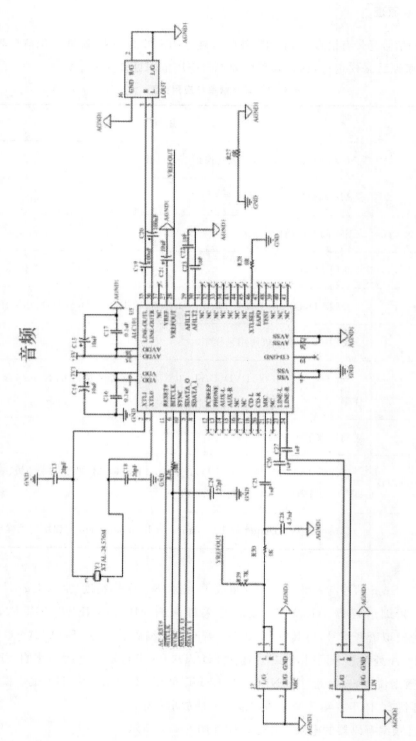

图8-50 AC'97立体声音频电路

8.6.4　实验内容

PSI - STP - S&S 信号与系统实验箱通过实验箱上 LINEIN、LINEOUT 音频接口以及 DAC_OUT1 模拟接口来观察音频信号的时域与频域模拟波形。同时在计算机上观察 FPGA 内部的数字音频的时域波形。

8.6.5　实验步骤

(1)将 PSI - STP - S&S 信号与系统实验箱的配置的电源适配器插入实验箱的＋5VDC 输入端口,电源开关 J19 向上打到 ON 的位置,此时 D35 LED 灯被点亮,如图 8 - 51 所示。

图 8 - 51

(2)将示波器的 CH1 探针插在实验箱上的金属测试点 DAC_OUT1 上,将探针的地线夹在实验箱的 GND 处,如图 8 - 52 所示。

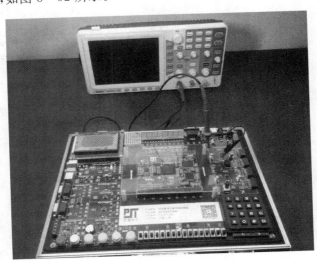

图 8 - 52

（3）将耳机或者音箱插入实验箱的 LINEOUT 插孔（绿色），将音频线插入实验箱的 LINEIN 插孔（黑色），如图 8-53 所示。

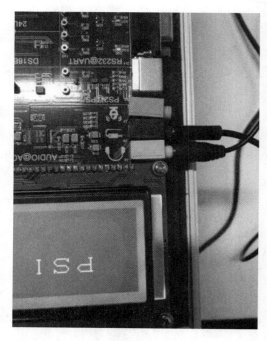

图 8-53

（4）按一下计算机上的 RESET 复位开关（红色），将 DIP15 向上拨，然后在计算机上播放任意的音乐，此时在示波器的 CH1 通道上能看到声音的时域波形，如图 8-54 所示（实际实验时的声音是随机的，所以波形跟图中波形只是类似，不是完全一样）。

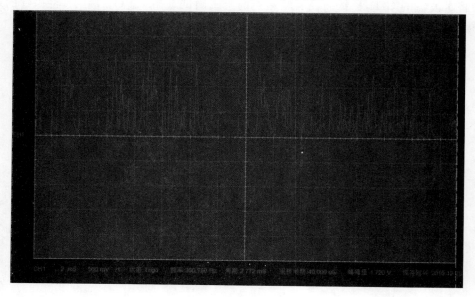

图 8-54　时域音频信号

改变示波器的时基旋钮,观察不同时基范围内的音频信号的时域波形。

(4)将示波器设置成频域观察模式,按下 MATH 按钮,点击示波器下方的 FFT 菜单,将时基范围调整到 50MHz,此时在示波器的 CH1 通道上能看到音频在 50MHz 频段内的频域波形,如图 8-55 所示(实际实验时的声音是随机的,所以波形跟图中波形只是类似,不是完全一样)。

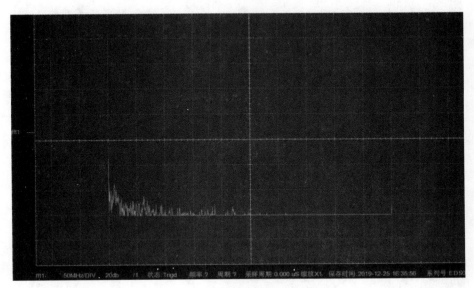

图 8-55 50MHz 频域音频信号

改变示波器的时基旋钮,将频段缩小到 50kHz,在 50kHz 频段内观测音频信息的频谱,如图 8-56 所示。

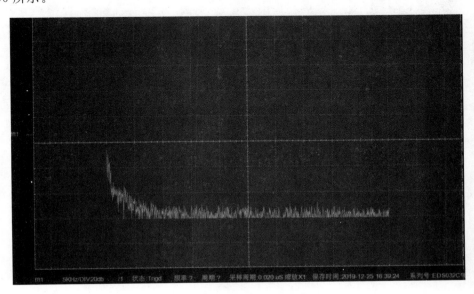

图 8-56 50kHz 频域音频信号

依次缩小频谱观察范围到 500Hz 和 50Hz,得到这两个范围内的音频信号的频谱如图 8 - 57、图 8 - 58 所示。

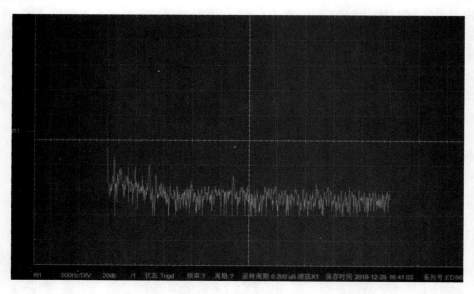

图 8 - 57   500Hz 频域音频信号

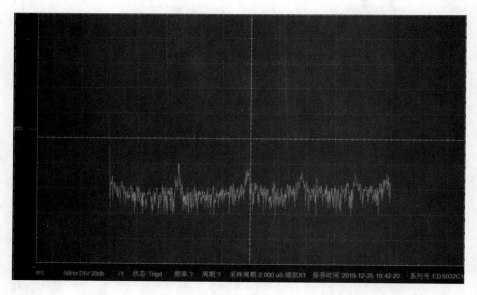

图 8 - 58   50Hz 频域音频信号

参 考 文 献

[1] 吴大正. 信号与线性系统分析[M]. 5 版. 北京:高等教育出版社,2019.

[2] 张延华. 信号与系统[M]. 2 版. 北京:机械工业出版社,2017.

[3] 赵弘扬. 信号与系统分析学习指导与习题详解[M]. 北京:电子工业出版社,2014.

[4] HAYKIN S, VEEN B V. 信号与系统[M]. 2 版. 林秩盛,黄元福,林宁,等,译. 北京:电子工业出版社,2013.

[5] 赵弘扬. 信号与系统分析[M]. 北京:电子工业出版社,2010.

[6] 奥本海姆. 信号与系统[M]. 刘树棠,译. 西安:西安交通大学出版社,1999.

[7] 郭宝龙,闫允一,朱娟娟. 工程信号与系统[M]. 西安:西安电子科技大学,2014.

[8] 周杨. MATLAB 基础及在信号与系统中的应用[M]. 北京:人民出版社出版,2011.

[9] 王小扬,等. 信号与系统试验与实践[M]. 南京:南京大学出版社,2012.

[10] 张昱. 信号与系统实验教程[M]. 2 版. 北京:人民邮电出版社,2011.

[11] 王群. 信号与系统学习指导与实验[M]. 北京:北京理工大学出版社,2013.

[12] 同济大学数学教研室. 高等数学:下册[M]. 4 版. 北京:高等教育出版社,1996.

[13] 郑君里,应启珩,杨为理. 信号与系统[M]. 3 版. 北京:高等教育出版社,2011.

[14] 段哲民,范世贵. 信号与系统[M]. 2 版. 西安:西北工业大学出版社,2005.

[15] 吴大正. 信号与线性系统分析[M]. 3 版. 北京:高等教育出版社,2002.

[16] 英格尔,普罗克斯. 数字信号处理(MATLAB 版)[M]. 3 版. 刘树棠,陈志刚,译. 西安:西安交通大学出版社,2016.

[17] 谷源涛,应启珩,郑君里. 信号与系统——MATLAB 综合实验[M]. 北京:高等教育出版社,2008.

[18] 胡钋. 信号与系统:MATLAB 实验综合教程[M]. 武汉:武汉大学出版社,2017.

[19] 尹霄丽,张健明. MATLAB 在信号与系统中的应用[M]. 北京:清华大学出版社,2015.

[20] 陈后金,胡健,薛健. 信号与系统[M]. 北京:高等教育出版社,2015.

[21] 曹志刚,钱亚生. 现代通信原理[M]. 北京:清华大学出版社,2012.

[22] 樊昌信,曹丽娜. 通信原理[M]. 北京:国防工业出版社,2013.

[23] 张瑾,周原. 基于 MATLAB/Simulink 的通信系统建模与仿真[M]. 2 版. 北京:北京航空航天大学出版社,2017.

[24] 远坂俊昭. 测量电子电路设计——滤波器篇[M]. 彭军,译. 北京:科学出版社,2006.

[25] 陈爱军. 深入浅出通信原理[M]. 北京:清华大学出版社,2017.

[26] LUDWIG R, BRETCHKO P. 电路[M]. 8 版. 王子宇,张肇仪,徐承和,等,译. 北京:电子工业出版社,2009.

[27] NILSSON J W, RIEDEL S A. 射频电路设计——理论与应用[M]. 王子宇,张肇仪,徐承和,等,译. 北京:电子工业出版社,2005.